"十四五"职业教育国家规划教材

附微课视频

机械设计基础

（第二版）

◎主　编　曹丽娜　史向坤
　　　　　孔凡杰
◎副主编　吴　娟　田晓霞
◎主　审　牛同训

U0244106

大连理工大学出版社

图书在版编目(CIP)数据

机械设计基础 / 曹丽娜，史向坤，孔凡杰主编. --
2 版. -- 大连：大连理工大学出版社，2021.11(2024.5 重印)
ISBN 978-7-5685-3516-8

Ⅰ. ①机… Ⅱ. ①曹… ②史… ③孔… Ⅲ. ①机械设
计－教材 Ⅳ. ①TH122

中国版本图书馆 CIP 数据核字(2021)第 252758 号

大连理工大学出版社出版

地址：大连市软件园路 80 号　邮政编码：116023
发行：0411-84708842　邮购：0411-84708943　传真：0411-84701466
E-mail：dutp@dutp.cn　　　URL：https://www.dutp.cn

大连市东晟印刷有限公司印刷　　　大连理工大学出版社发行

幅面尺寸：185mm×260mm　　　印张：14.5　　字数：348 千字
2010 年 2 月第 1 版　　　　　　　2021 年 11 月第 2 版
2024 年 5 月第 5 次印刷

责任编辑：刘　芸　　　　　　　　责任校对：吴媛媛
封面设计：方　茜

ISBN 978-7-5685-3516-8　　　　　　　定　价：49.80 元

前　言

　　《机械设计基础》(第二版)是"十四五"职业教育国家规划教材、"十四五"职业教育山东省规划教材,也是新世纪高等职业教育装备制造大类专业基础课系列规划教材之一。

　　本教材贯彻落实党的二十大精神,坚持马克思主义指导地位,将马克思主义立场、观点、方法贯穿于机械设计的基本理论和方法中,从工程案例导入、知识内容、素质培养、专题训练、课程设计等环节全面融入思想政治教育,弘扬机械行业的工匠精神、创造精神、品牌精神、绿色环保精神,倡导劳动光荣、技能宝贵,创造伟大的时代风尚。

　　本教材根据高等职业教育"培养技能、重在应用"的培养目标,坚持"以学生为本",从实用角度出发,理论知识的难易程度适中,突出实训。

　　本教材以阐述机械设计基础的理论和方法为主线,通过对常用机构和通用零件的运动设计、强度设计和结构设计的研究,将本课程内容贯穿起来。

　　本教材是编写团队近年来在课程教学改革实践的基础上,依据高等职业教育人才培养要求、企业产品设计流程及学生认知规律编写而成。教材内容包括常用机构的运动分析与设计、常用机械传动装置的分析与设计、典型零部件的设计与选用。

　　本次修订着重凸显如下特色:

　　1.在国家创新驱动发展战略的引领与支撑下,在各章增设"工程案例导入""素质培养""知识总结"等环节,旨在培养德技双修的高技能人才。

　　2.简明实用,针对性强。在满足教学基本要求的前提下,以必需、够用为度,努力做到精选内容、难易适度、篇幅适中,同时注意内容与后续专业课程的衔接,循序渐进,避免了不必要的知识重复。

　　3.采用双色印刷,突出知识的重点和难点,整体设计美观、大方,符合学生的阅读心理,增强了可读性。

4.贯彻和采用现行国家标准和有关技术规范,设计案例采用手册化、表格化的设计流程。

5.注重产教融合,打造校企共用教材。教材的编写由院校专业带头人、中青年骨干教师以及行业企业专家、技术骨干共同研讨完成,使实训教学与工业生产密切接轨,同时提供了丰富的实践经验,保证了机构设计和零件设计的可靠性和科学性。教材可供高职院校学生学习和企业职业培训使用,适用范围较广。

6.配套资源丰富,适应"互联网+职业教育"的要求。本教材具备扫码观看微课视频功能,操作简单、方便,适合随时随地自主学习。教材还利用AR技术将3D模型融入知识点,学生可以随时随地将知识点与3D资源进行对比学习,更快速、高效地理解知识。

本教材由山东工业职业学院曹丽娜、史向坤、孔凡杰任主编,山东工业职业学院吴娟、田晓霞任副主编,山东工业职业学院董颖、李芬、马岩美、巩桂洽、葛君朋任参编。具体编写分工如下:曹丽娜编写第1、2、3、6章;史向坤编写第7章;李芬编写第4章;葛君朋编写第5章;田晓霞编写第8、9章;巩桂洽编写第10章;董颖编写第11章;马岩美编写第12章。孔凡杰负责整体统筹;吴娟负责整理配套资源。山东金岭矿业股份有限公司机械制造厂高级工程师杜兆强、山东矿机集团股份有限公司高级工程师彭雷云为教材的编写提供了真实企业案例以及宝贵的意见和指导。山东工业职业学院牛同训审阅了全书并提出了许多宝贵的意见和建议,在此深表感谢!

在编写本教材的过程中,我们参考、引用和改编了国内外出版物中的相关资料以及网络资源,在此对这些资料的作者表示深深的谢意!请相关著作权人看到本教材后与出版社联系,出版社将按照相关法律的规定支付稿酬。

尽管我们在探索教材特色的建设方面做出了许多努力,但由于编者水平有限,教材中仍可能存在一些错误和不足,恳请各教学单位和读者在使用本教材时多提宝贵意见,以便下次修订时改进。

编　者

所有意见和建议请发往:dutpgz@163.com

欢迎访问职教数字化服务平台:https://www.dutp.cn/sve/

联系电话:0411-84707424　84708979

目 录

本书配套资源使用说明

针对本书配套资源的使用方法,特做如下说明:

1. AR 资源:用移动设备在小米、360、百度、腾讯、华为、苹果等应用商店下载"大工职教教师版"或"大工职教学生版"App,安装后点击"教材 AR 扫描入口"按钮,扫描书中带有 ![AR] 标识的图片,即可体验 AR 功能。

2. 微课资源:用移动设备扫描书中的二维码,即可观看微课视频进行相应知识点的学习。

3. 其他资源:登录职教数字化服务平台(https://www.dutp.cn/sve/)下载使用。

具体资源名称和扫描位置见下表:

资源名称	资源类型	对应页码	资源名称	资源类型	对应页码
机器、机构和机械	微课	2	槽轮机构的应用与特点	微课	48
构件、零件和部件	微课	4	不完全齿轮机构	微课	49
本课程的内容、性质和任务	微课	5	带传动的特点、类型和应用	微课	52
运动副分类及其绘制	微课	8	V 带的结构和型号	微课	54
绘制机构运动简图	微课	9	V 带轮的结构和材料	微课	55
平面机构自由度的计算	微课	10	带传动的受力分析与打滑	微课	57
平面连杆机构概述	微课	17	带传动的应力分析	微课	58
铰链四杆机构的基本形式	微课	18	带传动的弹性滑动及其传动比	微课	59
四杆机构中曲柄存在的条件	微课	19	带传动的主要失效形式和设计准则	微课	60
平面四杆机构的演化	微课	20	单根 V 带的基本额定功率	微课	60
急回特性	微课	23	V 带传动的设计计算和参数选择	微课	62
传力特性	微课	24	V 带传动的张紧、安装与维护	微课	66
死点位置	微课	24	齿轮传动的特点	微课	85
凸轮机构的组成、特点和应用	微课	32	齿轮传动的组成与类型	微课	86
凸轮机构的分类	微课	33	渐开线的形成	微课	87
凸轮机构的工作过程	微课	35	渐开线的性质	微课	88
从动件的常用运动规律	微课	35	渐开线齿廓的啮合特性	微课	88
凸轮轮廓设计的反转法原理	微课	37	齿轮各部分的名称及符号	微课	89
直动从动件盘形凸轮轮廓的绘制	微课	37	渐开线齿轮的基本参数	微课	90
凸轮设计中应注意的问题	微课	39	渐开线标准直齿圆柱齿轮的几何尺寸计算	微课	92
凸轮的材料、结构与加工	微课	40			
棘轮机构的工作原理和类型	微课	44	正确啮合条件	微课	94
棘轮机构的应用与特点	微课	46	渐开线齿轮的加工方法	微课	96
槽轮机构的工作原理和类型	微课	47	根切的成因与不产生根切的最小齿数	微课	97

续表

资源名称	资源类型	对应页码	资源名称	资源类型	对应页码
轮齿的失效形式	微课	99	滚动轴承的组合设计	微课	190
齿轮的常用材料	微课	101	螺纹的分类和主要参数	微课	197
斜齿圆柱齿轮齿廓的形成及啮合特点	微课	113	常用螺纹的特点和应用	微课	198
斜齿圆柱齿轮的基本参数和几何尺寸计算	微课	114	螺纹连接的基本类型及标准螺纹连接件	微课	199
斜齿轮正确啮合的条件及其他参数	微课	115	螺纹连接的预紧和防松	微课	201
直齿锥齿轮传动	微课	120	螺旋传动简介	微课	210
蜗杆蜗轮的形成、类型和特点	微课	123	联轴器	微课	214
蜗杆蜗轮机构的正确啮合条件及几何尺寸计算	微课	125	离合器	微课	218
齿轮的结构	微课	130	单缸内燃机	AR	3
轮系及其类型	微课	137	雷达天线机构	AR	18
定轴轮系传动比的计算	微课	139	机车车轮联动机构	AR	18
行星轮系传动比的计算	微课	141	车门机构	AR	19
轮系的功用	微课	145	鹤式起重机中的双摇杆机构	AR	19
轴的功用、分类和常用材料	微课	155	牛头刨床的导杆机构	AR	22
轴的结构设计	微课	157	内燃机配气机构（力锁合）	AR	34
键连接的类型、特点和应用	微课	165	齿轮的正确啮合条件	AR	93
平键连接的尺寸选择与强度校核	微课	168	用齿条插刀加工齿轮	AR	97
滚动轴承的结构、类型及特点	微课	177	行星齿轮	AR	138
滚动轴承的代号	微课	181	牙嵌离合器	AR	219
滚动轴承的寿命计算	微课	183	多盘式摩擦离合器	AR	220

第1章
绪　论

　　奇瑞是中国首个迈进汽车百万俱乐部的完全自主汽车品牌，众所周知，汽车的核心技术在发动机，奇瑞自主研发的 ACTECO 发动机（图 1-1）已走向世界，并得到海外市场的认可。

图 1-1　奇瑞 ACTECO 发动机

　　现代汽车发动机一般都是四冲程内燃机，其工作原理：燃料燃烧致气体膨胀，推动活塞做功。

　　无论内燃机还是发动机，都是人类为了实现某种功能而发明的机械设备。如今，人们的日常生活和工作中已广泛使用着各种各样的机械设备，而且人们也越来越离不开机械。在当今世界，机械的设计水平和机械现代化程度已成为衡量一个国家工业发展水平的重要标志之一。因此努力学习机械方面的基础知识，掌握机械方面的基本技能是十分必要的。

知识目标 >>>

1. 掌握机器与机构的特征。
2. 掌握构件和零件的概念。
3. 了解课程的研究对象、研究内容及主要任务。

技能目标 >>>

1. 能识别机器与机构。
2. 会判断零件、构件和部件。

素质目标 >>>

1. 以中国知名自主品牌机械产品案例导入，提高学生学习热情，提高自主品牌的影响力和认知度。

2. 通过学习机械发展史，激励学生刻苦学习、脚踏实地，培养爱国主义情怀，坚定文化自信。

素养提升

3. 通过了解当前国内外机械设计和制造技术的未来发展方向，培养大局意识、国际竞争意识和创新意识。

4. 通过奇瑞企业文化建设案例使学生认识工匠精神、创新是企业文化建设的核心，明确作为一名合格产业工人应该具备的职业素质和职业精神，树立劳动光荣的观念。

1.1　机器的组成及特点

一、机器、机构和机械

任何机器都是为实现某种功能而设计制作的。如图 1-2 所示的单缸内燃机，它是由活塞 1、连杆 2、曲柄 3、齿轮 4 与 5、凸轮 6、顶杆 7 以及气缸体 8 等组成的。其基本功能是使燃气在缸内经过进气—压缩—爆发—排气的循环过程，将燃气的热能不断地转换为机械能，从而将活塞的往复运动转换为曲柄的连续转动。为了保证曲柄连续转动，要求定时将燃气送

机器、机构和机械

入气缸并将废气排出气缸，这是通过进气阀和排气阀完成的，而进气阀、排气阀的启闭则是通过齿轮、凸轮、顶杆、弹簧等各实物组成一体并协同运动来实现的。

又如图 1-3 所示的颚式破碎机，其主体由机架 1、偏心轴 2、动颚 3 和肘板 4 等组成。偏心轴与带轮 5 固连，当电动机通过 V 带驱动带轮运动时，偏心轴则绕轴 A 转动，使动颚做平面运动，轧碎动颚与定颚 6 之间的矿石，从而做有用的机械功。

由以上分析可知，各种机械虽然结构形式、功用和性能不同，但都具有以下共同特征：

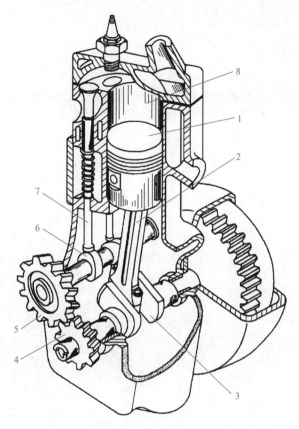

图 1-2 单缸内燃机

1—活塞；2—连杆；3—曲柄；4、5—齿轮；6—凸轮；7—顶杆；8—气缸体

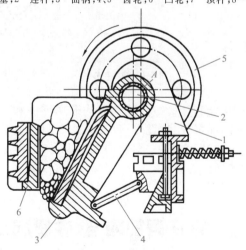

图 1-3 颚式破碎机

1—机架；2—偏心轴；3—动颚；4—肘板；5—带轮；6—定颚

（1）它们都是人为的实体组合。

（2）各实体间具有确定的相对运动。

（3）它们能代替或减轻人类劳动,以完成有用的机械功或进行能量转换。

凡同时具有以上三个特征的机械称为机器,仅具有前两个特征的机械称为机构。所谓机构,指的是具有确定相对运动的各种实体的组合,能实现预期的机械运动,主要用来传递和变换运动。由此可见,机器是由机构组成的,但从运动角度来分析,二者并无区别,工程上将机器和机构统称为机械。

二、构件、零件和部件

机构中的运动单元体称为构件。构件具有独立的运动特性,它是组成机构的最小运动单元,而零件则是组成机构的最小制造单元。构件可以是一个零件[如图 1-4(a)所示的曲轴],也可由若干个无相对运动的零件所组成[如图 1-4(b)所示的连杆,它由连杆体 1、螺栓 2、连杆盖 3 及螺母 4 等零件组成]。

构件、零件和部件

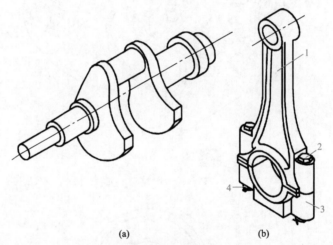

(a)　　　　　　(b)

图 1-4　构件与零件
1—连杆体;2—螺栓;3—连杆盖;4—螺母

对于机械中的零件,按功能和结构特点又可分为通用零件和专用零件。各种机械中普遍使用的零件称为通用零件,如螺栓、齿轮等;仅在某些专门行业中才用到的零件称为专用零件,如机床的床身、汽轮机的叶片等。一套协同工作且完成共同任务的零件组合体通常称为部件,如减速器、汽车的转向器等。

1.2　本课程的内容、性质和任务

一、课程内容

机械设计基础课程主要讲述机械中的常用机构和通用零部件的工作原理、运动特点、结构特点、基本设计理论和计算方法方面的一些问题,同时简要地介绍了国家标准和规范、某些标准零部件的选用原则和方法以及通用零件的一般使用和维护知识。总之,本课程讲述的是与常用机构和通用零件设计有关的内容。

二、课程性质

本课程是一门专业技术基础课,它综合运用高等数学、理论力学、材料力学、机械制图、金属工艺学、工程材料及热处理、互换性与测量技术等课程的基本知识。本课程的科学性、综合性、实践性都比较强,是机械类或近机械类的主干课之一,是培养机械技术人员和机械工程师的必修课。

三、课程任务

(1)掌握常用机构和通用零件的工作原理、类型、特点、应用及维护等基本知识。

(2)掌握通用零件的失效形式和设计准则,初步具备分析失效原因的能力。

本课程的内容、性质和任务

(3)具有运用标准、规范、手册、图册等有关技术资料的能力。

(4)初步掌握设计简单机械及传动装置的步骤和方法。

素质培养

认真学习机械发展史,汲取不断前行的力量,坚定文化自信。

中国是世界上机械发展最早的国家之一,中国的机械工程技术不但历史悠久,而且十分辉煌,不仅对中国的物质文化和社会经济的发展起到重要的作用,而且对世界技术的文明进步做出了重大贡献。

早在2000多年前,我们伟大的祖先就发明了许多结构巧妙、功能繁多的运动机构。汉代时期出现的指南车及记里鼓车,利用了齿轮和齿轮系传动。东汉时期发明的利用水轮带动皮囊鼓风的机械装置——冶铁水排如图1-5所示,其工作原理是利用流水推动大、小绳轮转动,小绳轮驱动曲柄连杆机构,每转一圈拉动一次风箱给炼铁装置鼓风。这是机械工程史上的重要创造,比欧洲类似机械早约1 200年。

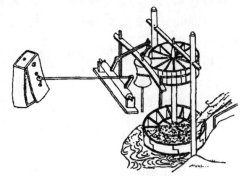

图1-5 东汉冶铁水排

从古代机械到现代机械,如汽车、机床等,都说明了随着机械设计技术的发展,机器的种类不断增多,性能不断改进,功能不断扩大。

了解当前国内外机械和设计制造技术的未来发展方向,树立大局意识、国际竞争意识和创新意识。

机械设计技术的发展必须与现代先进机械制造技术相衔接,且共同发展。

21世纪的机械设计和制造技术的趋势就是其全球化的趋势。这是由两个方面所决定的,第一,不管是国内还是国际上,竞争日益激烈;第二,借助于网络的快速发展,给产品的研发和管理以及销售都提供了一个平台,借助于这个平台,人们可以实现信息交流的快速化和及时化,这使得企业之间既存在着竞争也存在着合作;这两方面使得在国际市场方面的竞争不断增加。这两个原因相互制衡,已经成为制造业全球化发展的动力。

21世纪计算机的仿真、模拟软件的开发和利用给机械制造技术虚拟化的实现提供了有力的保证。所谓虚拟化,就是在产品的设计和制造时,采用计算机等工具对其进行模拟。这样能够在研发的过程中实现不断的改变,但同时不增加产品的成本,使得产品的研发速度大大提升,同时降低风险。

知识总结

本章分析了单缸内燃机和颚式破碎机的组成和工作原理,通过学习本章,我们了解了机械设计基础课程的研究对象、研究内容、课程性质和课程的任务。

1.机械设计基础是一门重要的技术基础课程,主要研究对象是机械中的常用机构和通用零部件,是培养机械技术人员和机械工程师的必修课。

2.机器、机构的区别与联系

机器有三个特征:人为的实体组合;各实体间具有确定的相对运动;能代替或减轻人类劳动,完成有用的机械功或进行能量转换。

机构有两个特征:具有确定相对运动的各种实体的组合,主要用来传递和变换运动。

机器是由一个或者多个机构组成的。从运动角度来看,机器与机构没有区别,工程上将二者统称为机械。

3.构件、零件、部件的区别与联系

构件是机构的最小运动单元,零件是组成机构的最小制造单元。

构件可能是一个零件,比如曲轴;也可能是由多个零件组装成的单元体,比如连杆。

为完成共同的任务,组装到一起的零件组合体称为部件。

知识检测

本章我们学习了机器、机构、构件、零件等术语的概念。同学们掌握的情况如何呢? 快来扫码检测一下吧!

第2章
平面机构的组成及分析

工程案例导入

　　北方重工(全名为北方重工集团有限公司)是一家拥有近百年历史的大型跨国重型机械制造企业,是中国矿物加工装备核心骨干企业。北方重工研发出了国际上最大规格的颚式破碎机,如图2-1所示,填补了国内空白。

图 2-1　北方重工的颚式破碎机

　　颚式破碎机是一种常用的破碎设备,主要用于冶金、矿山、建材等企业的初段破碎作业。颚式破碎机是由机构组成的,我们如何分析它的机构组成呢?

知识目标 >>>

　　1.说出平面连杆机构的应用。

　　2.辨认平面四杆机构的基本形式及其演化形式。

　　3.理解平面四杆机构的基本性质,区别急回特性、死点位置、压力角和传动角的特性。

　　4.灵活运用图解法设计平面四杆机构。

技能目标 >>>

1.能判断机构类型及运动特点。

2.平面机构初步设计能力。

素质目标 >>>

1.培养严谨细致、务实求真的科学精神。

2.培养自律意识,正确理解自由与纪律的关系。

3.培养爱国主义情感、中华文化认同感,增强道路自信。

4.树立正确的价值观:团结协作、个人服从集体。

素养提升

机构按其运动空间可分为如下两类:

(1)平面机构:所有构件都在同一平面或相互平行的平面内运动。

(2)空间机构:各构件不在同一平面或相互平行的平面内运动。

本章主要研究机构的组成原理、平面机构运动简图的绘制方法以及平面机构具有确定运动的检验方法,为分析现有机构和设计新型机构打下基础。

2.1 运动副及其分类

一个做平面运动的自由构件具有三个独立运动,如图2-2所示,即在 xOy 坐标系中构建的可随其上任一点 A 沿 x、y 轴的移动和绕 A 点的转动。这种相对于参考系构件所具有的独立运动的可能性称为构件的自由度,所以一个做平面运动的自由构件有三个自由度。

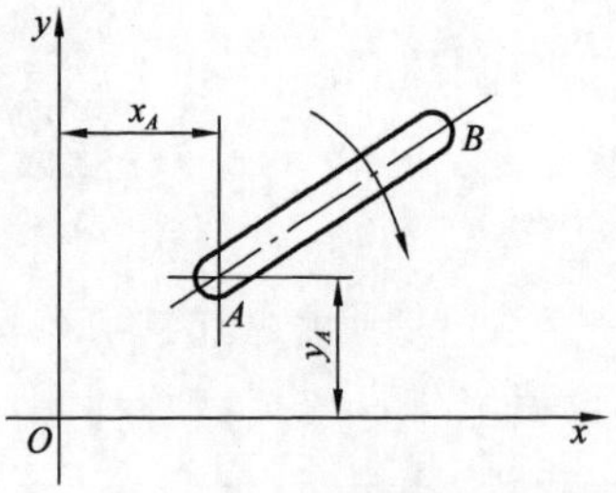

图 2-2 构件的自由度

当构件组成机构时,每个构件都以一定的形式与其他构件相互连接,且相互连接的两构件间保留着一定的相对运动。这种两构件直接接触而又彼此有一定相对运动的连接称为运动副。如齿轮间的啮合、轴与轴承的连接和活塞与气缸的连接等都构成了运动副。构件组成运动副后,其独立运动受到约束,自由度便随之减少。

根据组成运动副的两构件之间的接触特性,运动副可分为低副和高副。具体分类见表2-1。

运动副分类及其绘制

表 2-1 平面运动副的结构、特点和表示符号

类 型		图 例	表示符号	特 点
低副（两构件通过面接触形成的运动副）	转动副	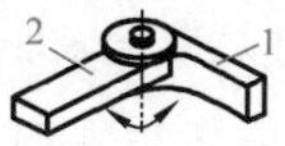	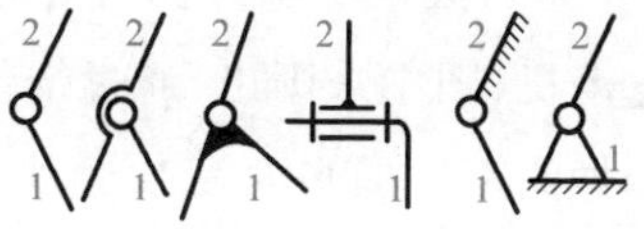	两构件通过圆柱面接触而形成转动副 保留一个相对转动，引入两个约束
	移动副	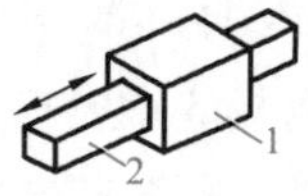	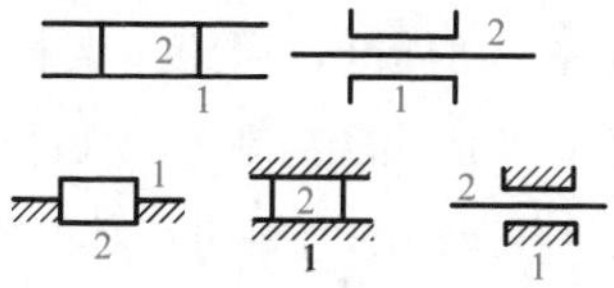	两构件通过平面接触而形成移动副 保留一个相对移动，引入两个约束
高副（两构件通过点、线接触形成的运动副）	凸轮副	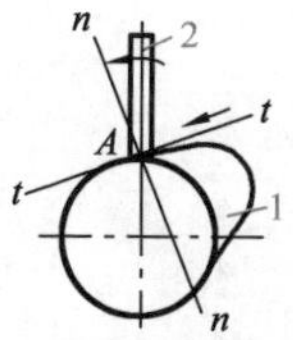	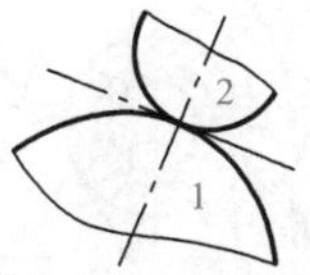	保留了绕接触点的转动和沿接触点切线 $t\text{-}t$ 方向的移动，引入一个约束，即限制了沿法线 $n\text{-}n$ 方向的移动
	齿轮副	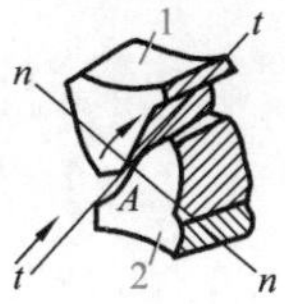		

注：1. 构件一般用直线或方块表示，也可用简单图形表示，如用凸轮外形表示凸轮、用点画线圆表示齿轮等。

2. 转动副用小圆圈表示，小圆圈画在转动副中心位置。

2.2 平面机构运动简图

机构由构件组成，而构件的运动取决于主动件的运动规律、运动副的数目和类型以及机构各运动副相对位置的运动尺寸，与构件的实际结构和外形等无关。机构运动简图是一种用规定的简单图示符号表示构件和运动副，并按适当比例绘制的图形。它能够表达各种构件的相对运动关系，揭示机构的运动规律和特性。

绘制机构运动简图按下列步骤进行：

(1)观察机构运动，找出机架、原动件、从动件、执行件。

(2)遵循运动传递路线，确定运动副的类型、数量和位置。

(3)测量各运动副之间的相对位置。

(4)选择投影平面和比例尺。

绘制机构运动简图

$$比例尺 = \frac{实际长度}{图示长度}$$

(5)用简单线条和符号画出机构运动简图。

例 2-1

试绘制图 2-3(a)所示颚式破碎机的机构运动简图。

解：当该机构由电动机（图中未画出）通过带传动的大带轮 1 驱动偏心轴 2 绕轴 A 转动时，驱动动颚板 5 做周期性的平面复杂运动，它与静颚板 4 时而靠近、时而远离，实现将动、静颚板间的物料 3 轧碎的目的。原动件为偏心轴 2（与大带轮 1 固连在一起），从动件为动颚板 5（执行件）和肘板 6，静颚板 4 与机架 7 为一体。偏心轴 2 与机架 7 形成转动副 A，偏心轴 2 与动颚板 5 形成转动副 B，动颚板 5 与肘板 6 形成转动副 C，肘板 6 与机架 7 形成转动副 D。测量各运动副之间的相对位置后，选择投影平面和比例尺，绘制出机构运动简图如图 2-3(b)所示。

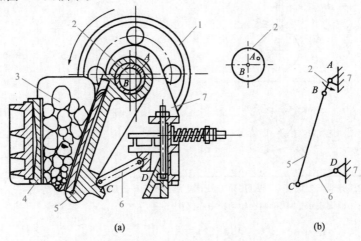

图 2-3　颚式破碎机及其机构运动简图

1—大带轮；2—偏心轴；3—物料；4—静颚板；5—动颚板；6—肘板；7—机架

2.3　平面机构的自由度计算

一、机构具有确定运动的条件

机构通过运动副连成的构件系统不一定具有确定的相对运动，必须通过检验才能确定。机构具有确定相对运动的条件是：机构自由度数（用 F 表示）应与机构的原动件数（用 W 表示）相等，且大于零，即

$$F = W > 0$$

平面机构自由度的
计算

二、平面机构自由度计算

若有 n 个做平面运动的可动构件,在与运动副连接前,共有 $3n$ 个自由度;在用 P_L 个低副、P_H 个高副连接成机构后,便失去 $2P_L+P_H$ 个自由度。由于一个低副引入 2 个约束,一个高副引入 1 个约束,即机构的自由度数目应减少 $2P_L+P_H$ 个,所以机构自由度 F 应为

$$F=3n-(2P_L+P_H) \tag{2-1}$$

试求图 2-4～图 2-6 所示机构的自由度。

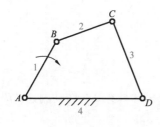

图 2-4 四杆机构

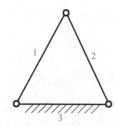

图 2-5 三脚架

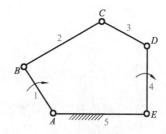

图 2-6 五杆机构

解:图 2-4 所示的四杆机构中共有 3 个活动构件、4 个转动副,无高副。机构自由度 $F=3\times3-2\times4=1$,该机构只需要一个原动件便具有确定的相对运动。

图 2-5 所示三脚架中共有 2 个活动构件、3 个转动副,无高副。机构自由度 $F=3\times2-2\times3=0$,该机构不能运动。

图 2-6 所示五杆机构中共有 4 个活动构件、5 个转动副,无高副。机构自由度 $F=3\times4-2\times5=2$,该机构若要具有确定的相对运动,则需要两个原动件。

应用式(2-1)计算机构自由度时,必须注意以下几种特殊情况的处理,否则将得不到正确的结果。

1. 复合铰链

两个以上的构件同时在一处以转动副相连就构成了复合铰链。如图 2-7(a)所示,3 个构件在一起以转动副相连而构成了复合铰链。由图 2-7(b)可见,3 个构件实际共形成两个转动副。由此可知,若 m 个构件以复合铰链相连,则其构成的转动副数目应等于 $m-1$。

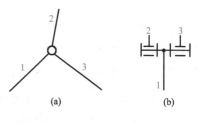

图 2-7 复合铰链(一)

例 2-3

试计算图 2-8 所示复合铰链的机构自由度。

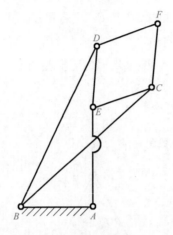

图 2-8　复合铰链(二)

解:该机构 B、C、D、E 四处都是由 3 个构件组成的复合铰链,各具有 2 个转动副,所以对于这个机构可得 $n=7$、$P_L=10$、$P_H=0$,则 $F=3n-2P_L-P_H=3\times7-2\times10-0=1$。

2. 局部自由度

在有些机构中,常出现一种不影响整个机构运动的、局部的独立运动,称为局部自由度。如图 2-9(a)所示的滚子推杆凸轮机构中,为了减少高副元素的磨损,在推杆和凸轮之间装了一个滚子。当原动件凸轮 1 绕 O 点转动时,通过滚子 4 使从动件 2 沿机架移动。该机构活动构件数 $n=3$(构件 1、2、4),低副数 $P_L=3$,高副数 $P_H=1$,则机构自由度 $F=3\times3-2\times3-1=2$。只要给凸轮 1 以确定的转动,从动件 2 就会具有确定的上下往复移动,即该机构自由度为 1,与计算不符。实际上由于滚子 4 绕其自身轴线转动,不影响其他构件的运动,形成的是局部自由度,计算机构自由度时应设想将形成局部自由度的两构件焊接成一体或去除不计。设想将滚子 4 与从动件 2 焊接成如图 2-9(b)所示的一体,则机构活动构件数 $n=2$,低副数 $P_L=2$,高副数 $P_H=1$,机构自由度 $F=3\times2-2\times2-1=1$。

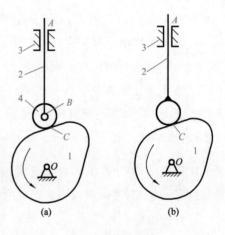

图 2-9　局部自由度

3. 虚约束

在机构中,对运动不起独立限制作用的约束称为虚约束。在如图 2-10 所示的平行四边形机构中,连杆 3 做平移运动,BC 线上各点的轨迹均为圆心在 AD 线上而半径等于 AB 的圆周。构件 5 与构件 2、4 相互平行且长度相等,对机构的运动不产生任何影响。所以在计算自由度时要将构件 5 和两个转动副 E、F 全都去除不计。

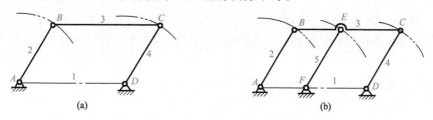

(a)　　　　　　　　(b)

图 2-10　平行四边形机构中的虚约束

例 2-4

计算图 2-11 所示大筛机构的自由度。

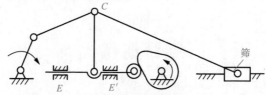

图 2-11　大筛机构

解:机构中 C 处为复合铰链,滚子处有局部自由度,E 和 E' 为两构件组成的导路平行的移动副,其中之一为虚约束。C 处复合铰链有 2 个转动副。去掉局部自由度和虚约束,其中 $n=7$,$P_L=9$(7 个转动副和 2 个移动副),$P_H=1$,则

$$F=3n-2P_L-P_H=3\times7-2\times9-1=2$$

此机构有两个原动件,故具有确定的相对运动。

素质培养

理解自由度和约束的关系,加强自我约束,增强自律意识。

机构是由构件组成的。我们把构件所具有的独立运动的可能性称为构件的自由度。任意一个做平面运动的自由构件具有 3 个自由度。但是,当与另一个构件通过运动副连接后,这个构件的某些独立运动会受到限制,自由度减少。我们把对独立运动的限制称为约束。引入一个约束就减少一个自由度。构件间以运动副连接,如果引入的约束过多,机构的自由度等于零,机构就不能运动;如果引入的约束过少,机构运动的不确定性增加。

由此可见,自由与约束是同一事物的两面,相辅相成,互不可缺。没有约束,必然没有自由。“自律才有自由”,我们青年一代要具有自律意识,也就是要学会“自我管理”和“自主学习”,通过严格的自我修炼、自我约束、自我塑造,做一个自律且自由的人。

知识总结

本章分析了颚式破碎机的组成和工作原理,通过学习本章,我们学会了分析一般常见机构的组成,画平面机构的运动简图和计算机构的自由度,并学会了判断机构的运动确定性。

1.运动副的概念

两构件直接接触形成的、有相对运动的连接称为运动副。

2.平面运动简图

用规定的符号表示构件和运动副,并按一定比例绘制的图形称为机构运动简图。

3.平面机构自由度计算

$$F=3n-2P_{L}-P_{H}$$

4.机构具有确定运动的条件

机构的自由度数大于零,且等于机构的原动件数。

专题训练

1.绘制图 2-12 所示各机构的运动简图,并计算自由度。

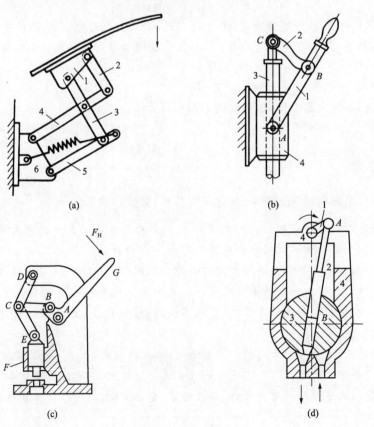

(a)　　　　　(b)

(c)　　　　　(d)

图 2-12　习题 1 图

2.计算图 2-13 所示各机构的自由度,并确定机构是否具有确定运动。

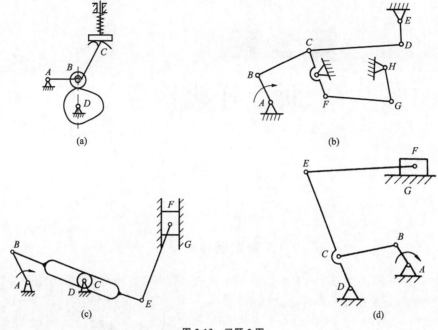

(a)

(b)

(c)

(d)

图 2-13 习题 2 图

本章我们学习了绘制机构运动简图的方法和步骤、机构自由度计算的方法以及机构具有确定运动的条件。同学们掌握的情况如何呢? 快来扫码检测一下吧!

第3章
平面连杆机构

—— 工程案例导入 ——

上海振华重工(集团)股份有限公司(后文简称振华重工)是世界上大型的港口机械重型装备制造商之一。如图3-1所示,振华重工将GPS技术运用到港口起重机的场桥安装上,使集装箱从卸船到堆场全部实现无人操作,全程自动走位、纠偏,到最后落地时,误差仅有15 mm。

近年来不少港口都出现了许多的机械设备,这些高高大大、种类繁多的机械设备已经成了港口生产的"主力军",港口机械设备的分类有多种方式,主要的分类包括:起重机械、输送机械、装卸机械、辅助设备、通信设备和其他设备(包括码头安全设备、边检设备等)。

图 3-1　振华重工的港口起重机

港口起重机械主要应用平面连杆机构,实现货物的水平移动。

知识目标 >>>

1. 熟悉平面连杆机构的特点。
2. 掌握平面四杆机构的基本形式。
3. 熟悉含有一个移动副的平面四杆机构。
4. 掌握平面连杆机构的工作特性及在工程中的应用。
5. 掌握平面四杆机构的设计方法。

技能目标 >>>

1. 能判定平面四杆机构的类型。
2. 能分析铰链四杆机构的演化形式及应用。
3. 会根据工作要求设计平面四杆机构。

素质目标 >>>

1. 培养民族自豪感、历史使命感与责任担当意识。

2. 培养注重学习、工作效率的良好职业素养。

3. 培养学生处理生活、学习中的各种矛盾的能力,养成良好的人际关系和社会关系。

素养提升

4. 警示学生一定牢记"安全"二字,做事要一步一个脚印,培养扎扎实实、严谨务实的工作作风。

3.1　概　述

平面机构中,若所有构件全部用低副连接而成,则这样的机构就称为平面连杆机构,又称为平面低副机构。若是只有四个构件通过低副连接而成的平面连杆机构,则称为平面四杆机构。

平面连杆机构的主要特点如下:

平面连杆机构概述

优点:低副是面接触,压强低,磨损小,便于润滑,可以承受较大的载荷;两构件接触表面为圆柱面或平面,制造比较简单,易获得高精度;当各构件的相对长度不同时,从动件可以实现多种形式的运动,满足多种运动规律的要求。

缺点:低副中存在间隙会引起运动误差,设计计算比较复杂,不易实现精确的复杂运动规律;当连杆机构运动时产生的惯性力不易平衡时,不适用于高速场合。

平面连杆机构常应用于机床、动力机械、工程机械、包装机械、印刷机械和纺织机械中,如牛头刨床中的导杆机构、活塞式发动机和空气压缩机中的曲柄滑块机构以及包装机中的执行机构等。

平面四杆机构是平面连杆机构中最常见的形式,也是组成多杆机构的基础。本章主要讨论平面四杆机构的类型、特点、应用、结构及常用的设计方法等。

3.2　平面连杆机构的基本形式及其演化

一、铰链四杆机构的基本形式

各构件之间均以转动副相连的平面四杆机构称为铰链四杆机构,如图 3-2 所示。其中,固定不动的构件 AD 称为机架,与机架相连的构件 AB、CD 称为连架杆。相对于机架能做 360°整周回转的连架杆称为曲柄,只能在一定角度(<360°)范围内做往复摆动的连架杆称为摇杆。不与机架相连的构件 BC 称为连杆。

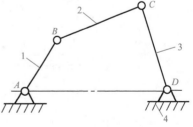

图 3-2　铰链四杆机构

根据铰链四杆机构中两连架杆运动形式的不同,铰链四杆机构有三种基本形式:曲柄摇杆机构、双曲柄机构和双摇杆机构。

1. 曲柄摇杆机构

在铰链四杆机构中,两连架杆中一个为曲柄、一个为摇杆的铰链四杆机构称为曲柄摇杆机构。通常将曲柄作为主动件,它可将曲柄的连续转动转换成摇杆的往复摆动(图 3-3、图 3-4);有时也可将摇杆作为主动件,而将摇杆的往复摆动转换为曲柄的连续转动(图 3-5)。

铰链四杆机构的基本形式

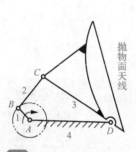

图 3-3 雷达天线机构

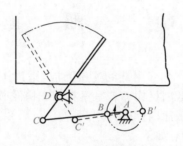

图 3-4 汽车刮雨器机构

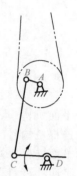

图 3-5 缝纫机踏板机构

2. 双曲柄机构

两连架杆均为曲柄的铰链四杆机构称为双曲柄机构。

在双曲柄机构中,如果两曲柄的长度不相等,主动曲柄等速回转一周,则从动曲柄变速回转一周。如图3-6所示的惯性筛机构,它是以双曲柄机构为基础扩展而成的六杆机构。

在双曲柄机构中,若连杆与机架长度相等且平行,则称为平行双曲柄机构。若另外两曲柄长度也相等且平行,则称为正向平行双曲柄机构。图 3-7 所示的机车车轮联动机构就是利用正向平行双曲柄机构的实例。这种机构运动时,两曲柄转向相同,角速度相等,连杆做平移运动。图 3-8 所示的铲斗机构正是利用了连杆平动的特点,使铲斗中的土石不至泼出。若另外两曲柄长度相等但不平行,则称为反向平行双曲柄机构。如图 3-9 所示的车门机构,当主动曲柄转动时,通过连杆带动从动曲柄朝相反方向转动,从而保证两扇车门同时开启和关闭。反向平行双曲柄机构的运动特点是两曲柄转向相反,角速度不相等。

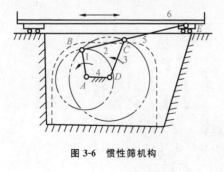

图 3-6 惯性筛机构

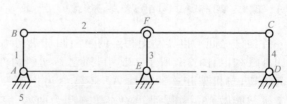

图 3-7 机车车轮联动机构

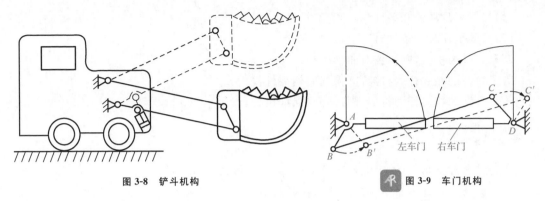

图 3-8　铲斗机构　　　　　　　　　图 3-9　车门机构

3. 双摇杆机构

两连架杆均为摇杆的铰链四杆机构称为双摇杆机构。

在双摇杆机构中,两摇杆可分别为主动件,当主动摇杆往复摆动时,通过连杆带动从动摇杆做往复摆动。如图 3-10 所示,当摇杆 AB 摆动时,另一摇杆 CD 随之摆动,选用合适的杆长参数可使悬挂点 E 的轨迹近似为水平直线,以免被吊重物做不必要的上下运动而造成功耗。

如图 3-11 所示为汽车前轮转向机构,该双摇杆机构的两摇杆长度相等,故又称为等腰梯形机构。

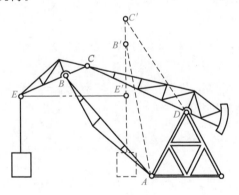

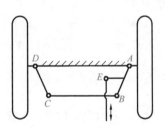

图 3-10　鹤式起重机中的双摇杆机构　　　　　图 3-11　汽车前轮转向机构

二、四杆机构中曲柄存在的条件

铰链四杆机构三种基本类型的区别在于连架杆是否为曲柄及曲柄的数目。曲柄存在的充分必要条件是:

(1)最长杆与最短杆的长度之和小于或等于其余两杆长度之和(即杆长和条件)。

(2)最短杆或其相邻杆为机架。

根据上述条件可知:

四杆机构中曲柄存在的条件

（1）当不满足杆长和条件时，即为双摇杆机构。

（2）当满足杆长和条件时：

若最短杆为机架，则得到双曲柄机构；

若最短杆的相邻杆为机架，则得到曲柄摇杆机构；

若最短杆的相对杆为机架，则得到双摇杆机构。

例 3-1

铰链四杆机构 $ABCD$ 的各杆长度如图 3-12 所示。（1）试判别四个转动副中哪些能整转？哪些不能整转？（2）说明机构分别以 AB、BC、CD 和 AD 为机架时，各属于何种机构？

解：（1）$L_{\max}+L_{\min}=50+20=70<30+45$，故最短杆两端的两个转动副 A、D 能整转，而 B、C 则不能。

（2）若 AB 杆或 CD 杆（最短杆 AD 的邻杆）为机架，则为曲柄摇杆机构；若 BC 杆（最短杆 AD 的对边杆）为机架，则为双摇杆机构；若 AD 杆（最短杆）为机架，则为双曲柄机构。

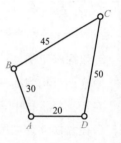

图 3-12   铰链四杆机构

例 3-2

设铰链四杆机构各杆长 $a=120$，$b=10$，$c=50$，$d=60$，问以哪个构件为机架时才会有曲柄？

解：由于 $L_{\max}+L_{\min}=120+10=130>50+60$，故四个转动副均不能整转，无论以哪个构件为机架均无曲柄，或者说均为双摇杆机构。

三、平面四杆机构的演化

铰链四杆机构可以演化为其他形式的四杆机构。机器中，各种四杆机构都是从铰链四杆机构演化而来的，了解四杆机构的演化对机构分析和创新很有帮助。演化的方式通常有移动副取代转动副、变更机架、变更杆长和扩大回转副等。常见的演化机构如下：

1. 曲柄滑块机构

曲柄滑块机构是用移动副取代曲柄摇杆机构中的转动副演化得到的。移动副可以认为是转动副的一种特殊情况，即转动中心位于垂直于移动副导路的无限远处的一个转动副。

平面四杆机构的
演化

在如图 3-13（a）所示的曲柄摇杆机构中，当曲柄 1 绕轴 A 回转时，铰链 C 将沿圆弧 $\overparen{\beta\beta}$ 往复运动。而在图 3-13（b）中，虽然其运动性质并未发生改变，但此时铰链四杆机构已演化为曲线导轨的曲柄滑块机构。

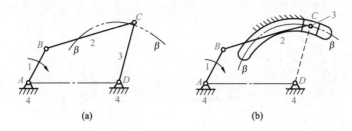

图 3-13　铰链四杆机构的演化

又由图 3-14(a)可知,当曲柄摇杆机构的摇杆长度趋于无穷大时,C 点的轨迹将从圆弧演变为直线,摇杆 CD 转化为沿直线导路移动的滑块,成为常见的曲柄滑块机构。曲柄转动中心与导路的距离 e 称为偏心距。若 $e>0$,如图 3-14(a)所示,则称为偏置曲柄滑块机构;若 $e=0$,如图 3-14(b)所示,则称为对心曲柄滑块机构。

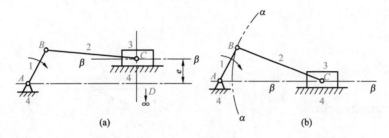

图 3-14　曲柄滑块机构

曲柄滑块机构广泛应用于内燃机、压力机等机械设备中。如图 3-15 所示,机构中将曲轴(曲柄)的回转运动转换成重锤(滑块)的上下运动,完成对工件的压力加工。

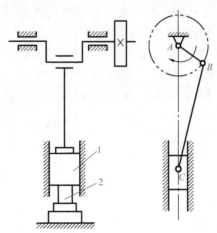

图 3-15　曲柄滑块机构在压力机中的应用
1—滑块;2—工件

2. 偏心轮机构——扩大的回转副

当要求滑块的行程 H 很小时,曲柄的长度必须很小。此时,由于结构的需要将转动副扩大,做成偏心轮,用偏心轮的偏心距来替代曲柄的长度,曲柄滑块机构演化成偏心轮机构,如图 3-16 所示。在偏心轮机构中,滑块的行程等于偏心距的两倍,只能以偏心轮为主动件。

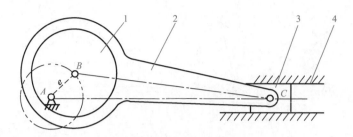

图 3-16　偏心轮机构

1—偏心轮;2—连杆;3—滑块;4—机架

3.其他演化机构

变更图 3-17(a)所示曲柄滑块机构中固定件的位置,可将其演化为图 3-17(b)~图 3-17(d)所示的机构。

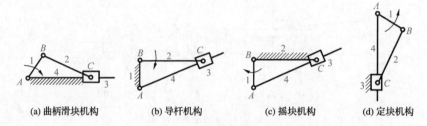

(a) 曲柄滑块机构　　(b) 导杆机构　　(c) 摇块机构　　(d) 定块机构

图 3-17　其他演化机构

连架杆中至少有一个构件为导杆的平面四杆机构称为导杆机构。如图 3-17(a)所示的曲柄滑块机构,若改选构件 AB 为机架,则构件 4 将绕轴 A 转动,构件 3 将以构件 4 为导轨沿该构件相对移动,即演化为如图 3-17(b)所示的导杆机构。

导杆机构分转动导杆机构与摆动导杆机构两种。如图 3-18 所示,在导杆机构中,当 $L_{AB} \leqslant L_{BC}$ 时,其导杆能做整周转动,则为转动导杆机构;当 $L_{AB} > L_{BC}$ 时,导杆仅能在某一角度范围内往复摆动,则为摆动导杆机构。图 3-19 所示为牛头刨床的导杆机构。

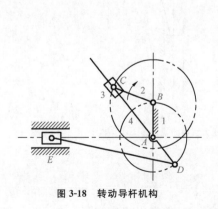

图 3-18　转动导杆机构

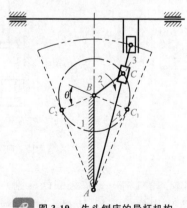

图 3-19　牛头刨床的导杆机构

3.3 平面连杆机构的工作特性

一、运动特性——急回特性

如图 3-20 所示为一曲柄摇杆机构。曲柄转过一周，曲柄通过连杆驱动从动摇杆往复摆动一次。在曲柄转动一周的过程中，曲柄有两次与连杆共线，此时摇杆处在两极限位置 C_1D 和 C_2D。摇杆两极限位置 C_1D 和 C_2D 的夹角 ψ 称为摇杆的工作摆角，曲柄相应两位置之间所夹的锐角 θ 称为极位夹角。

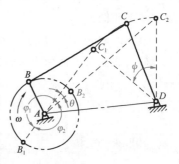

图 3-20 曲柄摇杆机构

假设主动曲柄 AB 以等角速度 ω 顺时针方向转动。曲柄 AB 从 B_1 转到 B_2，转过的角度 $\varphi_1 = 180° + \theta$，所需时间为 t_1，摇杆 CD 则从 C_1D 摆到 C_2D，C 点的平均速度为 v_1；曲柄 AB 继续转动，从 B_2 回到 B_1，转过的角度 $\varphi_2 = 180° - \theta$，所需时间为 t_2，摇杆 CD 则从 C_2D 回摆到 C_1D，C 点的平均速度为 v_2。因 $\varphi_1 > \varphi_2$，则 $t_1 > t_2$，故 $v_2 > v_1$。摇杆快速返回的这种运动特性称为急回特性。

急回特性的程度可用 v_2 与 v_1 的比值 K 来表达，K 称为行程速比系数，即

$$K = \frac{v_2}{v_1} = \frac{\overset{\frown}{C_1C_2}/t_1}{\overset{\frown}{C_1C_2}/t_2} = \frac{180° + \theta}{180° - \theta} \qquad (3-1)$$

若 K 已知，则可得

$$\theta = 180° \frac{K-1}{K+1} \qquad (3-2)$$

急回特性

由式(3-1)可知，机构的急回程度取决于极位夹角 θ 的大小。$\theta = 0$ 时 $K = 1$，说明机构无急回特性；$\theta > 0$ 时 $K > 1$，说明机构有急回特性；θ 越大 K 越大，说明机构急回程度越大。在一般机械中，K 取 $1.1 \sim 1.3$。

二、传力特性——压力角与传动角

在生产中，不仅要求连杆机构能实现预定的运动规律，而且希望其运转轻便，具有较高的效率。

如图 3-21 所示的四杆机构，如不计各杆质量和运动副中的摩擦，则连杆 BC 为二力杆，它作用于从动摇杆 CD 上的力 F 是沿 BC 方向的。作用在构件上的力 F 的方向与力作用点速度 v_c 的方向间所夹的锐角 α 称为压力角。力 F 可分解为 F_t 和 F_n：

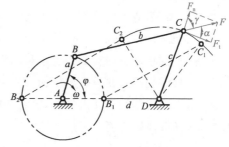

图 3-21 四杆机构的压力角

$$F_t = F\cos \alpha（有效分力）\tag{3-3}$$

$$F_n = F\sin \alpha（有害分力）\tag{3-4}$$

显然，α 越小，有效分力 F_t 越大，有害分力 F_n 越小，对机构传动越有利。因此，压力角 α 是反映机构传动性能的重要参数。

在实际应用中，为了度量方便，习惯用压力角 α 的余角 γ（即连杆和从动摇杆之间所夹的锐角）来判断传动性能，γ 称为传动角。因 $\gamma = 90° - \alpha$，所以 α 越小，γ 越大，机构传动性能越好；反之，α 越大，γ 越小，机构传力越费劲，传动效率越低。

传力特性

机构运动时，压力角 α 和传动角 γ 的大小随机构的不同位置发生变化，在机架与曲柄共线的两个位置之一存在 γ_{min}。为保证机构具有良好的传动性能，设计时通常使 $\gamma_{min} \geq 40°$，传动力矩较大时 $\gamma_{min} \geq 50°$。对于一些具有短暂高峰载荷的机器，可以让连杆机构在其传动角比较大的位置进行工作，以节省动力。

三、死点位置

如图 3-22 所示，在曲柄摇杆机构中，当摇杆 CD 为主动件且机构处于图示两个虚线位置时，连杆 BC 和曲柄 AB 在一条直线上，出现了 $\gamma = 0°$ 的情况。$\gamma = 0°$ 意味着传动有效分力 $F_t = F\sin \gamma = 0$，此时无论连杆 BC 传给曲柄 AB 的作用力有多大，都不能使曲柄转动。机构所处的这种位置称为死点位置。

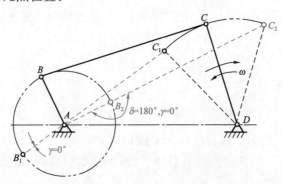

图 3-22   曲柄摇杆机构的死点位置

对于传动机构，死点的存在是不利的，因而必须采取措施使机构顺利通过死点。工程中常用的办法有：采取机构错位排列的办法，如图 3-23 所示；安装飞轮，利用飞轮的惯性闯过死点，例如缝纫机曲轴上的大皮带轮就兼有飞轮的作用；给从动件施加一个不通过其转动中心的外力，例如当缝纫机停在死点位置后需重新启动时，给手轮（小皮带轮）一个外力便可通过死点。

死点位置

另一方面，在工程实际中也常利用机构的死点来实现一定的工作要求。如图 3-24 所示的飞机起落架机构，在机轮放下时，杆 BC 与 CD 呈一直线，此时虽然机轮上可能受到很大的力，但由于机器处于死点位置，经杆 BC 传给 CD 的力通过其回转中心，所以起落架不会反转，这样可使降落更加可靠。

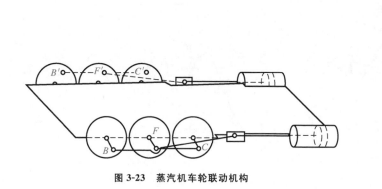

图 3-23　蒸汽机车轮联动机构

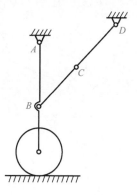

图 3-24　飞机起落架机构

3.4　平面四杆机构的设计

平面四杆机构设计的主要任务:根据机构的工作要求和设计条件选定机构形式,并确定各构件的尺寸参数。连杆机构的设计方法有图解法、解析法和实验法。图解法和实验法直观、简单,但精度较低,可满足一般设计要求;解析法精度高,可用计算机计算。本节重点介绍图解法。

一、用图解法设计平面四杆机构

按给定的行程速比系数设计平面四杆机构,一般是根据实际运动要求选定行程速比系数,然后根据机构极限位置的几何特点,结合其他辅助条件进行设计。

设已知行程速比系数 K、摇杆长度 L_{CD}、最大摆角 ψ,试用图解法设计此曲柄摇杆机构。

设计分析:如图 3-25(a)所示,由曲柄摇杆机构处于极限位置时的几何特点可知,在已知 L_{CD} 和 ψ 的情况下,只要确定铰链 A 的位置,即可由 $L_{AC_1}=L_{BC}-L_{AB}$、$L_{AC_2}=L_{BC}+L_{AB}$ 确定曲柄 AB 和连杆 BC 的长度。L_{AD} 可直接量得。假设图 3-25(b)为已设计出的该机构运动简图,若过辅助圆心 O 的圆心角 $\angle C_1OC_2=2\theta$,则铰链 A 的位置满足 $\angle C_1AC_2=\theta$ 的要求。所以若过 C_1、C_2 两点作一辅助圆,使弦 C_1C_2 所对的圆心角等于 2θ,则弦 C_1C_2 所对的圆周角即等于 θ,铰链 A 只要在这个圆上,就一定能满足 K 的要求。作图步骤归纳如下:

(1)计算出极位夹角,$\theta=180°\dfrac{K-1}{K+1}$。

(2)任取固定铰链中心 D 的位置,选取适当的长度比例尺 μ_L,根据已知摇杆长度 L_{CD} 和摆角 ψ 作出摇杆的两个极限位置 C_1D 和 C_2D。

(3)连接 C_1、C_2,过 C_1、C_2 作与 C_1C_2 成 $90°-\theta$ 的直线 C_1M、C_2N,设它们交于 O 点,则 $\angle C_1OC_2=2\theta$。以 O 点为圆心,以 $OC_1(OC_2)$ 为半径作辅助圆。

(4)在该圆上任取一点 A,连接 AC_1、AC_2,则 $\angle C_1AC_2=\theta$。量得 L_{AC_1} 和 L_{AC_2},由此可求

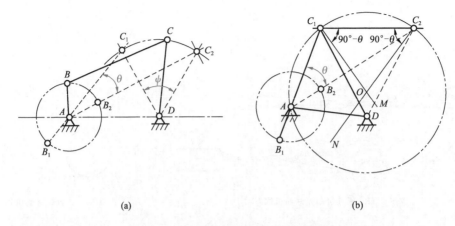

(a)　　　　　　　　　　　　　　(b)

图 3-25　按行程速比系数设计平面四杆机构

得曲柄和连杆的长度 $L_{AB}=\mu_{L}\dfrac{L_{AC_2}-L_{AC_1}}{2}$，$L_{BC}=\mu_{L}\dfrac{L_{AC_2}+L_{AC_1}}{2}$。

（5）机架的长度 L_{AD} 可直接量得，乘以比例尺 μ_{L} 即为实际尺寸。

由于 A 为辅助圆上任选的一点，所以有无穷多解。若能给定其他辅助条件，如机架长度 L_{AD}、曲柄长度 L_{AB} 或最小传动角 $\gamma_{\min}$ 等，则有唯一解。

同理，可设计出满足给定行程速比系数 K 值的偏置曲柄滑块机构、摆动导杆机构等。

二、按连杆预定位置设计平面四杆机构

在生产实践中，经常要求所设计的平面四杆机构在运动过程中连杆能达到某些特殊位置。

给定连杆的两个位置 B_1C_1、B_2C_2 及其长度 L_{BC}，试设计铰链四杆机构。

由图 3-26 可知，如能确定固定铰链 A 和 D 的中心位置，便可确定各构件的长度。由于连杆上 B、C 两点的轨迹分别在以 A 和 D 为圆心的圆周上，所以 A、D 两点必然分别位于 B_1B_2、C_1C_2 的中垂线 b_{12} 和 c_{12} 上。

作图步骤：

（1）选取比例尺 μ_{L}。

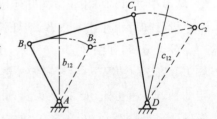

图 3-26　按连杆预定位置设计平面四杆机构

（2）作 B_1B_2 的中垂线 b_{12} 和 C_1C_2 的中垂线 c_{12}。

（3）在 b_{12} 上任取一点 A，在 c_{12} 上任取一点 D，连接 AB_1 和 C_1D，即得到各杆件的长度为 $L_{AB}=\mu_{L}\overline{AB_1}$、$L_{CD}=\mu_{L}\overline{C_1D}$、$L_{AD}=\mu_{L}\overline{AD}$。由于 A、D 两点是任意选取的，所以有两组无穷多解，必须给出辅助条件才能得出确定的解。

如图 3-27 所示的炉门启闭机构，要求加热时炉门（连杆）处于关闭位置 B_1C_1，加热后炉门处于开启位置 B_2C_2。如图 3-28 所示铸造车间造型用的翻台机构，要求翻台（连杆）在实线位置时填沙造型，在点画线位置时托台上升起模。为使炉门和翻台实现这两个位置，设计时可将有一定位置要求的构件（炉门和翻台）视做该四杆机构中的连杆。

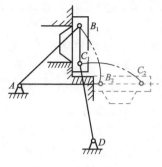

图 3-27　炉门启闭机构

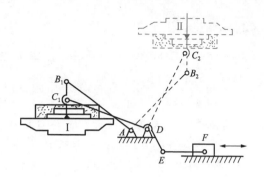

图 3-28　翻台机构

三、按给定的轨迹设计平面四杆机构

平面四杆机构运动时，连杆做复杂的平面运动，连杆任一点的轨迹称为连杆曲线。连杆曲线的形状随点在连杆上的位置及各杆相对长度的不同而变化。由于连杆曲线的多样性，常将它应用于工程上的某些机械，以实现所给定的运动轨迹或完成一定的生产要求和动作。如图 3-29 所示的水稻插秧机，为使秧爪能顺利地取秧和将秧苗插入土中，要求秧爪上的 E 点能按 β-β 轨迹运动，这种复杂的运动轨迹就是通过连杆曲线实现

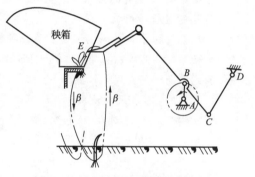

图 3-29　水稻插秧机秧爪的运动轨迹

的。又如起重机、搅拌机等机器中所要求的运动轨迹，都是通过连杆曲线实现的。

工程上，将用不同杆长通过实验方法获得的连杆上不同点的轨迹曲线汇编成图谱，如图 3-30 所示。当需要按给定运动轨迹设计平面四杆机构时，只需从图谱中选择与设计要求相近的曲线，同时查得机构各杆相对尺寸及描述点在连杆平面上的位置，再用缩放仪求出图谱曲线与所需轨迹曲线的缩放倍数，即可求得平面四杆机构的各杆实际尺寸。

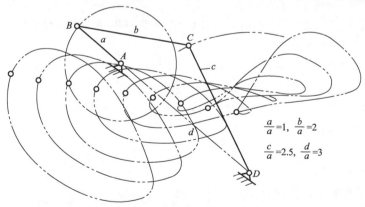

$$\frac{a}{a}=1,\ \frac{b}{a}=2$$
$$\frac{c}{a}=2.5,\ \frac{d}{a}=3$$

图 3-30　连杆曲线图谱

素质培养

了解大国重器打造企业——振华重工,培养民族自豪感、历史使命感与责任担当意识。

制造业作为中国经济的根基所在,经过多年发展,已在行业内取得了领先地位。特别是在量子通信、航空航天、5G、港口机械等领域,我国走在了世界前列。

我国能在港口机械行业取得世界第一,振华重工功不可没,作为国之重器打造企业,它连续20多年位居全球港口机械市场第一,成为当之无愧的"港机之王"。振华重工的公司总部设在上海,在长兴岛、南通、江阴等地有8个生产基地,是世界上大型的重型装备制造商,主要生产大型集装箱设备机械、散货装卸机械及大型钢桥等,订单数量占据全球80%。

振华重工能建造全球最大的龙门吊,基本垄断1 000吨以上的龙门吊。要知道,龙门吊是建造航母所需的设备。

现在的振华重工,拥有20多项世界领先重大核心技术,成为中国大型装备制造业第一个世界知名品牌。振华重工将GPS技术运用到港口起重机的场桥安装上,使集装箱从卸船到堆场全部实现无人操作,全程自动走位、纠偏,到最后落地时误差仅有15 mm。

在国内,不断投入使用的"大国重器",均属于世界船舶行业重点发展的工程船的"龙源振华3号"、"创力号"和"天鲲号",都出自振华重工。

今天的振华重工,代表了中国制造的最新水平,它是中国制造的骄傲!

知识总结

本章介绍了平面连杆机构(以铰链四杆机构为例)的基本形式及演化过程的分析,通过学习本章,我们掌握了常用机构——双曲柄机构、双摇杆机构和曲柄摇杆机构、曲柄滑块机构的运动特点,并学会了用图解法设计平面四杆机构。

1. 铰链四杆机构的基本类型

铰链四杆机构有三种基本形式:双曲柄机构、双摇杆机构和曲柄摇杆机构。

2. 铰链四杆机构的演化方式

(1)移动副取代转动副:曲柄摇杆机构→曲柄滑块机构。

(2)扩大转动副:曲柄滑块机构→偏心轮机构。

(3)变更机架:曲柄滑块机构→导杆机构、摇块机构、定块机构等。

3. 平面四杆机构存在曲柄条件

(1)杆长和条件

(2)机架条件

4. 平面连杆机构的工作特性

(1)运动特性:急回特性、行程速比系数 $K = \dfrac{180° + \theta}{180° - \theta} > 1$

极位夹角 θ 和行程速比系数 K 是反映机构运动特性的重要参数。$\theta = 0°$,则 $K = 1$,机构没有急回特性;$\theta > 0°$,则 $K > 1$,机构有急回特性,且 θ 越大 K 越大,机构的急回特性越显著。

（2）传力特性：压力角 α 是作用在构件上的力 F 的方向与力作用点速度 c 方向间所夹的锐角。

传动角 γ 是压力角的余角，即连杆和从动摇杆之间所夹的锐角。

压力角 α 和传动角 γ 是反映机构传动性能的重要参数。α 越小，γ 越大，对机构传动越有利。因此通常使 $\gamma_{\min} \geqslant 40°$。

（3）机构的死点位置：当机构处于 $\alpha=90°$，$\gamma=0°$ 时，机构处于死点位置。可以利用惯性和机构错位排列的方法使机构顺利通过死点位置。有时可以利用死点位置来实现一些工作要求，比如飞机起落架等。

5.平面机构的设计方法：图解法

略。

专题训练

1.什么是铰链四杆机构？铰链四杆机构有哪几种基本类型？试分别举例说明其运动特点和应用。

2.什么是极位夹角？什么是行程速比系数？

3.什么是急回特性？判断平面四杆机构是否具有急回特性的根据是什么？实际应用中机构具有急回特性的意义是什么？

4.什么是平面连杆机构的压力角和传动角？它们的大小说明什么？什么位置存在最小传动角？

5.什么情况下平面四杆机构会出现死点？举例说明克服死点常用的措施以及如何利用死点。

6.铰链四杆机构常见的演化形式有哪几种？分别用机构运动简图表示。

7.试述铰链四杆机构曲柄存在的条件。曲柄是否一定是最短杆？

8.判断图 3-31 所示铰链四杆机构各属于哪种基本类型？

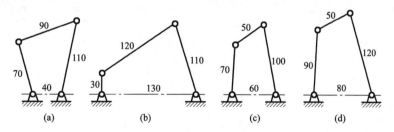

图 3-31　习题 8 图

9.在图 3-32 所示的平面四杆机构中，已知各构件长度 $L_{AB}=55$ mm，$L_{BC}=40$ mm，$L_{CD}=50$ mm，$L_{AD}=25$ mm。哪个构件固定可以获得曲柄摇杆机构？哪个构件固定可以获得双摇杆机构？哪个构件固定可以获得双曲柄机构？

10.在图 3-33 所示的铰链四杆机构中，已知 $L_{BC}=50$ cm，$L_{CD}=35$ cm，$L_{AD}=30$ cm，AD 为机架。试问：

(1)若此机构为曲柄摇杆机构且 AB 为曲柄,求 L_{AB} 的最大值;

(2)若此机构为双曲柄机构,求 L_{AB} 的最大值;

(3)若此机构为双摇杆机构,求 L_{AB}。

11.如图 3-34 所示,各杆的长度分别是 $a=150$ mm,$b=300$ mm,$c=250$ mm,$d=350$ mm,AD 为机架,AB 为主动件,选用长度比例尺 $\mu_L=10$ mm/mm。试求:

(1)图示位置的压力角;

(2)摇杆的摆角;

(3)最小传动角;

(4)行程速比系数。

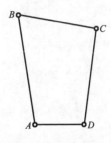

图 3-32 习题 9 图

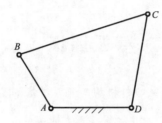

图 3-33 习题 10 图

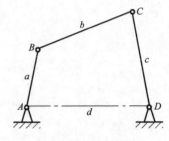

图 3-34 习题 11 图

*12.设计一铰链四杆机构,已知其摇杆 CD 的行程速比系数 $K=1$,摇杆长度 $L_{CD}=150$ mm,摇杆的两个极限位置与机架所成的夹角 $\psi'=30°,\psi''=90°$。求曲柄长度 L_{AB} 及连杆长度 L_{BC}。

知识检测

本章我们主要学习了平面四杆机构的三种基本形式及演化过程,平面四杆机构的工作特性以及用图解法设计平面四杆机构。同学们掌握的情况如何呢? 快来扫码检测一下吧!

第4章
凸轮机构

工程案例导入

　　奇瑞汽车凭借出色的技术实力，在 2020 年研发了 ACTECO 系列 2.0T 发动机，该型发动机在 1.6T 发动机的基础上增加了 CVVL（Continue Variable Valve Lift，连续可变气门升程技术）气门升程控制系统，比之前的 1.6T 发动机更复杂，并且采用了 CVVL 的凸轮轴，如图 4-1 所示。

　　汽车发动机的气门系统是采用凸轮机构来控制气门的开合的。本章主要研究凸轮机构的应用和分类、从动件的常用运动规律及凸轮轮廓曲线的设计等内容。

图 4-1　ACTECO 系列 2.0T 发动机

知识目标 >>>

　　1. 说出凸轮机构的组成。

　　2. 识别凸轮机构的类型、特点及其应用。

　　3. 区别从动件的常用运动规律。

　　4. 熟悉凸轮机构基本尺寸的确定方法。

　　5. 灵活运用图解法设计对心直动从动件——盘形凸轮轮廓曲线。

技能目标 >>>

1.会选用凸轮机构的类型。
2.会绘制从动件运动规律曲线。
3.会用图解法设计凸轮轮廓。
4.形成具有初步分析凸轮机构工作情况的能力。

素质目标 >>>

1.培养学生善于观察、勤于思考的良好职业素养。
2.引导学生学习"追求卓越、精益求精"的工匠精神。

素养提升

4.1　凸轮机构的应用和分类

一、凸轮机构的组成、特点和应用

如图 4-2 所示,凸轮机构通常由原动件凸轮 1、从动件 2 和机架 3 组成。由于凸轮与从动件接触形成高副,所以是高副机构。凸轮机构可将凸轮的连续转动或移动转换为从动件的连续或不连续的移动或摆动。

凸轮机构的组成、
特点和应用

凸轮机构的结构简单紧凑、易于设计,只要适当地设计凸轮轮廓,就可以使从动件实现特殊的或复杂的运动;其缺点是凸轮轮廓曲线的加工比较复杂,且凸轮与从动件为点、线接触的高副机构,易磨损、不便润滑,故传力不大。所以凸轮机构多用在传递动力不大的调控机构中,如自动机或半自动机中。

利用图 4-3 所示的凸轮机构,可以使构件 4 实现预期运动规律的往复摆动。图 4-4 所示的凸轮机构可以使构件 5 实现预期运动规律的往复移动。而利用图 4-5 所示的双凸轮机构不仅可以使构件 4 实现预期的运动要求,而且可以使构件 4 上的 F 点按照所需的轨迹运动。

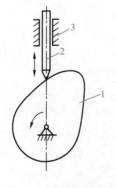

图 4-2　凸轮机构运动简图

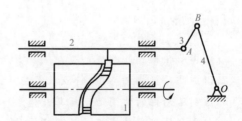

图 4-3　往复摆动凸轮机构

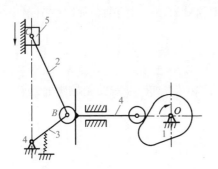

图 4-4 实现预期运动的凸轮机构

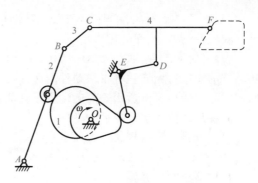

图 4-5 实现预期轨迹的双凸轮机构

二、凸轮机构的分类

1.按凸轮形状分类

（1）盘形凸轮机构：具有一种外缘或凹槽具有变化的直径并绕固定轴线转动的盘形构件，是凸轮机构的基本形式，如图 4-2 所示。

（2）圆柱凸轮机构：具有一种在圆柱面上开有曲线凹槽或在圆柱端面上制出曲线轮廓的构件，如图 4-3 所示。

（3）移动凸轮机构：可视为回转中心在无穷远处的盘形凸轮机构，相对机架做往复直线运动，如图 4-6 所示。

凸轮机构的分类

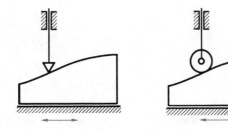

图 4-6 移动凸轮机构

2.按从动件的结构形式分类

（1）尖端从动件：如图 4-7(a)所示，这种从动件的构造简单，能实现从动件的任意运动规律，但尖顶与凸轮是点接触，磨损快，只适用于作用力不大和速度较低的场合，如仪器仪表中的凸轮控制机构等。

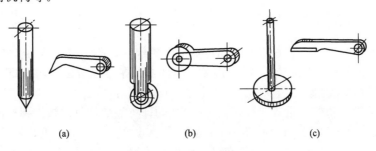

(a)   (b)   (c)

图 4-7 从动件的结构形式

（2）滚子从动件：如图 4-7(b)所示，从动件的尖顶处安装一个滚子，所以磨损较小，可以承受较大的动力，因而应用广泛。

（3）平底从动件：如图 4-7(c)所示，从动件与凸轮轮廓表面接触的端面为一平面，凸轮对从动件的作用力始终垂直于从动件的底面，故受力比较平稳，传动效率最高，且接触面易于形成油膜，润滑较好，适用于高速传动。其缺点是不能用于有凹曲线凸轮轮廓的凸轮机构。

3.按从动件的运动形式分类

（1）直动从动件：从动件做往复直线运动。

（2）摆动从动件：从动件做往复摆动。

4.按锁合方式分类

（1）力锁合：利用从动件的自身重力、弹簧力或其他外力使其与凸轮始终保持接触，如图 4-8 所示。

（2）形锁合：利用凸轮与从动件的特殊结构形状使从动件与凸轮始终保持接触。如图 4-3 所示圆柱凸轮机构，它是利用滚子与凸轮凹槽两侧面的配合来实现形锁合的；再如图 4-9 所示的等宽凸轮机构，也是形锁合的实例。

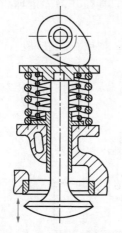

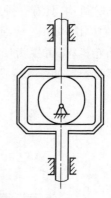

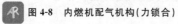

图 4-8　内燃机配气机构(力锁合)　　　　图 4-9　等宽凸轮机构(形锁合)

4.2　凸轮机构的工作过程及从动件的常用运动规律

一、凸轮机构的工作过程

图 4-10 所示为一对心尖顶直动从动件盘形凸轮机构。图示位置是凸轮转角为 0°、从动件处于离凸轮轴心 O 最近的位置 A（位移为 0），此位置称为起始位置。以凸轮轮廓最小向径为半径作的圆称为基圆，用 r_b 表示基圆半径。凸轮以等角速度 ω 按顺时针方向转动时，向径增大，从动件尖顶按一定规律被推向远处（从动杆将从最低位置被推到最高位置），这一过程称为推程，与之对应的凸轮转角 φ_0 称为推程运动角。从动件上升的最大位移用 h 表示，称为行程。凸轮继续转动，从动件在最远处停止不动，对应的转角 φ_s 称为远休止角。凸轮继续转动，由于与从动件尖顶接触的凸轮轮廓向径逐渐变小，从动件返回，这一过程称为

回程,对应的凸轮转角 φ'_0 称为回程运动角。凸轮继续转动,从动件在最近处停止不动,对应的凸轮转角 φ'_s 称为近休止角。当凸轮继续回转时,从动件重复上述升—停—降—停的运动循环。

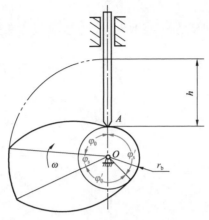

凸轮机构的工作过程

图 4-10　凸轮机构工作过程

二、从动件的常用运动规律

从动件运动规律或过程就是从动件位移与凸轮转角间的关系,可以用运动曲线图表示,也可以用运动方程表示,还可以用表格表示。

从动件的常用
运动规律

从动件常用运动规律有等速运动、等加速等减速运动、余弦加速度运动(简谐运动)、正弦加速度运动(摆线运动)等。

1.等速运动规律

凸轮以等角速度 ω 回转,从动件的推程或回程速度 v 等于常数,这种运动规律称为等速运动规律。从动件等速运动时的运动参数表达式为

$$v = v_0 = \frac{h\omega}{\varphi_0} = 常数 \tag{4-1}$$

$$s = \frac{h}{\varphi_0}\varphi \tag{4-2}$$

$$a = \frac{\mathrm{d}v}{\mathrm{d}t} = 0 \tag{4-3}$$

根据上述运动方程,可作出如图 4-11 所示的从动件推程运动曲线(位移曲线、速度曲线、加速度曲线)。

由图 4-11 可知,从动件等速运动时,在推程开始和终止的瞬时速度有突变,其加速度和惯性力在理论上为无穷大,会产生无穷大的冲击,致使凸轮机构产生强烈的噪声和磨损,这种冲击称为刚性冲击。因此,等速运动规律只适用于低速、轻载的场合。

2.等加速等减速运动规律

从动件在一个推程或回程中,前半程做等加速运动,后半程做等减速运动,这种运动规律为等加速等减速运动规律。从动件等加速等减速运动时的运动参数表达式为

$$v = at \tag{4-4}$$

$$s = \frac{1}{2}at^2 \tag{4-5}$$

$$a = \frac{\mathrm{d}v}{\mathrm{d}t} = 常数 \tag{4-6}$$

从动件的位移曲线是由两段相反的抛物线所组成的,其作图方法如图 4-12 所示。

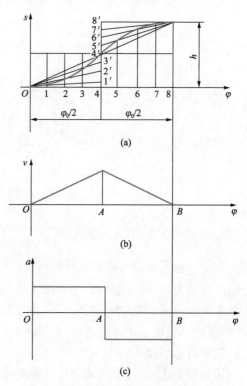

图 4-12　等加速等减速运动曲线

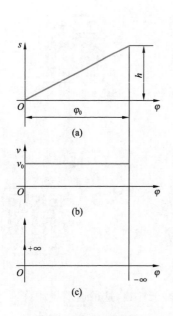

图 4-11　等速运动曲线

在纵坐标上将升程 h 分成相等的两部分。在横坐标上,将与升程 h 对应的凸轮转角也分成相等的两部分,再将每一部分分为若干等份。如图 4-12(a)所示为四等份:等分点为 1、2、3、4 和 $1'$、$2'$、$3'$、$4'$,把坐标原点 O 与 $1'$、$2'$、$3'$、$4'$ 连接,得连线 $O1'$、$O2'$、$O3'$、$O4'$,它们分别与过点 1、2、3、4 所作的横坐标的垂线相交,将这些交点连接成光滑曲线,即可得到等加速段的位移曲线。等减速段的位移曲线可用同样的方法画出,只是弯曲的方向相反。

由图 4-12 可知,这种运动规律的加速度在 O、A、B 处存在有限的突变,因而会在机构中产生有限值的冲击力,这种冲击称为柔性冲击。与等速运动规律相比,其冲击程度大为减小。因此,这种运动规律适用于中、低速和轻载的场合。

3. 简谐运动规律

当一质点在圆周上做匀速运动时,它在该圆直径上投影所形成的运动称为简谐运动。其运动曲线如图 4-13 所示,其推程的运动方程为

$$s = \frac{h}{2} - \frac{h}{2}\cos\theta$$

由加速度曲线可知,此运动规律在行程的始、末两点加速度存在有限突变,故也存在柔性冲击,只适用于中速中载场合。当从动件做无停歇的升—降—升连续往复运动时,得到连续的余弦曲线,运动中完全消除了柔性冲击,这种情况下可用于高速传动。

随着生产技术的进步,工程中所采用的从动件运动规律越来越多,如摆线运动规律、复杂多项式运动规律及改进型运动规律等。设计凸轮机构时,应根据机器的工作要求恰当地选择合适的运动规律。

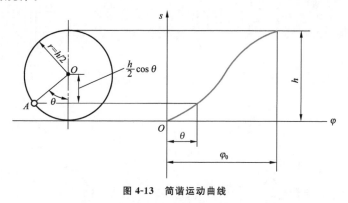

图 4-13 简谐运动曲线

4.3 凸轮轮廓曲线的设计

一、凸轮轮廓设计的反转法原理

凸轮轮廓的设计方法有图解法和解析法。对于一般精度的凸轮,常采用图解法。图解法直观、方便,本节只介绍图解法。

凸轮轮廓设计的
反转法原理

设想给整个凸轮机构加上一个与凸轮角速度大小相等、方向相反的角速度 $-\omega$,以该角速度绕凸轮轴心 O 点转动,于是凸轮静止不动(在相对坐标中),而从动件与机架(导路)一起以角速度 $-\omega$ 绕凸轮轴心 O 点转动,且从动件仍以原来的运动规律相对导路移动(或摆动)。在这种往复运动中,从动件尖顶与凸轮轮廓始终直接接触,所以加上反转角速度后从动件尖顶的运动轨迹就是凸轮轮廓曲线。根据这一原理——反转法,便可作出各种类型凸轮机构的凸轮轮廓曲线。

二、直动从动件盘形凸轮轮廓的绘制

设已知条件为从动件的运动规律、凸轮的基圆半径 r_b 及角速度 ω,则凸轮轮廓的作图步骤如下:

直动从动件盘形凸轮
轮廓的绘制

(1)选择适当的比例尺 μ_L,作出从动件的位移线图,如图 4-14(a)所示。沿横坐标将推程运动角和回程运动角分别分成若干等份,得 1、2、3、…、12 点,对应各点的纵坐标获得与各凸轮转角相应的从动件位移,即 $s_1=11'$,$s_2=22'$,$s_3=33'$,…,$s_{12}=1212'$。

(2)选取与位移线图相同的比例尺画凸轮基圆。选定 O 为圆心,以 r_b 为半径作基圆,取 A_0 为从动件初始位置,如图 4-14(b)所示。

(3)自 A_0 开始,沿 $-\omega$ 方向按 s-φ 线图划分的角度将基圆分成相应的等份,在基圆上得 A_1、A_2、A_3、…、A_{12} 点。

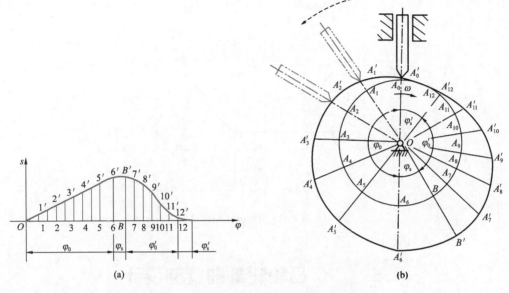

图 4-14 尖顶对心直动从动件盘形凸轮轮廓的绘制

（4）连接 OA_1、OA_2、OA_3、…、OA_{12} 并延长各向径，取 $A_1A_1' = s_1$、$A_2A_2' = s_2$、$A_3A_3' = s_3$、…、$A_{12}A_{12}' = s_{12}$，得 A_1'、A_2'、A_3'、…、A_{12}' 点。

（5）将 A_1'、A_2'、A_3'、…、A_{12}' 连成光滑曲线，即得到尖顶对心直动从动件盘形凸轮轮廓曲线。

如果从动件是滚子，则将滚子中心看做是从动件的尖顶，按上述方法作出的轮廓曲线称为理论轮廓曲线。如图 4-15 所示，以理论轮廓曲线 η_0 上的各点为圆心，滚子半径 r_T 为半径，作一组滚子圆，再作这组滚子圆的包络线，即得凸轮的实际轮廓曲线 η。

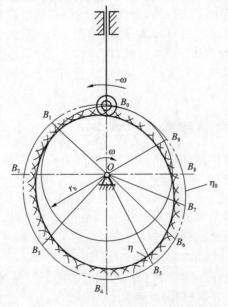

图 4-15 滚子对心直动从动件盘形凸轮轮廓图解设计

三、凸轮设计中应注意的问题

凸轮的工作轮廓必须保证从动件能准确实现给定的运动规律,并且具有良好的传力性能及紧凑的结构尺寸。下面讨论与此相关的几个问题。

1. 滚子半径的选择

对于滚子或平底从动件凸轮机构,如果滚子或平底尺寸选择不当,将使凸轮的实际轮廓不能准确地实现或不能实现预期的运动规律,这就是运动失真现象。为了减小滚子与凸轮间的接触应力并考虑安装的可能性,应选取较大的滚子半径,但滚子半径的增大对凸轮实际轮廓的形

凸轮设计中应注意的问题

状影响很大。若理论轮廓曲线(图 4-16 中点画线)上最小曲率半径为 ρ_{min},当滚子半径 $r_T > \rho_{min}$ 时,实际轮廓的曲率半径 $\rho' < 0$,凸轮实际轮廓曲线出现叠交,叠交部分在加工时被切去,如图 4-16(a)所示;当滚子半径 $r_T = \rho_{min}$ 时,实际轮廓的曲率半径 $\rho' = 0$,出现尖点,如图 4-16(b)所示,尖顶很快被磨损,便会造成凸轮机构运动失真;当滚子半径 $r_T < \rho_{min}$ 时,实际轮廓的曲率半径 $\rho' > 0$,不会造成凸轮机构的运动失真,凸轮实际轮廓比较圆滑,如图4-16(c)所示。

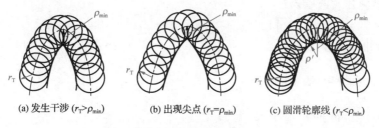

(a) 发生干涉 $(r_T > \rho_{min})$ 　　(b) 出现尖点 $(r_T = \rho_{min})$ 　　(c) 圆滑轮廓线 $(r_T < \rho_{min})$

图 4-16　滚子半径的选择

实际设计时,为了避免实际轮廓变尖或叠交并考虑滚子强度和结构等要求,保证凸轮机构运动正常,通常取 $r_T < 0.8\rho_{min}$,$\rho_{min} \geqslant 1 \sim 5$ mm,$r_T = (0.1 \sim 0.5)r_b$(r_b 为基圆半径)。

2. 压力角

如图 4-17 所示,若不考虑从动件与凸轮接触处的摩擦,凸轮对从动件的作用力 F 沿接触点的法线 n-n 方向。从动件所受作用力 F 与受力点速度 v 之间所夹的锐角称为凸轮机构的压力角,用 α 表示。从动件所受力 F 可分解为推动从动件的有效分力 $F_1 = F\cos\alpha$ 和使从动件压紧导路的有害分力 $F_2 = F\sin\alpha$。显然,α 越大,有效分力越小。当 α 增大到某一数值时,有效分力 F_1 不足以克服从动件与导路间的摩擦力 F_f 而发生自锁。为了保证良好的传力性能,必须限制最大压力角 α_{max}。设计时应使 $\alpha_{max} < [\alpha]$,许用值 $[\alpha]$ 的大小通常由经验确定。一般推程时 $[\alpha] = 30° \sim 45°$,回程时 $[\alpha] = 70° \sim 80°$。

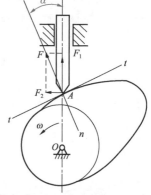

图 4-17　凸轮机构的压力角

绘制好凸轮轮廓后,必须校核压力角。最大压力角 α_{max} 一般出现在从动件上升的起始位置、从动件具有最大速度 v_{max} 的位置或在凸轮轮廓线较陡之处。可用量角器测量压力角的大小,如图 4-18 所示。测量的压力角如果超过许用值,通常加大基圆半径即可减小压力角,如图 4-19 所示,但会使凸轮结构尺寸增大。

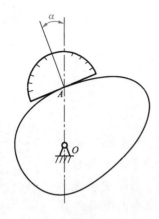

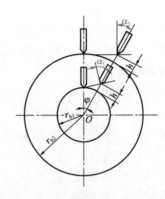

图 4-18　求凸轮压力角的方法　　　　　图 4-19　压力角与基圆半径的关系

3. 基圆半径 r_b 的选择

由前述可知,基圆半径 r_b 是凸轮设计中的主要参数,它对凸轮机构的结构尺寸、运动性能和受力性能等都有重要影响。r_b 大,对避免运动失真、减小压力角有利,但结构不紧凑。一般可根据经验公式选择 r_b:

$$r_b \geqslant 0.9d_s + (7 \sim 10) \tag{4-7}$$

式中,d_s 为凸轮轴的直径。

四、凸轮的材料、结构与加工

1. 凸轮和滚子的材料

凸轮机构的主要失效形式为磨损和疲劳点蚀,这就要求凸轮和滚子的工作表面硬度高、耐磨并且有足够的表面接触强度。凸轮的材料常采用 45 钢、40Cr 钢(经表面淬火,硬度 52～58HRC),要求更高时可采用 15 钢、20Cr 钢(经表面渗碳淬火,表面硬度 56～62HRC)。或采用可进行渗氮处理的钢材,在进行渗氮处理后,表面硬度达到 60～67HRC,以增强凸轮表面的耐磨性。轻载时可采用优质球墨铸铁或 45 钢调质处理。

凸轮的材料、结构与加工

2. 凸轮的结构

将尺寸小的凸轮与轴做成一体,称为凸轮轴,如图 4-20 所示。若凸轮尺寸大,则应与轴分开制造。结构设计时应考虑安装时便于调整凸轮与轴的相对位置。凸轮基圆半径与轴尺寸相差较大时,凸轮与轴应分开制造。凸轮与轴可采用键连接或销连接(图 4-21)。

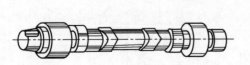

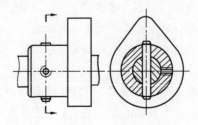

图 4-20　凸轮轴　　　　　　　　　　图 4-21　销连接

素质培养

　　通过学习检修汽车发动机凸轮轴的步骤,培养学生善于观察、勤于思考的良好职业素养,培养大国工匠精神。

　　1.凸轮轴的弯曲变形是以凸轮轴中间轴颈对两端轴颈的径向圆跳动误差来衡量的,圆跳动误差不超过0.1 mm,否则要予以校正。

　　2.表面凸轮的磨损使气门的升程规律改变和最大升程减小,因此凸轮的最大升程减小值是凸轮检验分类的主要依据。当凸轮最大升程减小值大于0.40 mm或凸轮表面累积磨损量超过0.80 mm时,则更换凸轮轴;当凸轮表面累积磨损量小于0.80 mm时,可在凸轮轴磨床上修磨凸轮。但是,现代汽车发动机凸轮轴的凸轮均为组合线形,由于加工精度极高,修理成本高,所以目前极少修复,一般都是更换。

　　3.凸轮轴轴颈的检修:用千分尺测量凸轮轴轴颈的圆度误差和圆柱度误差。凸轮轴轴颈的圆度误差不得大于0.015 mm,各轴颈的同轴度误差不得超过0.05 mm,否则应按修理尺寸法进行修磨。

　　4.凸轮轴轴承的检修:凸轮轴轴承的配合间隙超过使用极限时,应更换新轴承。

知识总结

　　通过本章学习,我们认识了凸轮机构的类型及应用场合,也学习了利用反转法设计凸轮轮廓曲线。

　　1.凸轮机构的特点及应用

　　凸轮机构是高副机构,多用于传力不大的场合,如自动机或半自动机中。

　　凸轮机构根据从动件的运动规律,就可以方便地设计出相应的凸轮轮廓曲线。

　　2.凸轮机构的运动规律

　　从动件常用的运动规律有等速运动、等加速等减速运动、简谐运动和摆线运动等。其中等速运动规律存在刚性冲击,等加速等减速运动规律和简谐运动规律存在柔性冲击,摆线运动规律不存在冲击。

　　3.凸轮轮廓曲线的设计

　　根据机器的工作条件要求选择凸轮机构的形式、适当的运动规律并确定凸轮的转动方向、基圆半径等之后,就可以利用图解法绘制出凸轮轮廓曲线。

　　4.凸轮机构的校验

　　凸轮机构设计要求传力性能良好,故凸轮轮廓绘制好后,需要校验压力角。压力角越大,传力性能越差。可采用增大基圆半径来减小压力角。

专题训练

　　1.试比较尖顶、滚子和平底从动件的优缺点,并说明它们的使用场合。

　　2.凸轮机构中从动件的运动规律取决于什么?

3. 从动件的常用运动规律有哪几种？它们各有什么特点？各适用于什么场合？

4. 什么是刚性冲击和柔性冲击？它们对凸轮机构的工作情况有什么影响？

5. 什么是凸轮的理论轮廓曲线和实际轮廓曲线？基圆半径是指凸轮理论轮廓曲线上的最小半径还是实际轮廓曲线上的最小半径？

6. 什么是运动失真现象？其产生原因是什么？如何避免凸轮机构出现运动失真现象？

7. 两个不同轮廓的凸轮是否可以使从动件实现同样的运动规律？为什么？

8. 凸轮的许用压力角是根据什么条件决定的？在回程时为什么许用压力角可以取得大些？

9. 凸轮机构中，最大压力角出现在什么位置？如何测量？当最大压力角超出许用压力角时，常用的减小压力角的方法是什么？

10. 绘制如图 4-22 所示各凸轮机构的压力角。

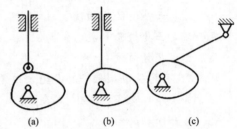

图 4-22　习题 10 图

11. 一尖顶对心直动从动件盘形凸轮机构，凸轮按逆时针方向旋转，其基圆半径 $r_b = 40$ mm。从动件的行程 $h = 40$ mm，运动规律见表 4-1。

表 4-1　　　　　　　　　　从动件盘形凸轮运动规律(1)

凸轮转角	0°～90°	90°～150°	150°～240°	240°～360°
从动件运动规律	等速运动规律 上升 40 mm	停止不动	等速运动规律 下降至原来位置	停止不动

要求：

(1) 作从动件的位移曲线；

(2) 利用反转法画出凸轮的轮廓曲线；

(3) 校核压力角，要求 $\alpha_{max} \leqslant 30°$。

*12. 一滚子对心直动从动件盘形凸轮机构，凸轮按顺时针方向旋转，其基圆半径 $r_b = 20$ mm，滚子半径 $r_T = 10$ mm，从动件的行程 $h = 30$ mm，运动规律见表 4-2。

表 4-2　　　　　　　　　　从动件盘形凸轮运动规律(2)

凸轮转角	0°～150°	150°～180°	180°～300°	300°～360°
从动件运动规律	等速运动规律 上升 30 mm	停止不动	等加速等减速运动规律 下降至原来位置	停止不动

试绘制凸轮轮廓曲线。

知识检测

　　本章我们主要认识了凸轮机构的特点和应用及凸轮机构的分类，学会分析从动件运动规律的特点以及设计凸轮轮廓曲线、校验凸轮机构压力角的方法。同学们掌握的情况如何呢？快来扫码检测一下吧！

第5章

间歇运动机构

—— 工程案例导入 ——

　　宝鸡石油机械有限责任公司是一家石油钻采装备研发制造企业,该公司自主研发的 7 000 米低温轮轨钻机(图 5-1)已应用于超级工程——中俄北极天然气项目(亚马尔液化天然气 LNG 项目)。该钻机是在极冷环境下开采天然气的装备,采用了棘轮棘爪式油缸推移机构专利技术,实现了推移过程的机械化操作,提高了作业效率。

图 5-1　宝鸡石油机械公司 7 000 米低温轮轨钻机

　　在许多机械中,常要求某些机构主动件连续运动,而从动件做周期性时动时停的间歇运动,实现这种运动的机构称为间歇运动机构。间歇运动机构的类型繁多,棘轮机构、槽轮机构、不完全齿轮机构等都是可实现间歇运动的机构。本章主要讨论间歇运动机构的原理和应用。

知识目标 >>>

1. 识别棘轮机构、槽轮机构的原理和用途。

2. 了解其他常用机构。

技能目标 >>>

1. 学会在设计中选用和应用间歇运动机构完成机械运动的转换。

2. 形成对一些简单机器中的间歇运动机构的运动进行简单分析的能力。

素质目标 >>>

素养提升

1. 注重培养学生的创新能力。

2. 大力弘扬"工匠精神",进一步推动工匠精神深入人心,营造"工人伟大、劳动光荣"的时代新风,激励学生刻苦钻研、爱岗敬业,从我做起,脚踏实地努力实现大国工匠梦。

5.1　棘轮机构

一、棘轮机构的工作原理和类型

如图 5-2 所示的棘轮机构,由摇杆 1、棘爪 2、棘轮 3、止动爪 4 及弹簧 5 组成。曲柄摇杆机构将曲柄的连续转动换成摇杆的往复摆动。当摇杆顺时针摆动时,棘爪啮入棘轮的齿槽中,从而推动棘轮顺时针转动;当摇杆逆时针摆动时,棘爪插入棘轮的齿间,推动棘轮转过某一角度。此时,棘轮在止动爪的止动下停歇不动,弹簧的作用是将棘爪贴紧在棘轮上。在摇杆做往复摆动时,棘轮做单向时动时停的间歇运动。因此,棘轮机构是一种间歇运动机构。

棘轮机构的工作原理和类型

棘轮机构可分为齿式棘轮机构和摩擦式棘轮机构两大类。

1. 齿式棘轮机构

齿式棘轮机构有外啮合(图 5-2)和内啮合(图 5-3)两种形式。按棘轮齿形,可分为锯齿形齿(图 5-2、图 5-3)和矩形齿(图 5-4)两种。矩形齿用于双向转动的棘轮机构。

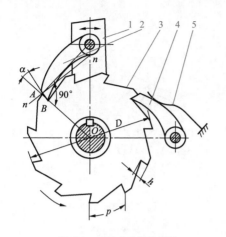

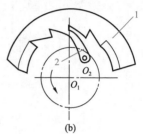

图 5-2 外啮合式棘轮机构

1—摇杆；2—棘爪；3—棘轮；4—止动爪；5—弹簧

图 5-3 内啮合式棘轮机构

1—棘轮；2—棘爪；3—轴

图 5-5 所示的棘轮机构有两个主动棘爪，它们可以同时工作，也可以单独工作。当它们同时工作时，两个棘爪交替推动棘轮转动，摇杆往复摆动一次，使棘轮转动两次。当提起一个棘爪使另一个棘爪单独工作时，其工作原理与单动式一样。

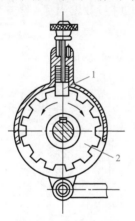

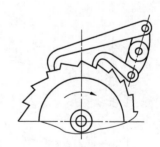

图 5-4 矩形齿棘轮机构

图 5-5 双动式棘轮机构

2. 摩擦式棘轮机构

为减少棘轮机构的冲击、噪声，并实现转角大小的无级调节，可采用图 5-6 和图 5-7 所示的摩擦式棘轮机构。外摩擦式棘轮机构由棘爪 1、棘轮 2 和止回棘爪 3 组成，滚子内摩擦式棘轮机构由外套 1、星轮 2 和滚子 3 组成。摩擦式棘轮机构是依靠主动棘爪与无齿棘轮之间的摩擦力来推动棘轮转动的。如图 5-7 所示，当外套 1 逆时针转动时，因摩擦力的作用使滚子 3 楔紧在外套 1 与星轮 2 之间，从而带动星轮 2 转动；当外套 1 顺时针转动时，滚子 3 松开，星轮 2 不动。

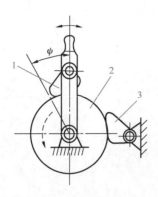

图 5-6 外摩擦式棘轮机构

1—棘爪；2—棘轮；3—止回棘爪

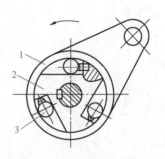

图 5-7 滚子内摩擦式棘轮机构

1—外套；2—星轮；3—滚子

二、棘轮机构的应用与特点

棘轮机构的应用广泛，其主要功能有间歇进给、制动和超越离合。

如图 5-8 所示的牛头刨床工作台进给装置，由连杆 2 带动摇杆 3 往复摆动，从而使摇杆 3 上的棘爪驱动棘轮 4 做间歇运动，此时与棘轮固接的丝杆便带动工作台 5 做横向进给运动。

棘轮机构的应用与特点

图 5-9 所示为起重机设备中的棘轮制动器，该机构能使被提升的重物停留在任意位置上。

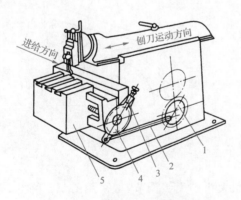

图 5-8 牛头刨床工作台进给装置

1—偏心轮；2—连杆；3—摇杆；4—棘轮；5—工作台

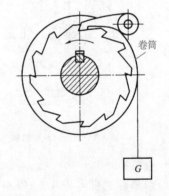

图 5-9 起重机设备中的棘轮制动器

图 5-10 所示为自行车后轴上的棘轮机构，当脚蹬踏板时，由链轮 1 和链条 2 带动内圈具有棘齿的链轮 3 顺时针转动，再经棘爪 4 推动后轮轴 5 顺时针转动，从而驱动自行车前进。当自行车下坡或歇脚休息时，踏板不动，后轮轴 5 借助下滑力或惯性超越链轮 3 而转动，此时棘爪 4 在棘轮齿背上滑过，产生从动件转速超过主动件转速的超越运动，从而实现不蹬踏板的滑行。

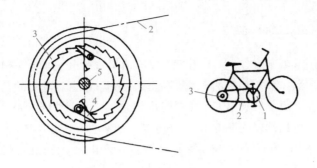

图 5-10　自行车后轴上的棘轮机构

1、3—链轮;2—链条;4—棘爪;5—后轮轴

综上所述,棘轮机构的特点是结构简单,改变转角大小较方便,还可实现超越运动;但它传递动力不大,且传动平稳性差,有噪声和冲击,因此常用于转速不高、转角不大且需要经常改变转角的场合。

5.2　槽轮机构

一、槽轮机构的工作原理和类型

槽轮机构是利用圆销插入轮槽时拨动槽轮,脱离轮槽后槽轮停止转动的一种间歇运动机构。槽轮机构可分为外槽轮机构和内槽轮机构,其结构分别如图 5-11(a)和图 5-11(b)所示。

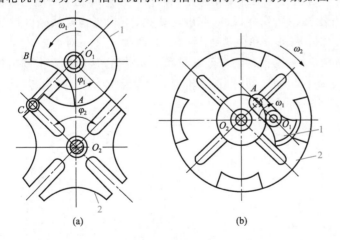

槽轮机构的工作
原理和类型

图 5-11　槽轮机构

1—主动拨盘;2—从动槽轮

槽轮机构由带销的主动拨盘 1、具有径向槽的从动槽轮 2 和机架组成。拨盘为主动件,做连续匀速转动,通过主动拨盘上的圆销与槽轮的啮入啮出来推动从动槽轮做间歇转动。为防止从动槽轮在生产阻力下运动,拨盘与槽轮之间设有锁止弧。锁止弧是以拨盘中心 O_1 为圆心的圆弧,只允许拨盘带动槽轮转动,不允许槽轮带动拨盘转动。

二、槽轮机构的应用与特点

槽轮机构结构简单,转位方便,工作可靠,传动平稳性较好,能准确控制槽轮转动的角度。但槽轮的转角大小受槽数 Z 的限制,不能调整,且在槽轮转动的始、末位置存在冲击,因此槽轮机构一般应用于转速较低、要求间歇转动一定角度的自动机转位或分度装置中。图 5-12 所示的槽轮机构用于六角车床刀架转位。刀架装有六把刀具,与刀架一体的是六槽外槽轮,拨盘回转一周,槽轮转过 $60°$,使下一道工序所需的刀具转换到工作位置上。

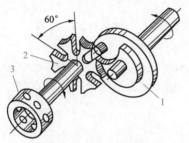

图 5-12　六角车床刀架
1—拨盘;2—槽轮;3—刀架

槽轮机构的应用
与特点

5.3　不完全齿轮机构

不完全齿轮机构是在一对齿轮传动中的主动齿轮上只保留一个或几个轮齿的机构。不完全齿轮机构是由渐开线齿轮机构演变而成的,与棘轮机构、槽轮机构同属于间歇运动机构。不完全齿轮机构有外啮合(图 5-13)和内啮合(图 5-14)两种。在一对齿轮传动中的主动轮 1 上只保留一个或几个轮齿,根据其运动与停歇时间的要求,在从动轮 2 上制出与主动轮相啮合的齿槽。这样,当主动轮匀速转动时,从动轮就只做间歇转动。为防止从动轮反过来带动主动轮转动,与槽轮机构一样应设锁止弧。

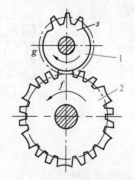

图 5-13　外啮合不完全齿轮机构
1—主动轮;2—从动轮

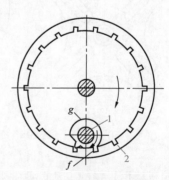

图 5-14　内啮合不完全齿轮机构
1—主动轮;2—从动轮

与其他间歇运动机构相比,不完全齿轮机构的结构更为简单,工作更为可靠,且传递力大,从动轮转动和停歇的次数、时间、转角大小等的变化范围均较大。其缺点是工艺复杂,在从动轮运动的开始和结束的瞬时会产生较大的冲击,故多用于低速、轻载场合,如在多工位自动、半自动机械中,用做工作台的间歇转位机构及某些间歇进给机构和计数机构等。

不完全齿轮机构

素质培养

实施创新驱动发展战略,最根本的是要增强自主创新能力。

——习近平总书记在中国科学院第十七次院士大会、中国工程院第十二次院士大会上的讲话

宝鸡石油机械有限责任公司(后文简称宝石机械)是中国石油天然气集团有限公司所属的规模大、制造能力强的石油钻采装备研发制造企业。

宝石机械自成立以来始终把科技创新作为开拓市场的动力,于2003年成功地完成了海洋模块钻机等新产品开发12项,还有其他系列和改进产品35项,并已在近20项产品和技术开发中取得新的成果及新的技术突破,还申报专利9项,自主知识产权为企业创造财富起到了有效的保障作用。继俄油4 000米低温钻机之后,7 000米低温低温轮轨钻机是宝石机械研制的第二批低温地区作业钻机。7 000米低温轮轨钻机采用了荣获国家实用新型专利的棘轮棘爪式步进移动装置,提高了搬家效率,大大降低了成本。

知识总结

本章主要了解棘轮机构、槽轮机构及不完全齿轮机构的特点和应用。

1. 棘轮机构是一种间歇运动机构,能够实现单向和双向间歇运动的控制。

2. 槽轮机构是一种间歇运动机构,分为外槽轮机构和内槽轮机构,由主动拨盘、具有径向槽的从动槽轮和机架组成,一般应用于转速较低、要求间歇转动一定角度的自动机转位或分度装置中。

3. 不完全齿轮机构有外啮合和内啮合两种形式,常用于自动机和半自动机工作台的间歇转位机构或间歇进给机构及计数机构等。

专题训练

1. 棘轮机构和槽轮机构各有何特点?

2. 如何保证棘轮机构和槽轮机构的从动件在间歇时间内实现静止不动?

第6章

带传动和链传动

工程案例导入

带式输送机是一种运输物料的机械,广泛应用于家电、电子、电器、机械、食品等各行各业。工作时,动力部分(电动机1)产生的运动和动力经传动系统(传动V带2、减速器3、联轴器4)传递给执行部分(输送带5、滚筒6),如图6-1所示,滚筒转动带动输送带最终完成输送物料的功能。

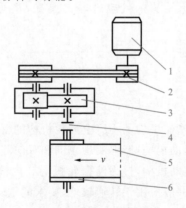

图6-1 带式输送机传动简图

1—电动机;2—传动V带;3—减速器;

4—联轴器;5—输送带;6—滚筒

带传动和链传动都是利用挠性件(带或链)将主动轴的运动和动力传给从动轴的,但两种传动的方式不同。带传动由带和带轮组成,所用的挠性曳引元件为各种形式的带,按工作原理分为摩擦型带传动和啮合型带传动。链传动由链和链轮组成,所用的曳引元件为各种形式的链条,通过链条的各个链节与链轮轮齿相互啮合实现传动。

本单元主要研究带传动和链传动的原理和设计的有关知识。

知识目标 >>>

1. 了解带传动的工作原理、类型、特点和应用。
2. 了解同步带传动。
3. 了解 V 带结构和国家标准以及 V 带轮的常用材料和结构。
4. 熟悉带传动的受力分析和应力分析的方法。
5. 掌握带传动的失效形式及设计方法。
6. 列举带传动的安装及维护方法。
7. 联系实际设计普通 V 带传动。
8. 了解链传动的结构特点及应用。

技能目标 >>>

1. 能够制订传动设计方案。
2. 能够依据手册设计 V 带传动,合理选择设计参数。
3. 有正确选用标准件的能力。
4. 能正确选用和设计带传动。
5. 能进行带传动的工作能力分析。

素质目标 >>>

1. 通过根据国家标准选择 V 带传动的设计参数,培养标准化意识。
2. 引导学生对装备形成概念,领略中国装备的工程奇观,感受中国在高质量发展进程中取得的非凡成就。

6.1 带传动的特点、类型和应用

如图 6-2 所示,带传动由主动轮 1、从动轮 2 和传动带 3 组成,它是依靠带和带轮表面产生摩擦力来传递运动和动力的。

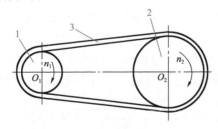

图 6-2 带传动
1—主动轮;2—从动轮;3—传动带

一、带传动的特点和应用

带传动是具有中间挠性体的摩擦传动,特点如下:

（1）带具有弹性，能缓冲吸振，传动平稳，无噪声。

（2）过载时，传动带会在带轮上打滑，可防止其他零件损坏，起过载保护作用。

（3）结构简单，维护方便，无须润滑，且制造和安装精度要求不高。

（4）单级可实现较大中心距的传动。

带传动的特点、类型和应用

（5）传动比不准确，传动效率较低，带的寿命较短，外廓尺寸大，带作用于轴的力较大，不宜用在高温、易燃及有油、水的场合。

带传动适用于要求传动平稳、传动比不要求准确、中小功率的远距离传动。一般带传动的传递功率 $P \leqslant 50$ kW，带速 $v = 5 \sim 25$ m/s，高速带的带速可达 60 m/s，传动比 $i \leqslant 7$。

二、带传动的主要类型

根据工作原理的不同，带传动分为摩擦型和啮合型两大类。

1.摩擦型带传动

摩擦型带传动是靠带与带轮间的摩擦力来传递运动和动力的，按带的截面形状可分为平带传动、V带传动、多楔带传动及圆带传动等类型，如图6-3所示。

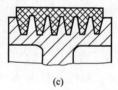

(a)　　　　　　　(b)　　　　　　　(c)　　　　　(d)

图6-3　摩擦型带传动

（1）平带传动

平带传动（图6-3（a））结构简单，带轮制造方便，平带质轻且挠曲性好，故多用于高速和中心距较大的传动。

平带的主要类型有皮革平带、帆布芯平带、编织平带和复合平带等。其中以帆布芯平带（以帆布为抗拉体的平带）使用最为广泛。

平带常用的接头方式有胶合、缝合、铰链带扣等，如图6-4所示。经胶合或缝合的接头，传动时冲击小，传动速度可以高一些。铰链带扣式接头传递的功率较大，但传动速度不能太高，以免引起强烈的冲击和振动。当传动速度高时（$v \geqslant 25$ m/s），可采用轻而薄的高速平带（高速平带无接头）；当传递功率较小时，可用编织平带（由纤维线编织成的无接头平带）；当传递功率较大时，可采用由锦纶片或涤纶绳作承载层、工作面贴鞣革或挂胶帆布的无接头复合平带。

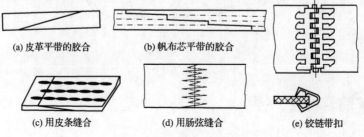

(a) 皮革平带的胶合　　　(b) 帆布芯平带的胶合

(c) 用皮条缝合　　　(d) 用肠弦缝合　　　(e) 铰链带扣

图6-4　平带常用的接头方式

(2)V带传动

如图 6-3(b)所示，V 带的横截面为等腰梯形，与轮槽接触的两侧面为工作面。如图 6-5 所示，设平带与 V 带的张紧力 F_N 相同，平带与轮面间的极限摩擦力为

$$F_f = F_N' f = F_N f$$

而 V 带两侧与轮槽间的极限摩擦力为

$$F_f' = 2F_N' f$$

根据静力平衡原理：

$$F_N' = \frac{F_N}{2\sin(\varphi/2)}$$

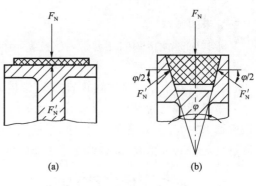

图 6-5 平带和 V 带传动受力的比较

所以

$$F_f' = \frac{F_N f}{\sin(\varphi/2)} = f_v F_N$$

式中　f——摩擦因数；

　　　f_v——当量摩擦因数，其值 $f_v = \dfrac{f}{\sin(\varphi/2)}$；

　　　F_N——张紧力；

　　　φ——轮槽角，通常 φ 为 $32°,34°,36°,38°$。

因 $\sin(\varphi/2)<1$，所以 $f_v>f$，故其他条件相同时，V 带传动所产生的摩擦力比平带传动大。当 $\varphi=38°$ 时，V 带传动的承载能力是平带传动的三倍，故在一般机械中已取代平带传动。

(3)多楔带传动

如图 6-3(c)所示，多楔带是在绳芯结构平带的基体下接有若干纵向三角形楔的环形带，工作面为楔的侧面。这种带兼有平带挠曲性好和 V 带摩擦力较大的优点。与普通 V 带传动相比，在传动尺寸相同时，多楔带传动的功率可增大 30%，并且克服了 V 带传动时各根带受力不均的缺点，传动平稳，效率高，故适用于传递功率较大且要求结构紧凑的场合，特别是要求 V 带根数较多或轮轴垂直于地面的传动。

(4)圆带传动

如图 6-3(d)所示，圆带的横截面呈圆形，仅用于载荷很小的传动，如用于缝纫机和牙科医疗器械上。

2. 啮合型带传动

图 6-6 所示为啮合型带传动。依靠带内侧齿与带轮轮齿的啮合来传递运动和动力，这种带传动称为同步带传动。它除了具有摩擦型带传动的优点外，还具有传递功率大、传动比准确等特点，故多用于要求传动平稳、传动精度较高的场合。

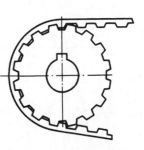

图 6-6 啮合型带传动

三、V 带和 V 带轮的结构

1. V 带的结构

V 带通常是无接头的环形带,又分为普通 V 带、窄 V 带、宽 V 带、联组 V 带、大楔角 V 带等若干种,其中普通 V 带应用最广,窄 V 带的应用也日益广泛。本节主要讨论普通 V 带传动的结构特点。

V 带的结构和型号

V 带是横截面为等腰梯形或近似为等腰梯形的传动带,其工作面为两侧面,结构如图 6-7 所示,由包布、顶胶、抗拉体和底胶四部分组成。包布采用胶帆布,顶胶和底胶材料为橡胶,抗拉体是带工作时的主要承载部分,结构有绳芯和帘布芯两种。

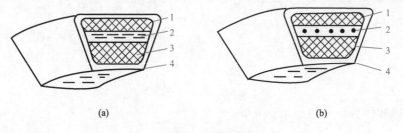

(a)   (b)

图 6-7　V 带的结构

1—顶胶;2—抗拉体;3—底胶;4—包布

帘布芯结构的 V 带抗拉体强度较高,制造较方便;绳芯结构的 V 带柔韧性好,抗弯强度高,但拉伸强度低,仅适用于载荷不大、带轮直径较小和转速较高的场合。包布用胶帆布制成,可对 V 带起保护作用。

2. V 带的型号

V 带的尺寸已标准化(GB/T 11544—2012),按截面尺寸由小到大,普通 V 带分为 Y、Z、A、B、C、D、E 七种型号,窄 V 带有 SPZ、SPA、SPB、SPC 四种型号,见表 6-1。

表 6-1   **V 带截面尺寸(GB/T 11544—2012)**   mm

V 带截面尺寸示意图		型号	节宽 b_p	顶宽 b	高度 h	质量 q /(kg·m⁻¹)	楔角
	普通 V 带	Y	5.3	6	4	0.04	
		Z	8.5	10	6	0.06	
		A	11.0	13	8	0.10	
		B	14.0	17	11	0.17	$\alpha=40°$
		C	19.0	22	14	0.30	
		D	27.0	32	19	0.60	
		E	32.0	38	23	0.87	
	窄 V 带	SPZ	8.5	10	8	0.07	
		SPA	11.0	13	10	0.12	$\alpha=40°$
		SPB	14.0	17	14	0.20	
		SPC	19.0	22	18	0.37	

V 带绕在带轮上产生弯曲,外层受拉伸长,内层受压缩短,必有一长度不变的中性层。中性层面称为节面,节面的宽度称为节宽 b_p(表 6-1 中的图)。截面高度 h 和节宽 b_p 的比值约为 0.7。楔角为 40°的 V 带称为普通 V 带,已标准化。

V 带装在带轮上,和 b_p 相对应的带轮直径称为基准直径 d_d。V 带在规定张紧力下位于带轮基准直径上的周线长度称为基准长度 L_d,也称作带的公称长度,用于带传动的几何计算和带的标记。

3. V 带轮的结构

V 带轮常用材料有灰铸铁、铸钢、铝合金、工程塑料等,其中灰铸铁应用最广。当带速 $v \leqslant 30$ m/s时,带轮一般用 HT150 或 HT200 制造;带速更高或特别重要的场合可采用铸钢制造;铝合金和塑料带轮多用于小功率的带传动。

V 带轮的结构和材料

普通 V 带轮一般由轮缘、轮毂及轮辐组成。轮缘截面上的轮槽尺寸见表 6-2。

表 6-2 普通 V 带轮轮槽尺寸(GB/T 13575.1—2008)　　　　　　　　　mm

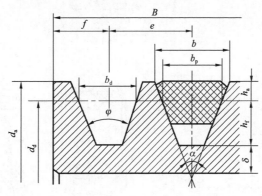

项目	符号		Y	Z	A	B	C	D	E
基准下槽深	$h_{f\,min}$		4.7	7	8.7	10.8	14.3	19.9	23.4
基准上槽深	$h_{a\,min}$		1.6	2.0	2.75	3.5	4.8	8.1	9.6
槽间距	e		8±0.3	12±0.3	15±0.3	19±0.4	25.5±0.5	37±0.6	44.5±0.7
槽边距	f_{min}		6	7	9	11.5	16	23	28
基准宽度	b_d		5.3	8.5	11.0	14.0	19.0	27.0	32.0
最小轮缘宽度	δ_{min}		5	5.5	6	7.5	10	12	15
带轮宽度	B		$B = (z-1)e + 2f$(z 为轮槽数)						
轮槽角	φ	32°	≤60	—	—	—	—	—	—
		34°	—	≤80	≤118	≤190	≤315	—	—
		36°	>60	—	—	—	—	≤475	≤600
		38°	—	>80	>118	>190	>315	>475	>600

其中 34° 和 36° 行对应 d_d

当 V 带工作时,其横截面产生变形,楔角变小,为保证变形后 V 带仍可紧贴在 V 带轮的轮槽两侧面上,应将轮槽角 φ 适当减小。

当带轮直径较小时可采用实心式,如图 6-8(a)所示;中等直径的带轮可采用孔板式或腹板式,如图 6-8(b)和图 6-8(c)所示;直径大于 350 mm 时可采用轮辐式,如图 6-8(d)所示。

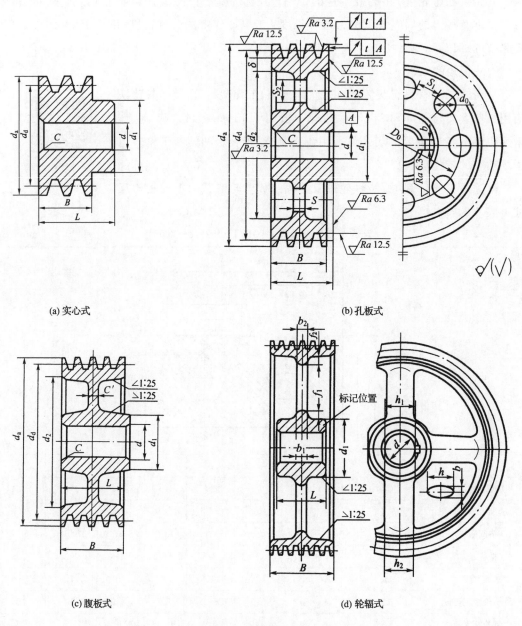

(a) 实心式　　　　　　　　　　　　　　　　(b) 孔板式

(c) 腹板式　　　　　　　　　　　　　(d) 轮辐式

图 6-8　V 带轮的结构

$d_0=(0.2\sim0.3)(d_2-d_1)$;$d_1=(1.8\sim2.0)d$;$S=(0.2\sim0.3)B$;$S_1\geqslant1.5S$;$S_2\geqslant0.5S$;

$D_0=0.5(d_1+d_2)$;$L=(1.5\sim2)d$,当 $B<1.5d$ 时,取 $L=B$;$h_1=290\sqrt[3]{\dfrac{P}{nm}}$ (P 为传递的功率,kW;

n 为带轮的转速,r·min^{-1};m 为轮辐数);$h_2=0.8h$;$b_1=0.4h_1$;$b_2=0.8b_1$;$f_1=0.2h_1$;$f_2=0.2h_2$。

6.2 带传动的工作情况分析

一、带传动的受力分析与打滑

带安装时必须紧套在带轮上,传动带由于张紧而使上下两边所受到的相等的拉力称为初拉力,用 F_0 表示。带传动未承载时,带两边的拉力都等于初拉力 F_0;工作时,主动轮在转矩 T_1 的作用下以转速 n_1 转动;由于摩擦力的作用,驱动从动轮克服阻力矩 T_2 并以转速 n_2 转动,此时两轮作用在带上的摩擦力方向如图 6-9 所示。进入主动轮一边的带进一步被拉紧,称为紧边,拉力由 F_0 增至 F_1;离开主动轮一边的带被放松,称为松边,拉力由 F_0 减少到 F_2。紧边和松边的拉力差(F_1-F_2)即为带传动的有效拉力,用 F 表示。有效拉力在数值上等于带与带轮接触面上摩擦力的总和 $\sum F_f$,即

带传动的受力
分析与打滑

$$F = F_1 - F_2 = \sum F_f \qquad (6-1)$$

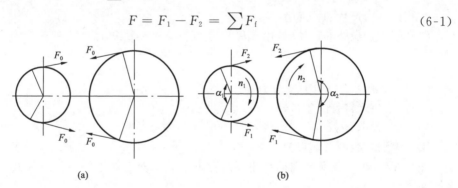

(a) 　　　　　　　　　(b)

图 6-9　带传动的受力分析

当初拉力 F_0 一定时,带与轮面间摩擦力的总和有一个极限值为 $\sum F_{flim}$。当传递的有效拉力 F 超过极限值 $\sum F_{flim}$ 时,带将在带轮上发生全面的滑动,这种现象称为打滑。打滑将使带的磨损加剧,传动效率降低,以至于使传动失效,所以应避免。

有效拉力 F、带速 v 和传递功率 $P(\mathrm{kW})$ 之间的关系为

$$P = \frac{Fv}{1\ 000} \qquad (6-2)$$

可用欧拉公式表示出带即将打滑时,紧边和松边拉力之间的关系:

$$F_1 = F_2 \mathrm{e}^{f\alpha} \qquad (6-3)$$

式中,f 为带和带轮间的摩擦因数;α 为带轮的包角;e 为自然对数的底,其值约为 2.718。

若近似认为带工作长度不变,则带紧边拉力的增加量等于松边拉力的减小量,即

$$F_1 - F_0 = F_0 - F_2$$

由式(6-1)、(6-3)可得

$$F_{\max} = 2F_0 \frac{e^{f\alpha} - 1}{e^{f\alpha} + 1} \tag{6-4}$$

由以上分析可知,带传动所能传递的最大有效拉力与初拉力 F_0、摩擦因数 f 和包角 α 等有关,其中 F_0 不能太大,否则会降低传动带的寿命。包角 α 增加,带与带轮之间的摩擦力总和增加,从而提高了带传动的能力。因此,设计时为了保证带具有一定的传动能力,要求小带轮上的包角 $\alpha_1 \geqslant 120°$。

二、带传动的应力分析与疲劳强度

带传动工作时,在带的横截面上存在三种应力。

1. 由两边拉力产生的拉应力

紧边拉应力 $\qquad\qquad\qquad\qquad \sigma_1 = \dfrac{F_1}{A}$

松边拉应力 $\qquad\qquad\qquad\qquad \sigma_2 = \dfrac{F_2}{A}$ $\tag{6-5}$

式中　σ_1、σ_2——紧边拉应力和松边拉应力,MPa;

　　　F_1、F_2——紧边拉力和松边拉力,N;

　　　A——带的横截面积,mm²。

带传动的应力分析

2. 由离心力产生的拉应力

带在带轮上做圆周运动时,由于离心力作用于全部带长,故产生的拉应力为

$$\sigma_c = \frac{qv^2}{A} \tag{6-6}$$

式中　σ_c——离心力产生的拉应力,MPa;

　　　q——每米带长的质量,kg/m;

　　　v——带速,m/s。

3. 由弯曲产生的弯曲应力

带绕在带轮上,由于弯曲而产生弯曲应力。V带外层处的弯曲应力最大。由材料力学公式可得弯曲应力为

$$\sigma_b \approx \frac{2Eh_a}{d_d} \tag{6-7}$$

式中　σ_b——弯曲应力,MPa;

　　　E——带的弹性模量,MPa;

　　　h_a——带的最外层到节面的距离,mm;

　　　d_d——带轮的基准直径,mm。

由式(6-7)可知,h_a 越大,d_d 越小,带的弯曲应力 σ_b 就越大。如果带传动的两个带轮直径不同,则带绕上小带轮时弯曲应力更大。为了防止弯曲应力过大,对每种型号的 V 带都规定了相应的带轮最小基准直径 $d_{d\min}$,见表 6-3。

表 6-3 　　　　　　　　　　　　　V 带轮的最小基准直径 　　　　　　　　　　　　　　mm

V 带型号	Y	Z	A	B	C	D	E
$d_{d\min}$	20	50	75	125	200	355	500
推荐直径	≥28	≥71	≥100	≥140	≥200	≥355	≥500

带工作时,各截面的应力分布如图6-10所示,最大应力发生在紧边刚绕入主动轮处,其值为

$$\sigma_{\max} = \sigma_1 + \sigma_c + \sigma_{b1} \qquad (6\text{-}8)$$

式中　$\sigma_{\max}$——带的最大应力,MPa;

σ_{b1}——小带轮上的弯曲应力,MPa。

由于带是在变应力状态下工作的,当应力循环次数达到一定值时,带就会发生脱层、撕裂,最后导致疲劳断裂而失效。

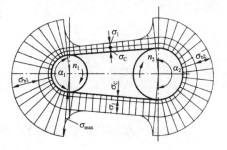

图6-10　带的应力分布

三、带传动的弹性滑动及其传动比

由于带是弹性体,受力后将会产生弹性变形,且紧边拉力 F_1 大于松边拉力 F_2,因此紧边的伸长率大于松边的伸长率。如图6-11所示,当主动带轮靠摩擦力使带一起运转时,带轮从 A_1 点转到 B_1 点。由于带缩短了 Δl,原来应与带轮 B_1 重合的点滞后了 Δl,只能运动到 B'_1 点,因此带的速度 v 略小于带轮的速度 v_1。同理,当带使从动带轮运转时,由于带的拉力由 F_2 逐渐增大至 F_1,带伸长了 Δl(设带总长不变),带的 B'_2 点超越从动带轮的相应点 B_2,即带的速度 v 略大于带轮的速度 v_2。

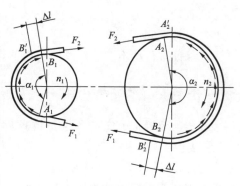

图6-11　带传动的弹性滑动

这种由于带两边拉力不相等致使两边弹性变形不同,从而引起带与带轮间的滑动称为带传动的弹性滑动,它是摩擦带传动中不可避免的现象。

由于弹性滑动引起的从动带轮圆周速度的降低程度可用滑动率来表示,即

$$\varepsilon = \frac{v_1 - v_2}{v_1} = \frac{\pi d_{d1} n_1 - \pi d_{d2} n_2}{\pi d_{d1} n_1} = 1 - \frac{d_{d2} n_2}{d_{d1} n_1} \qquad (6\text{-}9)$$

从动带轮转速的计算公式为

$$n_2 = \frac{n_1 d_{d1}}{d_{d2}}(1 - \varepsilon) \qquad (6\text{-}10)$$

上面两式中　v_1、v_2——主动带轮和从动带轮的速度,mm/s;

d_{d1}、d_{d2}——主动带轮和从动带轮的基准直径,mm;

n_1、n_2——主动带轮和从动带轮的转速,r/min。

带传动实际传动比 i 的计算公式为

$$i = \frac{n_1}{n_2} = \frac{d_{d2}}{d_{d1}(1 - \varepsilon)} \qquad (6\text{-}11)$$

带传动的弹性
滑动及其传动比

通常带传动的滑动率 $\varepsilon = 0.01 \sim 0.02$。因 ε 值较小,故在一般的计算中可不考虑,此时传动比计算公式可简化为

$$i = \frac{n_1}{n_2} = \frac{d_{d2}}{d_{d1}} \qquad (6\text{-}12)$$

6.3 带传动的设计

一、带传动的主要失效形式和设计准则

1.主要失效形式

（1）打滑：当传递的圆周力超过了带与带轮接触面之间摩擦力总和的极限时，会发生过载打滑，使传动失效。

（2）疲劳破坏：传动带在变应力的反复作用下会发生裂纹、脱层、松散甚至断裂。

带传动的主要失效形式和设计准则

2.设计准则

在保证带传动不发生打滑的前提下，具有一定的疲劳强度和寿命。

二、单根 V 带的基本额定功率

在传动装置正确安装和维护的条件下，按规定的几何尺寸和环境条件，在规定的周期内给定 V 带所传递的功率，称为带传递的额定功率。

为了设计方便，将包角为 $180°$（$i=1$）、特定基准长度、载荷平稳时单根 V 带所能传递的额定功率 P_0 称为单根 V 带的基本额定功率，列于表 6-4 中。当实际工作条件与上述特定条件不同时，对查得的 P_0 值应加以修正。因此实际条件下单根 V 带的额定功率为

单根 V 带的基本额定功率

$$[P]=(P_0+\Delta P_0)K_\alpha K_L \tag{6-13}$$

式中　P_0——单根 V 带的基本额定功率，kW；

　　　ΔP_0——传动比 $i\neq1$ 时的单根 V 带额定功率的增量（表 6-4），kW；

　　　K_α——包角修正系数，考虑 $\alpha_1\neq180°$ 时传动能力有所下降（表 6-5）；

　　　K_L——带长修正系数，考虑带长不等于特定长度时对传动能力的影响（表 6-6）。

表 6-4　单根 V 带的基本额定功率 P_0 和额定功率增量 ΔP_0

型号	小带轮转速 $n/$ (r·min⁻¹)	小带轮基准直径 d_{d1}/mm 单根 V 带的基本额定功率 P_0/kW								传动比 i 额定功率增量 $\Delta P_0/\text{kW}$					
										1.13 ~ 1.18	1.19 ~ 1.24	1.25 ~ 1.34	1.35 ~ 1.51	1.52 ~ 1.99	≥ 2.00
		75	90	100	112	125	140	160	180						
A	700	0.40	0.61	0.74	0.90	1.07	1.26	1.51	1.76	0.04	0.05	0.06	0.07	0.08	0.09
	800	0.45	0.68	0.83	1.00	1.19	1.41	1.69	1.97	0.04	0.05	0.06	0.08	0.09	0.10
	950	0.51	0.77	0.95	1.15	1.37	1.62	1.95	2.27	0.05	0.06	0.07	0.08	0.10	0.11
	1 200	0.60	0.93	1.14	1.39	1.66	1.96	2.36	2.74	0.07	0.08	0.10	0.11	0.13	0.15
	1 450	0.68	1.07	1.32	1.61	1.92	2.28	2.73	3.16	0.08	0.09	0.11	0.13	0.15	0.17
	1 600	0.73	1.15	1.42	1.74	2.07	2.45	2.94	3.40	0.09	0.11	0.13	0.15	0.17	0.19
	2 000	0.84	1.34	1.66	2.04	2.44	2.87	3.42	3.93	0.11	0.13	0.16	0.19	0.22	0.24

型号	小带轮转速 n/($r \cdot min^{-1}$)	小带轮基准直径 d_{d1}/mm 单根 V 带的基本额定功率 P_0/kW								传动比 i 1.13~1.18 额定功率增量 ΔP_0/kW	1.19~1.24	1.25~1.34	1.35~1.51	1.52~1.99	$\geqslant$ 2.00
		125	140	160	180	200	224	250	280						
B	400	0.84	1.05	1.32	1.59	1.85	2.17	2.50	2.89	0.06	0.07	0.08	0.10	0.11	0.13
	700	1.30	1.64	2.09	2.53	2.96	3.47	4.00	4.61	0.10	0.12	0.15	0.17	0.20	0.22
	800	1.44	1.82	2.32	2.81	3.30	3.86	4.46	5.13	0.11	0.14	0.17	0.20	0.23	0.25
	950	1.64	2.08	2.66	3.22	3.77	4.42	5.10	5.85	0.13	0.17	0.20	0.23	0.26	0.30
	1 200	1.93	2.47	3.17	3.85	4.50	5.26	6.14	6.90	0.17	0.21	0.25	0.30	0.34	0.38
	1 450	2.19	2.82	3.62	4.39	5.13	5.97	6.82	7.76	0.20	0.25	0.31	0.36	0.40	0.46
	1 600	2.33	3.00	3.86	4.68	5.46	6.33	7.20	8.13	0.23	0.28	0.34	0.39	0.45	0.51
		200	224	250	280	315	355	400	450						
C	500	2.87	3.58	4.33	5.19	6.17	7.27	8.52	9.81	0.20	0.24	0.29	0.34	0.39	0.44
	600	3.30	4.12	5.00	6.00	7.14	8.45	9.82	11.30	0.24	0.29	0.35	0.41	0.47	0.53
	700	3.69	4.64	5.64	6.76	8.09	9.50	11.00	12.60	0.27	0.34	0.41	0.48	0.55	0.62
	800	4.07	5.12	6.23	7.52	8.92	11.40	12.10	13.80	0.31	0.39	0.47	0.55	0.63	0.71
	950	4.58	5.78	7.04	8.49	10.00	11.70	13.40	15.20	0.37	0.47	0.56	0.65	0.74	0.83
	1 200	5.29	6.71	8.21	9.81	11.50	13.30	15.00	16.60	0.47	0.59	0.70	0.82	0.94	1.06
	1 450	5.84	7.45	9.04	10.70	12.40	14.10	15.30	16.70	0.58	0.71	0.85	0.99	1.14	1.27

表 6-5　　　　　　　　　　　　　包角修正系数 K_α

包角 α	180°	170°	160°	150°	140°	130°	120°	110°	100°	90°
K_α	1.00	0.98	0.95	0.92	0.89	0.86	0.82	0.78	0.74	0.69

表 6-6　　　　　　　　　　普通 V 带的基准长度系列和带长修正系数 K_L

基准长度 L_d/mm	K_L							基准长度 L_d/mm	K_L						
	Y	Z	A	B	C	D	E		Y	Z	A	B	C	D	E
200	0.81							1 600		1.16	0.99	0.93	0.83		
224	0.82							1 800		1.18	1.01	0.95	0.86		
250	0.84							2 000			1.03	0.98	0.88		
280	0.87							2 240			1.06	1.00	0.91		
315	0.89							2 500			1.09	1.03	0.93		
355	0.92							2 800			1.11	1.05	0.95	0.83	
400	0.96	0.87						3 150			1.13	1.07	0.97	0.86	
450	1.00	0.89						3 550			1.17	1.10	0.98	0.89	
500	1.02	0.91						4 000			1.19	1.13	1.02	0.91	
560		0.94						4 500				1.15	1.04	0.93	0.90
630		0.96	0.81					5 000				1.18	1.07	0.96	0.92
710		0.99	0.82					5 600					1.09	0.98	0.95
800		1.00	0.85					6 300					1.12	1.00	0.97
900		1.03	0.87	0.81				7 100					1.15	1.03	1.00
1 000		1.06	0.89	0.84				8 000					1.18	1.06	1.02
1 120		1.08	0.91	0.86				9 000					1.21	1.08	1.05
1 250		1.11	0.93	0.88				10 000					1.23	1.11	1.07
1 400		1.14	0.96	0.90											

三、V带传动的设计计算和参数选择

在进行V带传动的设计计算时,通常已知传动的用途和工作情况,传递的功率P,主动带轮、从动带轮的转速n_1、n_2(或传动比i),传动位置要求和外廓尺寸要求以及电动机类型等。设计时主要确定V带的型号、长度和根数,带轮的尺寸、结构和材料,传动的中心距,带的初拉力和作用在轴上的压力以及V带的张紧和防护等。

V带传动的设计计算和参数选择

1. 确定计算功率 P_C

$$P_C = K_A P \tag{6-14}$$

式中 P——传动的额定功率,kW;

  K_A——工作情况系数(表6-7)。

表6-7 工作情况系数 K_A

载荷性质	适用范围	K_A					
		空、轻载启动			重载启动		
		每天工作时间/h					
		<10	10~16	>16	<10	10~16	>16
载荷平稳	液体搅拌机、通风机、鼓风机($P \leqslant$ 7.5 kW)、离心机水泵、压缩机、轻型输送机	1.0	1.1	1.2	1.1	1.2	1.3
载荷变动小	带式输送机(不均匀载荷)、通风机($P >$ 7.5 kW)、发电机、金属切削机床、印刷机、冲床、压力机、旋转筛、木工机械	1.1	1.2	1.3	1.2	1.3	1.4
载荷变动较大	制砖机、斗式提升机、往复式水泵、压缩机、起重机、摩擦机、冲剪机床、橡胶机械、振动筛、纺织机械、重型输送机、木工机械	1.2	1.3	1.4	1.4	1.5	1.6
载荷变动很大	破碎机、摩擦机、卷扬机、橡胶压延机、挤出机	1.3	1.4	1.5	1.5	1.6	1.8

注:1. 空、轻载启动:电动机、四缸以上的内燃机以及装有离心式离合器、液力联轴器的动力机。

  2. 重载启动:电动机、四缸以下的内燃机。

  3. 在反复启动、正反转频繁、工作条件恶劣等场合,K_A 应取表中值的1.2倍。

2. 选定V带型号

根据计算功率 P_C 和小带轮转速 n_1,按图6-12选择V带型号。当临近两种型号的交界线时,可按两种型号同时计算,通过分析比较决定取舍。

3. 确定带轮基准直径 d_{d1}、d_{d2}

表6-3列出了V带轮的最小基准直径,选择小带轮基准直径时,应使 $d_{d1} > d_{dmin}$,以减小带内的弯曲应力。大带轮的基准直径 d_{d2} 由下式确定:

$$d_{d2} = i d_{d1} \tag{6-15}$$

然后再按表6-8选取标准值。

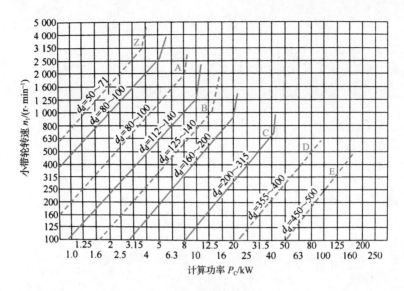

图 6-12　V 带型号选择线图

表 6-8　　　　　　　　　　　　　带轮基准直径 d_d

d_d/mm	Y	Z	A	B	C	D	E	d_d/mm	Y	Z	A	B	C	D	E
63	*	*						200		*	*	*	*		
71	*	*						212					*		
75		*	*					224		*	*	*	*		
80	*	*	*					236					*		
85			*					250		*	*	*	*		
90	*	*	*					265					*		
95			*					280		*	*	*	*		
100	*	*	*					315		*	*	*	*		
106			*					355		*		*	*	*	
112	*	*	*					375						*	
118			*					400		*	*	*	*	*	
125	*	*	*					425						*	
132			*					450					*	*	
140		*	*					475						*	
150		*	*	*				500		*	*	*	*	*	*
160		*	*	*				530						*	*
170				*				560					*	*	*
180		*	*	*				630		*	*	*	*	*	*

4. 验算带速 v

$$v = \frac{\pi d_{d1} n_1}{60 \times 1\,000}$$

带速 v 应控制在 $5 \sim 25$ m/s 的范围内,其中以 $10 \sim 20$ m/s 为最佳。若 $v > 25$ m/s,则因带绕过带轮时离心力过大而使带与带轮之间的压紧力减小、摩擦力降低,从而使传动能力下降,易疲劳;当 $v < 5$ m/s 时,在传递相同功率时带所传递的圆周力增大,易打滑,使带的根数增加。

5. 确定中心距 a 和基准长度 L_d

由于带是中间挠性件,故中心距可取大些或小些。中心距增大,有利于增大包角,但太大会使结构外廓尺寸增大,还会因载荷变化引起带的颤动,从而降低其工作能力。若已知条件未对中心距提出具体的要求,一般可按下式初选中心距 a_0,即

$$0.7(d_{d1}+d_{d2})\leqslant a_0\leqslant 2(d_{d1}+d_{d2}) \qquad (6\text{-}16)$$

如果已给定了中心距,则 a_0 应取给定值。

由初定中心距,再按下式初定带的基准长度 L_0:

$$L_0=2a_0+\frac{\pi}{2}(d_{d1}+d_{d2})+\frac{(d_{d2}-d_{d1})^2}{4a_0} \qquad (6\text{-}17)$$

根据初定的 L_0,由表 6-6 选取相近的基准长度 L_d,然后按下式近似计算实际所需的中心距:

$$a\approx a_0+\frac{L_d-L_0}{2} \qquad (6\text{-}18)$$

考虑安装、调整和补偿张紧力的需要,中心距应有一定的调整范围:

$$a_{\min}=a-0.015L_d$$
$$a_{\max}=a+0.03L_d$$

一般要求 $\alpha_1\geqslant 120°$,若 α_1 过小,则可加大中心距或增设张紧轮。

6. 验算小带轮包角 α_1

$$\alpha_1=180°-\frac{d_{d2}-d_{d1}}{a}\times 57.3° \qquad (6\text{-}19)$$

7. 确定带的根数 z

$$z=\frac{P_C}{(P_0+\Delta P)K_\alpha K_L} \qquad (6\text{-}20)$$

带的根数 z 不应过多,否则会使各带受力不均匀,通常 $z<8$ 且为整数。

8. 确定初拉力 F_0 并计算作用在轴上的压力 F_Q

保持适当的初拉力是带传动工作的首要条件。初拉力不足,极限摩擦力小,则传动能力下降;初拉力过大,将增大作用在轴上的压力并降低带的寿命。单根普通 V 带合适的初拉力 F_0 可按下式计算:

$$F_0=\frac{500P_C}{zv}\left(\frac{2.5}{K_\alpha}-1\right)+qv^2 \qquad (6\text{-}21)$$

式中　v——带速,m/s;

　　　q——每米带长的质量,kg/m。

如图 6-13 所示,带作用在轴上的压力 F_Q 可近似地按带两边的初拉力 F_0 的合力来计算:

$$F_Q=2zF_0\sin\frac{\alpha_1}{2} \qquad (6\text{-}22)$$

式中各符号的意义同前。

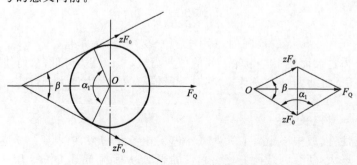

图 6-13　带作用在轴上的压力

例 6-1

设计一铣床电动机与主轴箱之间的 V 带传动。已知电动机额定功率 $P=4$ kW，转速 $n_1=1\,440$ r/min，从动带轮转速 $n_2=440$ r/min，两班制工作，两轴间的距离为 500 mm。

解: 解题过程见表 6-9。

表 6-9　　　　　　　　　　　　【例 6-1】解题过程

序号	计算项目	计算内容	计算结果
1	计算功率	$P_C=K_A P=1.2\times4=4.8$ kW 由表 6-7 确定 K_A	$K_A=1.2$ $P_C=4.8$ kW
2	选择带型	根据 $P_C=4.8$ kW 和 $n_1=1\,440$ r/min，由图 6-12 选取	A 型
3	确定带轮基准直径	由表 6-8 确定 $d_{d1}=100$ mm $d_{d2}=id_{d1}=\dfrac{1\,440}{440}\times100=327.27$ mm 查表 6-8 取标准值	$d_{d1}=100$ mm $d_{d2}=355$ mm
4	验算带速	$v=\dfrac{\pi d_{d1} n_1}{60\times1\,000}=\dfrac{3.14\times100\times1\,440}{60\times1\,000}=7.54$ m/s	因为 5 m/s$<v<$25 m/s，故符合要求
5	验算带长	初定中心距 $a_0=500$ mm $L_0=2a_0+\dfrac{\pi}{2}(d_{d1}+d_{d2})+\dfrac{(d_{d2}-d_{d1})^2}{4a_0}$ 　$=2\times500+\dfrac{3.14\times(100+355)}{2}+\dfrac{(355-100)^2}{4\times500}$ 　$=1\,747$ mm 由表 6-6 选取相近的 $L_d=1\,800$ mm	$L_d=1\,800$ mm
6	确定中心距	$a\approx a_0+\dfrac{L_d-L_0}{2}=500+(1\,800-1\,747)/2=527$ mm $a_{min}=a-0.015L_d=527-0.015\times1\,800=500$ mm $a_{max}=a+0.03L_d=527+0.03\times1\,800=581$ mm	$a=527$ mm
7	验算小带轮包角	$\alpha_1=180°-\dfrac{d_{d2}-d_{d1}}{a}\cdot57.3°$ 　$=180°-57.3°\times(355-100)/527=152°$	因 $\alpha_1>120°$，故符合要求
8	单根 V 带传递的基本额定功率	根据 d_{d1} 和 n_1 查表 6-4 得 $P_0=1.31$ kW	$P_0=1.31$ kW
9	单根 V 带的额定功率增量	查表 6-4 得 $\Delta P_0=0.17$ kW	$\Delta P_0=0.17$ kW
10	确定带的根数	查表 6-5 得 $K_a=0.93$，查表 6-6 得 $K_L=1.01$，则 $z=\dfrac{P_C}{(P_0+\Delta P_0)K_a K_L}=\dfrac{4.8}{(1.31+0.17)\times0.93\times1.01}=3.45$	取 $z=4$
11	单根 V 带的初拉力	查表 6-1 得 $q=0.10$ kg/m，则 $F_0=\dfrac{500P_C}{zv}\left(\dfrac{2.5}{K_a}-1\right)+qv^2$ 　$=\dfrac{500\times4.8}{4\times7.54}\times\left(\dfrac{2.5}{0.93}-1\right)+0.10\times7.54^2=140$ N	$F_0=140$ N
12	带作用在轴上的压力	$F_Q=2zF_0\sin\dfrac{\alpha_1}{2}=2\times4\times140\times\sin(152°/2)$ 　$=1\,086.73$ N	$F_Q=1086.73$ N
13	带轮的结构和尺寸	选取小带轮为实心式，其结构和尺寸由图 6-8 计算确定，画出小带轮零件图（略）	

6.4　V带传动的张紧、安装与维护

一、V带传动的张紧

　　带在初始安装时需要张紧,并且在工作一段时间后会因带的松弛而需要重新张紧,以保证带的传动能力。常用的张紧方法有以下几种:

V带传动的张紧、安装与维护

　　1.调整中心距

　　如图6-14(a)所示,通过调节螺栓,使电动机在滑道上移动,直到所需位置;如图6-14(b)所示,通过螺母调节摆动架(电动机轴中心)的位置,起到张紧的作用。

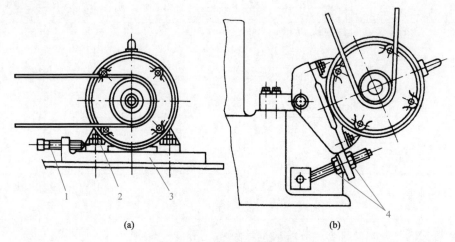

(a)　　　　　　　　　　　　　　　　(b)

图6-14　调整中心距张紧装置

1—螺栓;2、4—螺母;3—摆动架

　　2.使用张紧轮

　　当中心距不可调时,可采用张紧轮装置,如图6-15所示。张紧轮一般布置在松边内侧,使带只受单向弯曲,同时张紧轮应尽量靠近大带轮,以减小对小带轮包角的影响。

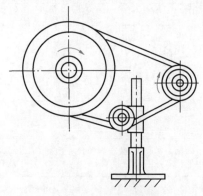

图6-15　张紧轮装置

二、V 带传动的安装和维护

（1）安装 V 带时，先将中心距缩小后将带套入，然后慢慢调整中心距，直至张紧。

（2）安装 V 带时，两带轮轴线应相互平行，各带轮相对应的轮槽的对称平面应重合，其偏角误差不得超过 ±20′，如图 6-16 所示。

（3）对于多根 V 带传动，要选择公差值在同一档次的带配成一组使用，以免各带受力不均匀。

（4）新、旧带不能同时混合使用，要求成组更换。

（5）定期对 V 带进行检查，以便及时调整中心距或更换 V 带。

（6）为了保证安全，带传动应加防护罩，同时应防止油、酸、碱等对 V 带的腐蚀。

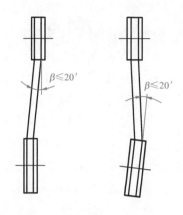

图 6-16　V 带轮的安装位置

6.5　链传动的结构、特点和类型

一、链传动的结构和特点

如图 6-17 所示，链传动由主动链轮 1、从动链轮 2 和链条 3 组成。两链轮分别安装在相互平行的两轴上，链轮上有特殊齿形的齿，传动时靠链节与链轮轮齿连续不断地啮合来传递运动和动力。

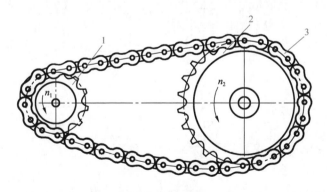

图 6-17　链传动

1—主动链轮；2—从动链轮；3—链条

链传动与其他传动相比,主要有以下特点:

(1)由于链传动是有中间挠性件的啮合传动,无弹性滑动和打滑现象,因而能保证平均传动比不变。

(2)链传动不需要初拉力,对轴的作用力较小。

(3)链传动可在高温、低温、多尘、油污、潮湿、泥沙等恶劣环境下工作。

(4)由于链传动的瞬时传动比不恒定,传动平稳性较差,有冲击和噪声,且磨损后易发生跳齿,故不宜用于高速和急速反向传动的场合。

链传动适用于两轴线平行且距离较远、瞬时传动比无严格要求以及工作环境恶劣的场合,广泛应用于农业、采矿、冶金、石油化工及运输等各种机械中。目前,链传动所能传递的功率可达 3 600 kW,常用 100 kW 以下;链速可达 30～40 m/s,常用 $v \leqslant 15$ m/s;传动比最大可达 15,一般 $i \leqslant 6$;中心距 $a \leqslant 5 \sim 6$ m;效率 $\eta = 0.91 \sim 0.97$。

二、传动链的类型

根据用途的不同,传动链可分为如下三类:

(1)传动链:用于一般机械上动力和运动的传递,通常都在中等速度($v \leqslant 20$ m/s)以下工作。

(2)起重链:用于起重机械中提升重物,其工作速度不大于 0.25 m/s。

(3)牵引链:又称输送链,用于链式输送机中移动重物,其工作速度不大于 2～4 m/s。

根据结构的不同,常用的传动链又分短节距精密滚子链(简称滚子链,图 6-18(a))、套筒链(图 6-18(b))、弯板链(图 6-18(c))和齿形链(图 6-18(d))。滚子链结构简单,磨损较轻,故应用较广;齿形链(又称无声链)具有传动平稳、噪声小、承受冲击性能好、工作可靠等优点,但其结构复杂、质量大、价格高、制造较困难,故多用于高速(链速可达 40 m/s)或运动精度要求较高的传动装置中。

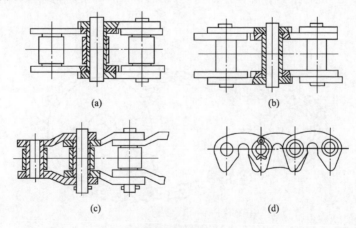

(a)

(b)

(c)

(d)

图 6-18 传动链的类型

1. 滚子链

(1)滚子链的结构和标准

如图 6-19 所示,滚子链由内链板 1、外链板 2、销轴 3、套筒 4 和滚子 5 组成。其中,内链板与套筒、外链板与销轴均为过盈配合,套筒与销轴、滚子与套筒之间分别采用间隙配合,因此,内、外链板在链节屈伸时可相对转动。当链与链轮啮合时,链轮齿面与滚子之间形成滚动摩擦,可减轻链条与链轮轮齿的磨损。内、外链板制成"∞"形,可使其剖面的抗拉强度大致相等,同时也可减小链条的自重和惯性力。组成链条的各零件由碳钢或合金钢制成,并进行热处理,以提高强度和耐磨性。

滚子链相邻两滚子中心的距离称为节距,用 p 表示,它是链条的主要参数。节距 p 越大,链条各零件的尺寸越大,所能承受的载荷越大。

滚子链可制成单排或多排,如图 6-19 和图 6-20 所示。排数越多,承载能力越大。由于制造和装配精度的不同会使各排链受力不均匀,故一般不宜超过四排。

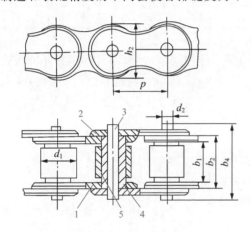

图 6-19　单排滚子链结构

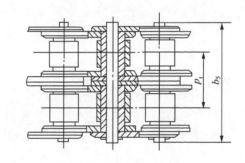

图 6-20　双排滚子链结构

1—内链板;2—外链板;3—销轴;4—套筒;5—滚子

滚子链已标准化,其规格和主要参数见表 6-10。链号中的字母表示系列。其中,A 系列是我国滚子链的主体,设计时根据载荷大小及工作条件等选用适当的链条型号;B 系列主要供维修用。

表 6-10　　　　　　　　滚子链的规格和主要参数(GB/T 1243—2006)

链号	节距 p/mm	排距 p_t/mm	滚子直径 d_{1max}/mm	内链节内宽 b_{1min}/mm	销轴直径 d_{2max}/mm	内链节外宽 b_{2max}/mm	销轴长度 单排 b_{4max}/mm	销轴长度 双排 b_{5max}/mm	内链板高度 h_{2max}/mm	极限拉伸载荷 F_{Qmin}/kN 单排	极限拉伸载荷 F_{Qmin}/kN 双排	单排质量 q/(kg·m^{-1})
05B	8.00	5.64	5.00	3.00	2.31	4.77	8.6	14.3	7.11	4.4	7.8	0.18
06B	9.525	10.24	6.35	5.72	3.28	8.53	13.5	23.8	8.26	8.9	16.9	0.4
08A	12.70	14.38	7.92	7.85	3.98	11.17	17.8	32.3	12.07	13.9	27.8	0.6
08B	12.70	13.92	8.51	7.75	4.45	11.30	17.0	31.0	11.81	17.8	31.1	0.7

续表

| 链号 | 节距 p/mm | 排距 p_t/mm | 滚子直径 d_{1max}/mm | 内链节内宽 b_{1min}/mm | 销轴直径 d_{2max}/mm | 内链节外宽 b_{2max}/mm | 销轴长度 | | 内链板高度 h_{2max}/mm | 极限拉伸载荷 F_{Qmin}/kN | | 单排质量 q/(kg·m⁻¹) |
							单排 b_{4max}/mm	双排 b_{5max}/mm		单排	双排	
10A	15.875	18.11	10.16	9.40	5.09	13.84	21.8	39.9	15.09	21.8	43.6	1.0
12A	19.05	22.78	11.91	12.57	5.96	17.75	26.9	49.8	18.10	31.3	62.6	1.5
16A	25.40	29.29	15.88	15.75	7.94	22.60	33.5	62.7	24.13	55.6	111.2	2.6
20A	31.75	35.76	19.05	18.90	9.54	27.45	41.1	77.0	30.17	87.0	174.0	3.8
24A	38.10	45.44	22.23	25.22	11.11	35.45	50.8	96.3	36.20	125.0	250.0	5.6
28A	44.45	48.87	25.40	25.22	12.71	37.18	54.9	103.6	42.23	170.0	340.0	7.5
32A	50.80	58.55	28.58	31.55	14.29	45.21	65.5	124.2	48.26	223.0	446.0	10.1
40A	63.50	71.55	39.68	37.85	19.85	54.88	80.3	151.9	60.33	347.0	694.0	16.1
48A	76.20	87.83	47.63	47.35	23.81	67.81	95.5	183.4	72.39	500.0	1 000.0	22.6

注:使用过渡链节时,其极限拉伸载荷按表中所列数值的80%计算。

滚子链的接头形式如图 6-21 所示。当链条的链节数为偶数时,采用可拆卸的外链板连接,接头处用开口销或弹簧卡固定,如图 6-21(a)、图 6-21(b)所示;当链条的链节数为奇数时,需采用过渡链节,如图 6-21(c)所示。由于过渡链板是弯曲的,承载后其承受附加弯矩,所以链节数尽量不用奇数。

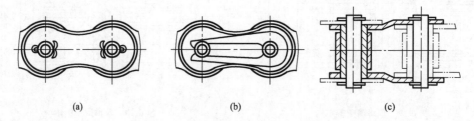

(a)   (b)   (c)

图 6-21　滚子链的接头形式

(2)滚子链链轮

滚子链链轮是链传动的主要零件。链轮齿形应满足下列要求:保证链条能平稳而顺利地进入和退出啮合;受力均匀,不易脱链;便于加工。

链轮的齿形有国家标准,GB/T 1243—2006 规定了滚子链链轮的端面齿槽形状,如图 6-22 所示,即为三圆弧($\overset{\frown}{dc}$、$\overset{\frown}{ba}$、$\overset{\frown}{aa'}$)和一直线(cb)齿形。由于链轮采用标准齿形,所以在链轮零件图上不必绘制其端面齿形。绘制链轮零件图时,应注明节距 p、齿数 z、分度圆直径 d、齿顶圆直径 d_a、齿根圆直径 d_f 及齿侧凸缘直径 d_g。

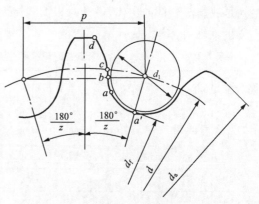

图 6-22　链轮的端面齿槽形状

表 6-11 滚子链轮的基本参数和主要尺寸

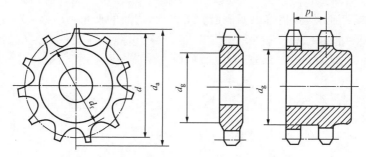

名　称	符号	计算公式	说　明
分度圆直径	D	$d = \dfrac{p}{\sin\dfrac{180°}{z}}$	精确计算到 0.01 mm
齿顶圆直径	d_a	$d_{a\,max} = d + 1.25p - d_1$ $d_{a\,min} = d + (1 - \dfrac{1.6}{z})p - d_1$ 若为"三圆弧—直线"齿形，则 $d_a = p(0.54 + \cot\dfrac{180°}{z})$	d_a 可在 $d_{a\,min}$ 与 $d_{a\,max}$ 之间任意选取。选用 $d_{a\,max}$ 时，应注意用范成法加工时可能发生顶切。计算值舍小数取整数
齿根圆直径	d_f	$d_f = d - d_1$	精确到 0.01 mm
齿侧凸缘（或排间槽）直径	d_g	$d_g < p\cot\dfrac{180°}{z} - 1.04h_2 - 0.76$	计算值舍小数取整数，h_2 为内链板高度

链轮的结构如图 6-23 所示，小直径链轮可制成整体实心式，如图 6-23(a)所示；中等直径链轮可制成孔板式，如图 6-23(b)所示；直径较大时可采用组合式结构，如图 6-23(c)、图 6-23(d)所示。

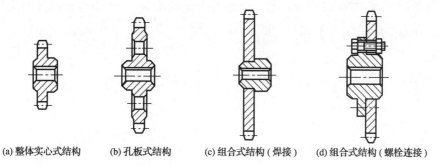

(a) 整体实心式结构　　(b) 孔板式结构　　(c) 组合式结构（焊接）　　(d) 组合式结构（螺栓连接）

图 6-23 链轮的结构

链轮材料应保证其有足够的抗疲劳强度、耐冲击性和耐腐蚀性，故多采用中碳钢和中碳合金钢，如 45、40Cr、35SiMo 等，经淬火处理，硬度达到 40～50HRC；高速、重载时采用低碳钢、低碳合金钢，如 15、20、15Cr、20Cr，经表面渗碳淬火，其硬度达到 55～60HRC；低速、轻载、齿数较多的从动轮也可采用铸铁制造。

工作时因小轮啮合次数远远多于大轮啮合次数，易于损坏，故小轮的材料应比大轮的材料好一些。

2. 齿形链

齿形链是由一组齿形链板并列铰接而成,工作时,通过链片侧面的两直边与链轮轮齿相啮合。如图 6-24 所示,链板齿形的两侧面为工作面,之间的夹角一般为 60°,传动时,链条工作面与链轮齿廓平面相啮合。齿形上设有导板,以防止链条在工作时发生侧向窜动。齿形链有内导板(图 6-24(a))和外导板(图 6-24(b))两种形式。

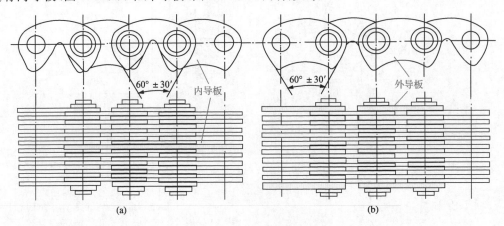

图 6-24　齿形链的结构

6.6　链传动的工作情况分析

链条绕上链轮后,在啮合区域的部分链将折成正多边形,因此链传动相当于一对多边形轮子之间的传动,如图 6-25 所示。设 z_1、z_2 为两链轮的齿数,p 为节距,n_1、n_2 为两链轮的转速(r/min),则链条线速度 v(简称链速,m/s)为

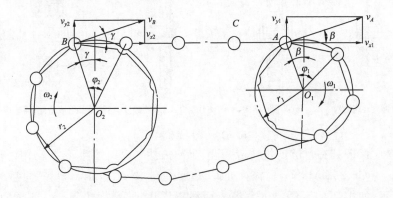

图 6-25　链传动的运动分析

$$v = \frac{z_1 p n_1}{60 \times 1\,000} = \frac{z_2 p n_2}{60 \times 1\,000}$$

(6-23)

链传动的传动比为

$$i = \frac{n_1}{n_2} = \frac{z_2}{z_1}$$

由以上两式求得的链速和传动比均为平均值。实际上,由于多边形效应,瞬时链速和瞬时传动比都是变化的。

为了便于分析,设链的主动边(紧边)处于水平位置(见图 6-25),主动链轮以角速度 ω_1 回转,当链节与链轮轮齿在 A 点啮合时,链轮上该点圆周速度的水平分量即为链节上该点的瞬时速度,其值为

$$v_{x1} = r_1 \omega_1 \cos \beta \tag{6-24}$$

$$v_{y1} = r_1 \omega_1 \sin \beta \tag{6-25}$$

式中　r_1——主动链轮的分度圆半径,mm;

　　　β——A 点的圆周速度与水平线的夹角。

任一链节从进入啮合到退出啮合,β 角在 $-\frac{180°}{z} \sim \frac{180°}{z}$ 的范围内变化。当 $\beta = 0°$ 时,链速最大,$v_{\max} = r_1 \omega_1$;当 $\beta = \pm \frac{180°}{z}$ 时,链速最小,$v_{\min} = r_1 \omega_1 \cos \frac{180°}{z_1}$。

由此可知,当主动链轮以角速度 ω_1 等速转动时,链条的瞬时速度 v 周期性地由小变大,又由大变小,每转过一个节距变化一次。

同理,链条在垂直于链节中心线方向的分速度 $v_{y1} = r_1 \omega_1 \sin \beta$,也做周期性变化,从而使链条上下抖动。由于链速是变化的,工作时不可避免地要产生振动和动载荷。

在从动链轮上,γ 角的变化范围为 $-\frac{180°}{z_2} \sim \frac{180°}{z_2}$。由于链速 v 不等于常数以及 γ 角的不断变化,故从动链轮的角速度 $\omega_2 = \frac{v_x}{r_2 \cos \gamma}$ 也做周期性变化,即链传动的瞬时传动比 $i = \frac{\omega_1}{\omega_2} = \frac{r_2 \cos \gamma}{r_1 \cos \beta}$ 是变化的,这种特性称为链的多边形效应。由于从动链轮角速度 ω_2 的速度波动将引起链条与链轮轮齿的冲击,产生振动和噪声并加剧磨损,随着链轮齿数的增加,β 和 γ 相应减小,传动中的速度波动、冲击、振动和噪声也都减小,所以链轮的最小齿数不宜太少,通常取主动链轮(即小链轮)的齿数大于 17。

6.7　滚子链的传动设计

一、滚子链传动的失效形式

由于链条的结构比链轮复杂,强度不如链轮高,所以一般链传动的失效主要是链条的失效。常见形式有以下几种:

1. 链板疲劳破坏

链传动时由于松边和紧边的拉力不同,使得链条各元件受变应力的作用,经过一定的循环次数后,内、外链板会发生疲劳破坏。在正常润滑条件下,疲劳强度是限定链传动承载能力的主要因素。

2. 滚子、套筒的冲击疲劳破坏

链节与链轮啮合时,滚子与链轮间会产生冲击,高速时冲击载荷较大,套筒与滚子表面发生冲击疲劳破坏。

3. 销轴与套筒的胶合

当润滑不良或速度过高时,销轴与套筒的工作表面摩擦发热较大,从而使两表面发生黏附磨损,严重时会产生胶合。

4. 链条铰链磨损

链在工作过程中,销轴与套筒的工作表面会因相对滑动而磨损,导致链节距增大,链与链轮的啮合点外移,容易引起跳齿和脱链。

5. 过载拉断

在低速($v<6$ m/s)重载或瞬时严重过载时,链条可能被拉断。

二、滚子链传动设计计算及主要参数选择

1. 设计链传动的已知条件

一般需已知:需要传递的功率、主动链轮转速、从动链轮转速(或传动比)、传动的用途和工作情况、原动机类型以及外廓安装尺寸等。

2. 设计计算的内容

确定滚子链的型号、链节距、链节数,选择大小链轮的齿数、材料、结构,绘制链轮零件图并确定传动的中心距。

3. 设计计算的基本方法和主要参数的选择

(1)传动比 i

传动比受链轮最小齿数和最大齿数的限制,且外廓尺寸不能过大。传动比过大时,小链轮上的包角 α_1 将会太小,同时啮合的齿数也太少,将加速轮齿的磨损,因此,通常要求包角 α_1 不小于 $120°$。一般取传动比 $i\leqslant7$,推荐 $i=2\sim3.5$。当工作速度较低($v<2$ m/s)且载荷平稳、传动外廓尺寸不受限制时,允许 $i\leqslant10$。

(2)确定链轮齿数 z_1、z_2

链轮齿数对传动的平稳性和工作寿命影响很大。当小链轮齿数较少时,虽然可减小外廓尺寸,但会增大动载荷,传动平稳性差,磨损加快,因此要限制小链轮的最少齿数。小链轮的齿数也不可过多,否则将使传动尺寸和质量增大。为避免跳齿和脱链现象并减小外廓尺

寸和质量,对大链轮齿数也要限制,一般应使 $z_2 \leqslant 120$。设计时,小链轮齿数 z_1 根据传动比从表 6-12 中选取,大链轮齿数 $z_2 = iz_1$。例如,由于链节数常取偶数,为使磨损均匀,链轮齿数一般取为奇数。链轮齿数优选数列:17、19、21、23、25、38、57、76、95、114。

表 6-12   小链轮齿数 z_1 的选择

传动比 i	1～2	2～3	3～4	4～5	5～6	＞6
z_1	31～27	27～25	25～23	23～21	21～17	17～15

(3)选择链条节距 p 及排数并确定链条型号

在一定条件下,链条节距越大,承载能力越高,但运动平稳性越差,动载荷和噪声越严重。因此设计时,在满足承载能力的前提下应尽量选取小节距的单排链;高速重载时,可选择小节距的多排链。

一般根据链传动单排链的额定功率 P_0 和小链轮的转速 n_1,由图 6-26 选取链条节距 p 和链条型号。链传动的计算功率 P_c 可由下式确定:

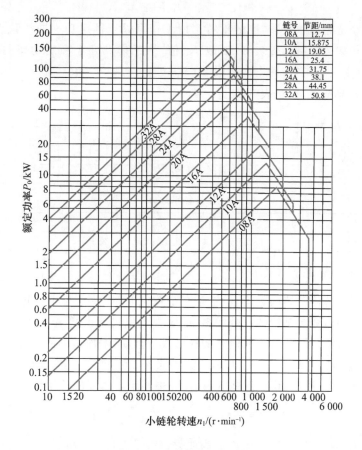

链号	节距/mm
08A	12.7
10A	15.875
12A	19.05
16A	25.4
20A	31.75
24A	38.1
28A	44.45
32A	50.8

图 6-26 滚子链额定功率曲线

$$P_C = K_A P \qquad (6-26)$$

式中　K_A——工况系数，见表 6-13；

　　　　P——传递的功率，kW。

表 6-13　　　　　　　　　　工况系数 K_A

载荷种类	工作机	动力机		
		内燃机 液力传动	电动机 或汽轮机	内燃机 机械传动
平稳载荷	液体搅拌机、中小型离心式鼓风机、离心式压缩机、轻型输送机、离心泵、均匀载荷的一般机械	1.0	1.0	1.2
中等冲击	大型或不均匀载荷的输送机、中型起重机和提升机、农业机械、食品机械、木工机械、干燥机、粉碎机	1.2	1.3	1.4
较大冲击	工程机械、矿山机械、石油钻井机械、锻压机械、冲床、剪床、重型起重机械、振动机械	1.4	1.5	1.7

单排链传递的额定功率 P_0 可由下式确定：

$$P_0 \geqslant \frac{P_C}{K_z K_p} \qquad (6-27)$$

式中　K_z——小链轮齿数系数，当链轮转速使工作点处于额定功率曲线顶点左侧时（受链板疲劳限制），查表 6-14 取 K_z 值；当工作点处于额定功率曲线顶点右侧时（受滚子、套筒冲击疲劳限制），查表 6-14 取 K_z' 值；

　　　　K_p——多排链系数，见表 6-15。

表 6-14　　　　　　　　　　小链轮齿数系数 $K_z(K_z')$

z_1	9	11	13	15	17	19	21	23	25	27
K_z	0.446	0.554	0.664	0.775	0.887	1.00	1.11	1.23	1.34	1.46
K_z'	0.326	0.441	0.566	0.701	0.846	1.00	1.16	1.33	1.51	1.60

表 6-15　　　　　　　　　　多排链系数 K_p

排数	1	2	3	4	5	6
K_p	1	1.7	2.5	3.3	4.0	4.6

(4)确定中心距 a 和链节数 L_p

中心距小可使链传动结构紧凑，但链条在小轮上的包角小，与小链轮啮合的链节也少。同时，当链速一定时，链绕链轮的次数增多，即应力变化次数也增多，从而使链的寿命降低。中心距太大，则结构不紧凑，且会使链条的松边发生颤动，增加运动的不均匀性。

一般可初选中心距 $a_0 = (30 \sim 50)p$，最大可取 $a_{0\max} = 80p$。链的长度以链节数 L_p（节距 p 的倍数）来表示。与带传动相似，链节数 L_p 与中心距 a 之间的关系为

$$L_p = \frac{2a_0}{p} + \frac{z_1 + z_2}{2} + \frac{p}{a_0}\left(\frac{z_2 - z_1}{2\pi}\right)^2 \qquad (6-28)$$

计算出的 L_p 应圆整为整数，最好取为偶数。链条总长 $L = p L_p$。

根据 L_p 确定理论中心距 a：

$$a = \frac{p}{4}\left[\left(L_p - \frac{z_1 + z_2}{2}\right) + \sqrt{\left(L_p - \frac{z_1 + z_2}{2}\right)^2 - 8\left(\frac{z_2 - z_1}{2\pi}\right)^2}\right] \qquad (6-29)$$

通常中心距设计成可调的,以便于链条的安装和调节链的张紧程度;实际中心距要比理论中心距小 $0.2\%\sim0.4\%$;当中心距不能调节而又没有张紧装置时,为保持链条松边有合适的垂度,应将计算的中心距减小 $2\sim5$ mm。

(5)验算链速并确定润滑方式

链速过高会增加链传动的动载荷和噪声,因此一般将链速限制在 15 m/s 以下。若超过了允许范围,则应调整设计参数并重新计算。

根据节距并查图 6-27 确定传动的润滑方式。

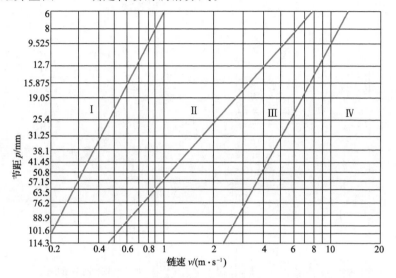

图 6-27 推荐的润滑方式

Ⅰ—人工定期润滑;Ⅱ—滴油润滑;Ⅲ—油浴或飞溅润滑;Ⅳ—压力喷油润滑

(6)设计链轮并绘制其零件图

略。

6.8 链传动的布置、张紧和润滑

一、链传动的布置

在链传动中,两链轮的转动平面应在同一平面内,两轴线必须平行,最好呈水平布置,如需倾斜布置,则两链轮中心连线与水平线的夹角 φ 应小于 $45°$。同时链传动应使紧边(即主动边)在上、松边在下,以使链节和链轮轮齿可以顺利地进入和退出啮合。如果松边在上,则可能会因松边垂度过大而出现链条与轮齿的干扰,甚至会引起松边与紧边的碰撞。具体布置情况参见表 6-16。

表 6-16　　　　　　　　　　　　　链传动的布置

传动参数	正确布置	说　明
$i > 2$ $a = (30 \sim 50)p$	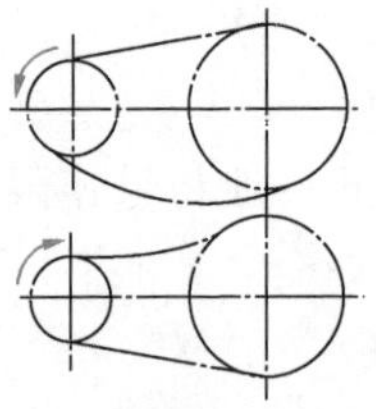	两轮轴线在同一水平面,紧边在上面较好,但必要时也允许紧边在下面
$i > 2$	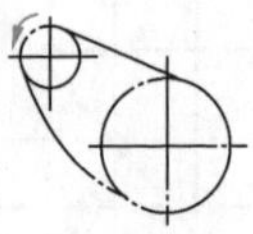	两轮轴线不在同一水平面,松边应在下面,否则松边下垂量增大后,链条易与链轮卡死
$i < 1.5$ $a > 60p$	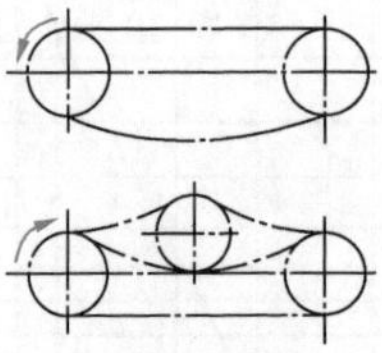	两轮轴线在同一水平面,松边应在下面,否则下垂量增大后,松边会与紧边相碰,需经常调整中心距
i、a 为任意值	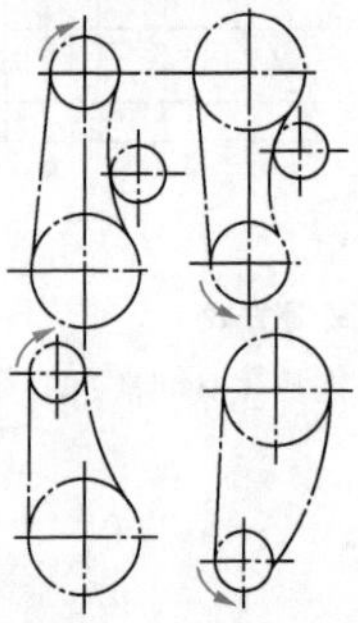	两轮轴线在同一铅垂面内,下垂量增大会减少下链轮的有效啮合齿数,降低传动能力。为此应采取如下措施:使中心距可调;采用张紧装置;使上下两轮错开,使其不在同一铅垂面内
反向传动 $|i| < 8$	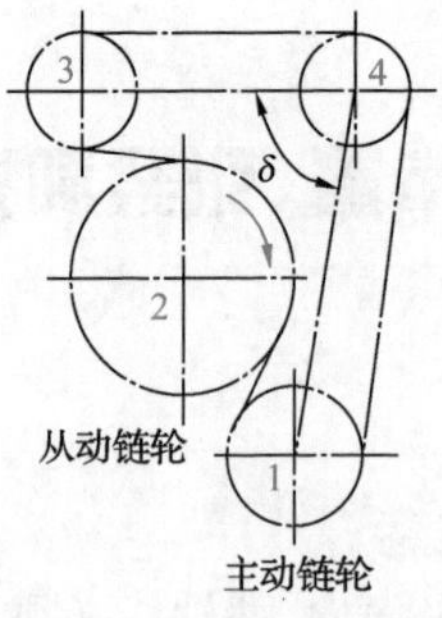	为使两轮转向相反,应加装 3 和 4 两个导向轮,且其中至少有一个是可以调整张紧的。紧边应布置在 1 和 2 之间,角 δ 的大小应使链轮的啮合包角满足传动要求

二、链传动的张紧

　　链条包在链轮上应松紧适度。通常用测量松边垂度 f 的办法来控制链的松紧程度,如图 6-28 所示。

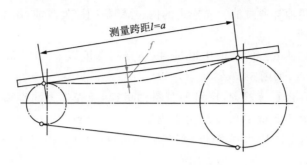

图 6-28 垂度测量

合适的松边垂度为

$$f=(0.01\sim0.02)a$$

式中,a 为中心距。

对于重载、反复启动及接近垂直的链传动,松边垂度应适当减小。

传动中,当铰链磨损使长度增加而导致松边垂度过大时,可采取如下张紧措施:

(1)通过调整中心距使链张紧。

(2)拆除 $1\sim2$ 个链节,缩短链长,使链张紧。

(3)加张紧轮使链张紧。张紧轮一般位于松边的外侧,它可以是链轮,其齿数与小链轮相近;也可以是无齿的辊轮,辊轮直径较小,常用夹布胶木制造。

三、链传动的润滑

链传动中良好的润滑将会减少磨损、缓和冲击、提高承载能力、延长使用寿命,因此链传动应合理地确定润滑方法和润滑剂种类。

常用的润滑方法有以下几种:

(1)人工定期润滑:用油壶或油刷给油,如图 6-29(a)所示,每班注油一次,适用于链速 $v \leqslant 4$ m/s 的不重要传动。

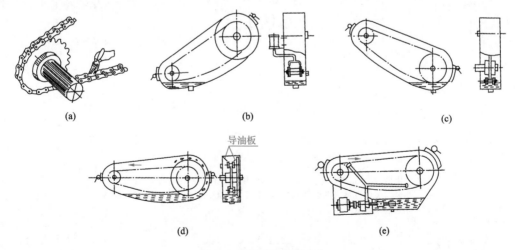

图 6-29 链传动的润滑方法

（2）滴油润滑：用油杯通过油管向松边的内、外链板间隙处滴油，用于链速 $v \leqslant 10$ m/s 的传动，如图 6-29(b)所示。

（3）油浴润滑：链从密封的油池中通过，链条浸油深度以 $6 \sim 12$ mm 为宜，适用于链速 $v = 6 \sim 12$ m/s 的传动，如图 6-29(c)所示。

（4）飞溅润滑：在密封容器中，用甩油盘将油甩起，经壳体上的集油装置将油导流到链上。甩油盘速度应大于 3 m/s，浸油深度一般为 $12 \sim 15$ mm，如图 6-29(d)所示。

（5）压力油循环润滑：用油泵将油喷到链上，喷口应设在链条进入啮合处。这种方法适用于链速 $v \geqslant 8$ m/s 的大功率传动，如图 6-29(e)所示。

链传动常用的润滑油有 L-AN32、L-AN46、L-AN68、L-AN100 等全损耗系统用油。温度低时，黏度宜低；功率大时，黏度宜高。

例 6-2

设计一带动压缩机的链传动。已知：电动机的额定转速 $n_1 = 970$ r/min，压缩机转速 $n_2 = 330$ r/min，传递功率 $P = 9.7$ kW，两班制工作，载荷平稳。要求中心距 a 不大于 600 mm，电动机可在滑轨上移动。

解：解题过程见表 6-17。

表 6-17　　　　　　　　　　　　【例 6-2】解题过程

序号	计算项目	计算内容	计算结果
1	选择链轮齿数 z_1、z_2	传动比 $i = \dfrac{n_1}{n_2} = \dfrac{970}{330} = 2.94$ 按表 6-12 取小链轮齿数 $z_1 = 25$，则大链轮齿数 $z_2 = iz_1 = 2.94 \times 25 = 73.5$，取 $z_2 = 73$	$z_1 = 25$ $z_2 = 73$
2	计算功率 P_C	由表 6-13 查得 $K_A = 1.0$，则 $P_C = K_A P = 1.0 \times 9.7 = 9.7$ kW	$P_C = 9.7$ kW
3	确定中心距 a_0 及链节数 L_p	初定中心距 $a_0 = (30 \sim 50)p$，取 $a_0 = 30p$，求 L_p： $L_p = \dfrac{2a_0}{p} + \dfrac{z_1 + z_2}{2} + \dfrac{p}{a_0}\left(\dfrac{z_2 - z_1}{2\pi}\right)^2$ $= \dfrac{2 \cdot 30p}{p} + \dfrac{25 + 73}{2} + \dfrac{p}{30p}\left(\dfrac{73 - 25}{2 \times 3.14}\right)^2$ $= 110.95$ mm 取 $L_p = 110$ mm	$a_0 = 30p$ $L_p = 110$ mm
4	确定链条型号和节距 p	首先确定系数 K_z、K_L、K_p 根据链速估计链传动可能产生链板疲劳破坏，由表 6-14 查得小链轮齿数系数 $K_z = 1.34$；考虑传递功率不大，故选单排链，由表 6-15 查得 $K_p = 1$ 所能传递的额定功率为 $P_0 = \dfrac{P_C}{K_z K_p} = \dfrac{9.7}{1.34 \times 1} = 7.24$ kW 由图 6-26 选择滚子链型号为 10A，链条节距 $p = 15.875$ mm，由图证实工作点落在曲线顶点左侧，主要失效形式为链板疲劳破坏，前面假设成立	滚子链型号为 10A 链条节距 $p = 15.875$ mm
5	验算链速 v	$v = \dfrac{z_1 p n_1}{60 \times 1\,000} = \dfrac{25 \times 15.875 \times 970}{60 \times 1\,000} = 6.42$ m/s	$v < 15$ m/s，故合适

续表

序号	计算项目	计算内容	计算结果
6	确定链条总长 L 和中心距 a	$L=\dfrac{L_{\mathrm{p}}p}{1\,000}=\dfrac{110\times15.875}{1\,000}=1.75\text{ m}$ $a=\dfrac{p}{4}\left[\left(L_{\mathrm{p}}-\dfrac{z_1+z_2}{2}\right)+\sqrt{\left(L_{\mathrm{p}}-\dfrac{z_1+z_2}{2}\right)^2-8\left(\dfrac{z_2-z_1}{2\pi}\right)^2}\right]$ $=\dfrac{15.875}{4}\times\left[\left(110-\dfrac{25+73}{2}\right)+\sqrt{\left(110-\dfrac{25+73}{2}\right)^2-8\times\left(\dfrac{73-25}{2\times3.14}\right)^2}\right]$ $=468.47\text{ mm}$	$L=1.75\text{ m}$ $a=468.47\text{ m}$
7	选择润滑方式	根据链速 $v=6.42$ m/s,节距 $p=15.875$ mm,按图 6-26 选择油浴或飞溅润滑方式	油浴或飞溅润滑方式
8	结构设计	(略)	

素质培养

世界需要标准协同发展,标准促进世界互联互通。

——习近平总书记致第 39 届国际标准化组织大会的贺信

中华人民共和国成立以来,中国标准化事业经历了"起步探索"、"开放发展"和"全面提升"三个阶段。

第一阶段是从中华人民共和国成立到改革开放,是我国标准化"起步探索期"。标准主要服务工业生产,由政府主导制定并强制执行。这个阶段诞生了标准化多个第一。比如,第一项标准《工程制图》,第一个标准化管理制度《工农业产品和工程建设技术标准管理办法》等。

第二阶段是从改革开放到党的十八大,这个阶段是我国标准化"开放发展期"。这个时期我国标准化开始放眼世界走向国际,加大了采用国际标准力度,标准化的工作也开始纳入法制管理的轨道,同时确定了强制性标准与推荐性标准并存的标准体系。

第三阶段是党的十八大以来,我国进入标准化事业的全面提升期,这一时期党中央国务院高度重视标准化工作。习近平总书记指出,"标准助推创新发展,标准引领时代进步""中国将积极实施标准化战略,以标准助力创新发展、协调发展、绿色发展、开放发展、共享发展"。要求必须加快形成推动高质量发展的标准体系,中央深改办将标准化工作改革纳入到了 2015 年重点工作,国务院相继出台了《深化标准化工作改革方案》和国家标准化体系建设的发展规划。第 12 届全国人大常委会审议通过新修订的标准化法,确立了新型标准体系的法律地位,形成了政府主导制定标准与市场自主制定标准协同发展、协调配套的机制。

知识总结

本章主要学习带传动和链传动的工作原理、特点和应用，V 带传动的设计计算方法。

1. 带传动的组成与原理

带传动由主动轮、从动轮、传送带组成，摩擦型带传动依靠带与带轮之间的摩擦力来传递运动和动力的。

2. 带传动的工作能力

带所能提供的最大摩擦力，即带传动所能传递的最大有效拉力，也就是带的工作能力，其与初拉力 F_0、摩擦因数 f 和包角 α 有关。

3. 带传动的应力

带所受的应力有三种：由两边拉力产生的拉应力、由离心力产生的拉应力和由弯曲产生的弯曲应力。

带工作时，最大应力发生在紧边刚绕进主动轮处。

4. 带传动的弹性滑动和打滑

弹性滑动的原因是：带两边拉力不等，带是弹性体；危害：弹性滑动导致从动带轮圆周速度降低，带传动的传动比不准确。弹性滑动是摩擦带传动中不可避免的物理现象。

打滑的原因是：传递的圆周力超过了带与带轮所能产生的极限摩擦力；危害：带在带轮上全面滑动，带的磨损加剧，从动带轮的圆周速度急速下降，带传动失效。打滑必须避免，并且可以避免。

5. 带传动失效形式及设计准则

带传动的主要失效形式：打滑和疲劳破坏。

设计准则：在保证带传动不发生打滑的前提下，具有一定的疲劳强度和寿命。

6. 链传动的原理

链传动是依靠链与链轮之间的啮合来传递运动和动力的。

专题训练

1. 带传动允许的最大有效拉力与哪些因素有关？

2. 带在工作时受到哪些应力的作用？它们如何分布？应力分布情况可说明哪些问题？

3. 带传动中弹性滑动与打滑有何区别？它们对于带传动各有什么影响？

4. 带传动的主要失效形式是什么？单根 V 带所能传递的功率是根据哪些条件得来的？

5. 如何判别带传动的紧边与松边？带传动的有效拉力 F 与紧边拉力 F_1、松边拉力 F_2 有什么关系？带传动的有效拉力 F 与传递功率 P、转矩 T、带速 v、带轮直径 d 之间有什么关系？

6. 试设计一普通 V 带传动。已知：主动轮转速 $n_1 = 960$ r/min，从动轮转速 $n_2 = 320$ r/min，带的型号为 B 型，电动机功率 $P = 4$ kW，两班制工作，载荷平稳。

7. 链传动与带传动相比有哪些特点？

8. 当传递功率较大时，可用单排大节距链条，也可用多排小节距链条，二者各有何特点？

各适用于什么场合?

9. 小链轮齿数 z_1 不允许过少,大链轮齿数 z_2 不允许过多,这是为什么?

10. 链传动的失效形式有哪几种? 设计链传动的主要依据是什么?

11. 试设计一驱动运输机的链传动。已知:传递功率 $P = 200$ kW,小链轮转速 $n_1 = 720$ r/min,大链轮转速 $n_2 = 200$ r/min,运输机载荷不够平稳。要求大链轮的分度圆直径最好为 700 mm 左右。

知识检测

通过本章的学习,同学们要掌握带传动与链传动的工作原理、特点和应用,并学会 V 带传动的设计计算方法。大家掌握的情况如何呢? 快来扫码检测一下吧!

第7章

齿轮传动

工程案例导入

驰骋于六大州的中国高铁列车,从无到有,再到"世界速度",已成为装备制造业的金名片。

齿轮传动系统是高铁列车能量转换与传递的核心部件,是高铁列车跑出"世界速度"的关键所在。中车戚墅堰所自主研制的CRH380A齿轮箱,如图7-1所示,实现时速160到350公里全速度等级国内全部车型和全部高铁铁路的覆盖,全面替代进口,在"复兴号"中国标准动车组占比90%。

图7-1 中车戚墅堰所自主研制的CRH380A齿轮箱

高铁齿轮箱具有变速和传递力矩的功能,其功能是由齿轮机构实现的。齿轮机构是齿轮传动系统的重要组成部分,是各种机械设备中应用最广泛的一种机构,也是最重要的一种传动机构。

知识目标 >>>

1. 了解齿轮传动的特点、基本类型和应用。
2. 说出渐开线齿轮的齿廓形成过程。
3. 理解齿轮的加工原理及变位齿轮的概念。
4. 掌握渐开线直、斜齿轮、锥齿轮的啮合原理、主要参数及几何尺寸计算。
5. 了解常用齿轮材料及其选用原则。
6. 了解不同条件下齿轮传动的失效形式、设计准则及参数选择原则。
7. 了解齿轮的主要结构形式和选用、齿轮传动的润滑方式和选用。
8. 了解齿轮传动的维护。
9. 理解渐开线直齿圆柱齿轮的啮合传动，标准齿轮不发生根切的最少齿数。
10. 掌握渐开线标准直齿圆柱齿轮的正确啮合条件、连续传动的条件。

技能目标 >>>

1. 区别直、斜、锥齿轮传动的受力及转动方向。
2. 能根据工程实际选用直齿轮、斜齿轮。
3. 传动设计方案制订的能力。
4. 正确选择设计参数的能力（注重培养学生查手册、查图表的能力）。
5. 会进行直齿、斜齿圆柱齿轮传动设计。

素质目标 >>>

素养提升

1. 培养民族自豪感、爱国主义情怀和世界大格局意识。
2. 引导学生以工匠精神对待机构的设计与创新，不断提升产品的设计指标。
3. 培养标准化意识，引导同学树立职业规范意识，培养学生的职业道德素养。

7.1 齿轮传动的类型和基本要求

一、齿轮传动的特点

齿轮传动之所以成为最重要的传动机构，是因为其具有以下特点：
(1) 传动比恒定。
(2) 传动效率高。
(3) 其圆周速度和所传递功率的范围大。
(4) 使用寿命长。
(5) 可以传递空间任意两轴之间的运动。

齿轮传动的特点

（6）结构紧凑。

（7）制造和安装的精度要求较高,成本较高。

（8）精度低时噪声较大。

（9）不适用于两轴距离较远时的传动。

（10）无过载保护作用。

二、齿轮传动的类型

齿轮传动的种类很多,可以按不同的方法进行分类。按照两齿轮传动时轴线的相互位置,可将齿轮传动分为平面齿轮传动和空间齿轮传动。

齿轮传动的组成
与类型

1.平面齿轮传动(两轴平行的齿轮传动)

（1）直齿圆柱齿轮传动:直齿圆柱齿轮简称直齿轮,其轮齿与轴线平行。直齿轮传动可分为外啮合齿轮传动、内啮合齿轮传动和齿轮齿条传动,如图 7-2(a)~图 7-2(c)所示。

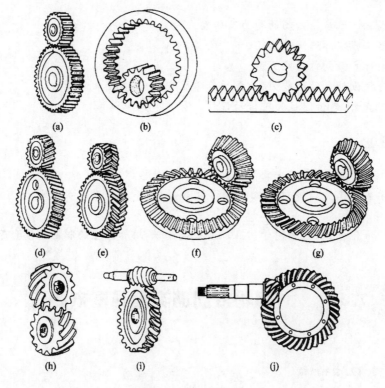

图 7-2　齿轮传动的类型

（2）平行轴斜齿圆柱齿轮传动:平行轴斜齿圆柱齿轮简称斜齿轮,轮齿与轴线成一定角度。斜齿轮传动也可分为外啮合齿轮传动(图 7-2(d))、内啮合齿轮传动和齿轮齿条传动。

（3）人字齿轮传动:轮齿成人字形,如图 7-2(e)所示。

2.空间齿轮传动(两轴不平行的齿轮传动)

（1）圆锥齿轮传动:用于相交轴之间的传动。按轮齿方向的不同可分为直齿圆锥齿轮传动和斜齿圆锥齿轮传动,如图 7-2(f)、图 7-2(g)所示。

（2）交错轴斜齿轮传动：两轴线相互交错，单个齿轮为一斜齿轮，如图7-2(h)所示。

（3）蜗杆传动：蜗杆轴线与蜗轮轴线互相垂直交错，如图7-2(i)所示。

（4）准双曲面齿轮传动：两轴线也是相互垂直交错的，如图7-2(j)所示。

按照轮齿齿廓曲线的不同，齿轮传动又可分为渐开线齿轮传动、圆弧齿轮传动和摆线齿轮传动等。因渐开线齿轮传动的制造及安装较方便，故其应用最为广泛。

按齿轮工作条件的不同，齿轮传动又可分为开式传动（齿轮完全外露）、半开式传动（有防护罩，有时大齿轮可部分浸入油池中）和闭式传动（齿轮全部密封在刚性箱体内）。

三、对齿轮传动的基本要求

齿轮常用于传递运动和动力，故对其提出如下两个基本要求：

1. 传动准确、平稳

要求齿轮在传动过程中的瞬时角速度比恒定不变，以免产生振动、冲击和噪声。

2. 承载能力强

要求齿轮在传动过程中有足够的强度、刚度，能传递较大的动力，并在使用寿命内不发生断齿、点蚀和过度磨损。

7.2　渐开线及其啮合特性

一、渐开线的形成

如图7-3(a)所示，当一直线在圆周做纯滚动时，此直线上任意一点的轨迹称为该圆的渐开线。该圆称为渐开线的基圆，该直线称为渐开线的发生线。

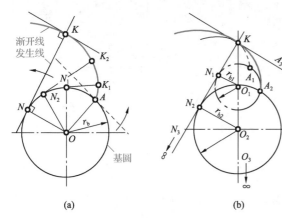
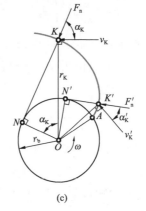

渐开线的形成

图7-3　渐开线的形成及特性

二、渐开线的性质

根据渐开线的形成过程（图7-3），可知渐开线具有下列性质：

（1）发生线沿基圆滚过的长度等于基圆上被滚过的弧长，即$\overset{\frown}{NA}=\overline{NK}$。

渐开线的性质

（2）发生线 NK 是渐开线上任意一点的法线，因发生线恒切于基圆，故其切点 N 为 K 点的曲率中心，线段 NK 为渐开线上 K 点的曲率半径。由图 7-3(a)可见，渐开线上离基圆越近的点，其曲率半径越小，渐开线在基圆上 A 点处的曲率半径为零。

（3）渐开线上 K 点的法线（正压力的方向线）与该点的速度方向线所夹的锐角 α_K 称为渐开线在该点的压力角。由图 7-3(c)可知，$\cos\alpha_K=\dfrac{\overline{ON}}{\overline{OK}}=\dfrac{r_b}{r_K}$，该式表明渐开线上各点的压力角不等，$r_K$ 越大，K 点离圆心越远，其压力角越大。

（4）渐开线的形状取决于基圆的大小。如图 7-3(c)所示，基圆半径越大，渐开线越平直；当基圆半径无穷大时，渐开线就变成一条直线。基圆半径相等，则渐开线形状相同。

三、渐开线齿廓的啮合特性

近代齿轮传动广泛采用渐开线作为齿廓曲线，是因为渐开线齿廓有很好的啮合特性。

渐开线齿廓的啮合特性

1. 渐开线齿廓能保证定传动比传动

如图 7-4 所示，E_1、E_2 为两渐开线齿轮上互相啮合的一对齿廓，K 为两齿廓的接触点。过 K 作两齿廓的公法线 n-n 与两轮连心线交于 C 点。根据渐开线性质可知，n-n 必同时与两轮的基圆相切，即 n-n 为两轮基圆的一条内公切线。由于两轮基圆的大小和位置都已确定，同一方向的内公切线只有一条，它与连心线的交点是一位置确定的点。

可以证明，互相啮合传动的一对齿廓，在任一瞬时的传动比与连心线被其啮合齿廓在接触点的公法线所分得的两线段成反比，即

$$i_{12}=\frac{\omega_1}{\omega_2}=\frac{\overline{O_2C}}{\overline{O_1C}}\qquad(7\text{-}1)$$

因渐开线的性质决定了 C 点为定点，则 $\overline{O_1C}$、$\overline{O_2C}$ 为定长。因此无论两齿廓在任何位置接触，$\overline{O_2C}/\overline{O_1C}$ 均为定值，故

$$i_{12}=\frac{\overline{O_2C}}{\overline{O_1C}}=\text{常数}$$

上述过两齿廓接触点所作的齿廓公法线与两轮连心线的交点称为啮合节点。以 O_1 和 O_2 为圆心，过节点 C 的两个相切圆称为节圆，其半径分别用 r_1' 和 r_2' 表示。

由于 $\omega_1\overline{O_1C}=\omega_2\overline{O_2C}$，即 $v_{p1}=v_{p2}$，说明两轮节点的圆周速度相等，因此一对齿轮的啮合传动相当于一对节圆做纯滚动。一对外啮合齿轮的中心距恒等于两节圆半径之和。

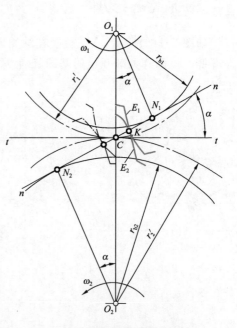

图 7-4　渐开线齿廓的啮合特性

2. 中心距可分性

在图 7-4 中，作 $O_1N_1 \perp nn$，垂足为 N_1，作 $O_2N_2 \perp nn$，垂足为 N_2，则 $\triangle O_1N_1C \backsim$ $\triangle O_2N_2C$，所以

$$i_{12} = \frac{\omega_1}{\omega_2} = \frac{\overline{O_2C}}{\overline{O_1C}} = \frac{r_{b2}}{r_{b1}} \tag{7-2}$$

即两齿轮的传动比不仅与两轮节圆半径成反比，同时也与两轮基圆半径成反比。而在齿轮加工完成后，其基圆半径已确定，所以即使两轮的中心距稍有改变，也不会影响两轮的传动比。渐开线齿轮传动的这一特性称为中心距可分性。这是渐开线齿轮的一大优点，具有很大的实用价值。当有制造、安装误差或轴承磨损而导致中心距发生微小改变时，仍能保持良好的传动性能。

3. 齿廓间的正压力方向不变

一对渐开线齿廓无论在哪一点接触，过接触点的齿廓公法线总是两基圆的内公切线 N_1N_2。所以，在啮合的全过程中，所有接触点都在 N_1N_2 上，即 N_1N_2 是两齿廓接触点的轨迹，称其为齿轮传动的啮合线。

因为两齿廓啮合传动时，其间的正压力是沿齿廓法线方向作用的，也就是沿啮合线方向传递，啮合线为直线，故齿廓间正压力方向保持不变。若齿轮传递的力矩恒定，则轮齿之间、轴与轴承之间的压力大小及方向均不变，因而传动平稳，这是渐开线齿轮传动的又一优点。

在图 7-4 中，过节点 C 作两节圆的公切线 tt，它与啮合线 N_1N_2 间的夹角称为啮合角，用 α 表示。显然，啮合角在数值上等于渐开线在节圆上的压力角。

7.3 渐开线标准直齿圆柱齿轮的主要参数和几何尺寸

一、齿轮各部分名称及符号

图 7-5 所示为渐开线直齿圆柱齿轮的局部图，每个齿轮的两侧齿廓都由形状相同的反向渐开线曲面组成，相邻两轮齿之间的空间称为齿槽。

渐开线齿轮的各部分名称及符号如下：

(1) 齿顶圆、齿根圆

齿轮齿顶圆柱面与端平面（垂直于齿轮轴线的平面）的交线称为齿顶圆，其直径和半径分别以 d_a 和 r_a 表示。

齿轮各部分的名称及符号

齿轮齿根圆柱面与端平面的交线称为齿根圆，其直径和半径分别以 d_f 和 r_f 表示。

(2) 齿厚、齿槽宽和齿距

一个轮齿的两侧端面齿廓之间的任意圆弧长称为齿厚，用 s_k 表示。一个齿槽的两侧端面齿廓之间的任意圆弧长称为在该圆上的齿槽宽，用 e_k 表示。两个相邻而同侧的端面齿廓之间的任意圆弧长称为齿距，用 p_k 表示。由图 7-4 可知：

$$p_k = s_k + e_k \tag{7-3}$$

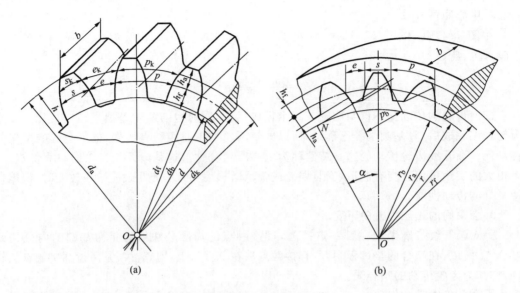

图 7-5 齿轮各部分符号

(3)分度圆

在齿顶圆和齿根圆之间,取一个圆作为计算齿轮各部分几何尺寸的基准,这个圆称为分度圆,其直径用 d 表示,半径用 r 表示。规定分度圆上的符号一律不加脚标,如 s、e、p、α 分别表示齿厚、齿槽宽、齿距、压力角。凡是分度圆上的参数都直接称为齿厚、齿距、压力角等,而其他圆上的参数都必须指明是哪个圆上的参数,如齿根圆齿厚(符号为 s_f)、齿顶圆压力角(符号为 α_a)等。

分度圆上齿距、齿厚和齿槽宽三者之间的关系为

$$p = s + e \qquad (7-4)$$

(4)齿顶高、齿根高、全齿高

齿顶圆与分度圆之间的径向距离称为齿顶高,用 h_a 表示。

齿根圆与分度圆之间的径向距离称为齿根高,用 h_f 表示。

齿顶圆与齿根圆之间的径向距离称为全齿高,用 h 表示。显然:

$$h = h_a + h_f$$

二、渐开线齿轮的基本参数

1. 模数

分度圆直径 d 与齿距 p 及齿数 z 之间的关系为

$$\pi d = z p$$

或

$$d = \frac{p}{\pi} z$$

式中,π 为无理数,计算 d 时很不方便。为了便于齿轮的设计、制造、测量及互换使用,人为地把 $\frac{p}{\pi}$ 规定为简单有理数并标准化,称为齿轮的模数,用 m 表示,其单位为 mm,即

渐开线齿轮的
基本参数

$$m = \frac{p}{\pi} \text{ 或 } p = \pi m \qquad (7-5)$$

所以

$$d = mz \qquad (7-6)$$

模数是齿轮的一个重要参数,是齿轮所有几何尺寸计算的基础。显然,m 越大,p 越大,轮齿的尺寸也越大,其轮齿的抗弯曲能力也越强。我国已规定了齿轮模数的标准系列(见表 7-1)。在设计齿轮时,m 必须取标准值。

表 7-1 渐开线圆柱齿轮模数(GB/T 1357—2008) mm

第一系列	1,1.25,1.5,2,2.5,3,4,5,6,8,10,12,16,20,25,32,40,50
第二系列	1.125,1.375,1.75,2.25,2.75,3.5,4.5,5.5,(6.5),7,9,11,14,18,22,28,36,45

注:1. 本标准适用于渐开线圆柱齿轮(但不适用于汽车齿轮),对于斜齿轮是指法面模数。

2. 优先选用第一系列,括号内的模数尽可能不用。

2. 分度圆压力角

分度圆和节圆有原则性的区别。分度圆是一个齿轮的几何参数,每个齿轮都有一个大小确定的分度圆,而节圆则是表示一对齿轮啮合特性的圆。对于单个齿轮而言,节圆无意义;当一对齿轮啮合时,它们的节圆随中心距的变化而变化(可分性)。因此,节圆和分度圆可以重合,也可以不重合。另外,分度圆压力角是一个大小确定的角,啮合角可以与之相等,也可以不相等,但啮合角与节圆压力角始终相等。

$$r = \frac{r_b}{\cos \alpha}$$

$$\alpha = \arccos\left(\frac{r_b}{r}\right)$$

$$r_b = r\cos \alpha = \frac{mz}{2}\cos \alpha \qquad (7-7)$$

α 是决定渐开线齿廓形状的一个基本参数。我国标准规定分度圆上的压力角为标准压力角,其标准值为 $20°$。此外,在汽车、航空工业中有时还采用 $\alpha = 22.5°$ 或 $\alpha = 25°$。

3. 齿顶高系数和顶隙系数

用模数来表示轮齿的齿顶高和齿根高,则

$$\begin{cases} h_a = h_a^* m \\ h_f = (h_a^* + c^*) m \end{cases} \qquad (7-8)$$

式中 h_a^*——齿顶高系数,我国标准规定,正常齿制 $h_a^* = 1$,短齿制 $h_a^* = 0.8$;

c^*——顶隙系数,我国标准规定,正常齿制 $c^* = 0.25$,短齿制 $c^* = 0.3$。

短齿制齿轮主要用于汽车、坦克、拖拉机和电力机车等。

一对齿轮互相啮合时,为避免一个齿轮的齿顶与另一个齿轮的齿槽底相抵触,同时还能储存润滑油,在一个齿轮的齿根圆柱面与配对齿轮的齿顶圆柱面之间必须留有间隙,称为顶隙,用 c 表示,其值为

$$c = c^* m \qquad (7-9)$$

4. 齿数

$$\begin{cases} d = mz \\ r_b = \frac{mz}{2}\cos \alpha \end{cases}$$

前述表明:齿数影响齿廓曲线,也影响齿轮的几何尺寸。

综上所述，m、α、h_a^*、c^*、z 是渐开线齿轮几何尺寸计算的五个基本参数。m、α、h_a^*、c^* 均为标准值且 $s=e$ 的齿轮称为标准齿轮。

三、渐开线标准直齿圆柱齿轮的几何尺寸计算

渐开线直齿圆柱齿轮分为外齿轮、内齿轮和齿条三种。

标准直齿圆柱齿轮主要几何尺寸的计算公式见表 7-2。

渐开线标准直齿圆柱
齿轮的几何尺寸计算

表 7-2 　　　　　　　标准直齿圆柱齿轮主要几何尺寸的计算公式

名　称	符　号	公　式 外齿轮	公　式 内齿轮
齿顶高	h_a	$h_a=h_a^* m$	
齿根高	h_f	$h_f=(h_a^*+c^*)m$	
全齿高	h	$h=h_a+h_f=(2h_a^*+c^*)m$	
齿距	p	$p=\pi m$	
齿厚	s	$s=\dfrac{\pi m}{2}$	
齿槽宽	e	$e=\dfrac{\pi m}{2}$	
基圆齿距	p_b	$p_b=p\cos\alpha$	
顶隙	c	$c=c^* m$	
分度圆直径	d	$d=mz$	
齿顶圆直径	d_a	$d_a=d+2h_a=(z+2h_a^*)m$	$d_a=d-2h_a=(z-2h_a^*)m$
齿根圆直径	d_f	$d_f=d-2h_f=(z-2h_a^*-2c^*)m$	$d_f=d+2h_f=(z+2h_a^*+2c^*)m$
基圆直径	d_b	$d_b=mz\cos\alpha$	
标准中心距	a	$a=\dfrac{1}{2}m(z_1+z_2)$	$a=\dfrac{1}{2}m(z_2-z_1)$

例 7-1

MLQ-80 型采煤机齿轮传动箱中有一对渐开线标准直齿圆柱齿轮传动，已知 $m=7$ mm，$z_1=21$，$z_2=37$，$\alpha=20°$，$h_a^*=1$，$c^*=0.25$。试计算分度圆直径、齿顶圆直径、齿根圆直径、基圆直径、齿厚和标准中心距。

解：该齿轮传动为标准直齿圆柱齿轮传动，按表 7-2 所列公式计算如下：

分度圆直径：

$$d_1=mz_1=7\times21=147 \text{ mm}$$
$$d_2=mz_2=7\times37=259 \text{ mm}$$

齿顶圆直径：

$$d_{a1}=(z_1+2h_a^*)m=(21+2\times1)\times7=161 \text{ mm}$$
$$d_{a2}=(z_2+2h_a^*)m=(37+2\times1)\times7=273 \text{ mm}$$

齿根圆直径：
$$d_{f1} = (z_1 - 2h_a^* - 2c^*)m = (21 - 2 \times 1 - 2 \times 0.25) \times 7 = 129.5 \text{ mm}$$
$$d_{f2} = (z_2 - 2h_a^* - 2c^*)m = (37 - 2 \times 1 - 2 \times 0.25) \times 7 = 241.5 \text{ mm}$$

基圆直径：
$$d_{b1} = d_1 \cos \alpha = 147 \times \cos 20° = 138.13 \text{ mm}$$
$$d_{b2} = d_2 \cos \alpha = 259 \times \cos 20° = 243.38 \text{ mm}$$

齿厚：
$$s_1 = s_2 = \frac{\pi m}{2} = \frac{3.14 \times 7}{2} = 10.99 \text{ mm}$$

标准中心距：
$$a = \frac{1}{2}m(z_1 + z_2) = \frac{7 \times (21 + 37)}{2} = 203 \text{ mm}$$

7.4　渐开线标准直齿圆柱齿轮的啮合条件

　　前面仅研究了单个渐开线齿轮，而机器中的齿轮总是成对使用的，下面进一步研究一对渐开线齿轮的啮合情况。

一、正确啮合条件

　　由前述渐开线齿轮传动的特点可知，齿轮传动时，两齿廓的啮合点必在啮合线上。因此，要使两轮相邻轮齿的两对同侧齿廓能同时在啮合线上正确地啮合，即如图 7-6 所示，前对齿在 a 点啮合时，后对齿在 b 点啮合，显然两轮的相邻齿轮同侧齿廓沿法线的距离（称法面齿距，以 p_n 表示）必须相等，即

$$p_{n1} = p_{n2} \qquad (7-10)$$

　　否则，前对齿在 a 点啮合时，后对齿不是相互嵌入就是分离，均不能保证正确啮合。

　　设 m_1、m_2、α_1、α_2、p_{b1}、p_{b2} 分别为两轮的模数、压力角和基圆齿距，根据渐开线的性质，式（7-10）可写成

$$p_{b1} = p_{b2} \qquad ①$$

因为

$$p_{b1} = \frac{\pi d_{b1}}{z_1} = \frac{\pi d_1 \cos \alpha_1}{z_1} = \frac{\pi m_1 z_1 \cos \alpha_1}{z_1} = \pi m_1 \cos \alpha_1$$

同理

$$p_{b2} = \pi m_2 \cos \alpha_2$$

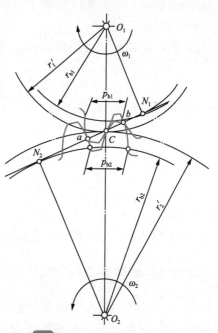

图 7-6　齿轮的正确啮合条件

代入式①得正确啮合条件为

$$m_1 \cos \alpha_1 = m_2 \cos \alpha_2 \qquad ②$$

由于模数和压力角均已标准化,所以要满足式②,则必须使

$$\begin{cases} m_1 = m_2 = m \\ \alpha_1 = \alpha_2 = \alpha \end{cases} \qquad (7\text{-}11)$$

上式表明,一对渐开线直齿圆柱齿轮的正确啮合条件是:两轮的模数和压力角必须分别相等。

一对齿轮的传动比可表示为

$$i = \frac{\omega_1}{\omega_2} = \frac{d_2'}{d_1'} = \frac{d_{b2}}{d_{b1}} = \frac{d_2}{d_1} = \frac{mz_2}{mz_1} = \frac{z_2}{z_1} \qquad (7\text{-}12)$$

二、标准中心距和标准安装

正确安装的齿轮机构在理论上应达到无齿侧间隙(侧隙),否则在啮合过程中就会产生冲击和噪声,反向啮合时会出现空程。实际上,为了防止齿轮工作时温度升高而卡死以及储存润滑油,应留有侧隙,此侧隙是在制造时以齿厚公差来保证的,理论设计时仍按无侧隙计算。因此,本章所讨论的中心距均为无侧隙条件下的中心距。

由前述已知,一对正确啮合的渐开线标准直齿圆柱齿轮,其模数相等,故两轮分度圆上的齿厚与齿槽宽相等,即 $s_1 = e_1 = s_2 = e_2 = \pi m/2$。显然,当两分度圆相切并做纯滚动时(即分度圆与节圆重合),其侧隙为零。一对渐开线标准直齿圆柱齿轮节圆与分度圆相重合的安装称为标准安装,标准安装时的中心距称为标准中心距,用 a 表示。

如图 7-7 所示,对于外啮合传动:

$$a = r_1' + r_2' = r_1 + r_2 = \frac{m}{2}(z_1 + z_2) \qquad (7\text{-}13)$$

因两轮分度圆相切,故顶隙为

$$c = h_f - h_a = (h_a^* + c^*)m - h_a^* m = c^* m$$

顶隙的作用是防止一齿轮的齿顶与另一齿轮的齿根相碰,同时便于储存润滑油。

因标准安装时,节圆与分度圆重合,故此时的啮合角与压力角相等,即 $\alpha' = \alpha$。应当指出,若实际中心距 $a' \neq a$,则节圆与分度圆不重合,$\alpha' \neq \alpha$。

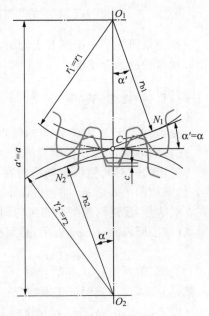

图 7-7 标准齿轮的安装尺寸

三、连续传动条件

图 7-8(a)所示的一对渐开线标准直齿圆柱齿轮传动中,轮 1 为主动轮,轮 2 为从动轮。当两轮的一对齿廓开始啮合时,主动轮 1 的齿根推动从动轮 2 的齿顶,开始啮合点是从动轮 2 的齿顶圆与啮合线 $N_1 N_2$ 的交点 B_2。随着传动继续进行,两齿廓啮合点沿啮合线 $N_1 N_2$

向 N_2 方向移动,与此同时啮合点由从动轮 2 的齿顶移向齿根,由主动轮 1 的齿根移向齿顶。因此,主动轮 1 的齿顶圆与啮合线 N_1N_2 的交点必为两轮齿廓啮合的终止点。线段 $\overline{B_2B_1}$ 为啮合点的实际轨迹,故称实际啮合线。显然,齿顶圆越大,B_1、B_2 点越接近点 N_1、N_2,但因基圆内无渐开线,故实际啮合线的 B_1、B_2 点不可能超过极限点 N_1、N_2。线段 $\overline{N_1N_2}$ 为理论上可能的最长啮合线,称为理论啮合线。

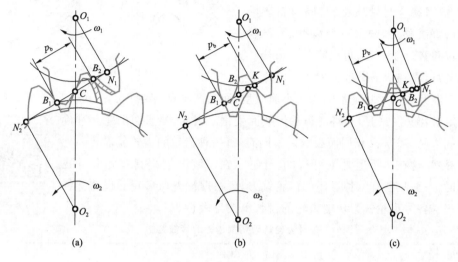

图 7-8 齿轮的连续传动

两齿轮在啮合传动时,如果前一对轮齿还没有脱离啮合,后一对轮齿就已经进入啮合,则称为连续传动。当满足连续传动时,应如图 7-8(c)所示,前一对轮齿在 K 点啮合尚未到达啮合终点 B_1 时,后一对轮齿已开始在 B_2 点啮合。因此,保证连续传动的条件为

$$\overline{B_1B_2} \geqslant p_b$$

$$\varepsilon = \frac{\overline{B_1B_2}}{p_b} \geqslant 1 \qquad (7\text{-}14)$$

式中,ε 表示实际啮合线段 $\overline{B_1B_2}$ 与基圆齿距 p_b 的比值,称为重合度。重合度 ε 越大,表示同时参与啮合的轮齿对数越多,传动越平稳。重合度的详细计算公式可参阅有关机械设计手册。对于标准直齿圆柱齿轮传动,其重合度一般大于 1,故可保证连续传动。

7.5 齿轮的加工方法和根切现象

一、渐开线齿轮的加工方法

齿轮加工的方法很多,如切削法、铸造法、热轧法、冲压法及电加工法等,目前最常用的是切削法。切削法按原理又可分为仿形法和范成法两种。

1. 仿形法

用仿形法加工齿轮所用的刀具有盘状模数铣刀（图 7-9（a））和指状模数铣刀（图 7-9(b)）两种。它们的切削刃在其轴剖面内的形状和被切齿槽的形状相同，故称为成形刀。加工时，铣刀绕本身轴线旋转，同时轮坯沿齿轮的轴向直线移动，铣出一个齿槽后，将轮坯退回原位并转过 $360°/z$，再铣第二个齿槽。这样连续进行，直到切出所有轮齿。

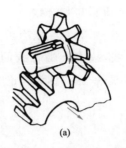

图 7-9　仿形法加工齿轮

由于渐开线的形状随基圆的大小而改变，而基圆半径 $r_b = r\cos\alpha = (mz/2)\cos\alpha$，故当 m 及 α 一定时，渐开线的形状将随齿轮齿数而变化。因此，要想切出完全准确的渐开线齿廓，当 m、α 相同而齿数 z 不同时，每一种齿数的齿轮就需要一把刀具。显然，这在实际上是不可行的。因此，在工程上切削具有相同 m、α 的齿轮时，一般只备有八种号码的齿轮铣刀，可根据被铣切齿轮的齿数选择铣刀号码。各号齿轮铣刀切削齿轮的齿数范围见表 7-3。

渐开线齿轮的
加工方法

表 7-3　　　　　　　　各号齿轮铣刀切削齿轮的齿数范围

铣刀号码	1	2	3	4	5	6	7	8
切削齿数	12～13	14～16	17～20	21～25	26～34	35～54	55～134	≥135

由于铣刀号码有限，分度也有误差，所以加工精度低，而切削的不连续使生产率也不高。但这种方法简单，不需要专用机床，故适用于单件生产及精度要求不高的齿轮加工。

2. 范成法

范成法也称为包络法，是利用一对齿轮或齿条齿轮相互啮合时，其共轭齿廓互为包络线的原理来切齿的方法。如果把其中的一个（齿轮或齿条）做成刀具，就可以在轮坯上切出与其共轭的渐开线齿廓。用范成法切齿的常用刀具有齿轮插刀、齿条插刀和齿轮滚刀等。

（1）齿轮插刀

齿轮插刀的形状就像一个有切削刃的外齿轮，但齿顶比齿轮高出 $c^* m$，以便切出齿轮的顶隙部分。图 7-10 所示为用齿轮插刀加工齿轮的情形。插齿时，使插刀 1 和轮坯 2 模仿一对齿轮传动，以恒定的传动比转动。插刀和轮坯之间的这一相对转动称为展成运动；与此同时，插刀沿轮坯的轴向做往复切削运动；为了切出轮齿的高度，插刀还需向轮坯中心进给，直至达到规定的轮齿高度为止。此外，为了防止插刀退刀时损坏已切好的齿面，轮坯还需有一让刀运动。

（2）齿条插刀

当齿轮插刀的齿数增加到无穷多时，其基圆半径变为无穷大，渐开线齿廓变为直线齿廓，齿轮插刀即变为齿条插刀。如图 7-11 所示，一方面插刀 1 与轮坯 2 按啮合关系 $(v = \omega\dfrac{mz}{2})$ 做相对的移动和转动，另一方面插刀做上下的切削运动，从而将轮坯的齿槽材料切削掉。

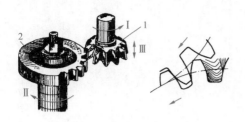

图 7-10　用齿轮插刀加工齿轮

1—插刀;2—轮坯

图 7-11　用齿条插刀加工齿轮

1—插刀;2—轮坯

(3)齿轮滚刀

用以上两种刀具加工齿轮时,其切削都是间断的,因而生产率低。目前,在生产中广泛采用齿轮滚刀来加工齿轮,它能连续切削,故生产率较高。

图 7-12 所示为用齿轮滚刀加工齿轮时的情况,滚刀 1 是一个在轮坯端面上的投影具有齿条插刀齿形的螺杆,其轴线与轮坯 2 的端面所形成的夹角应等于滚刀的螺纹升角 λ,以使滚刀螺纹的切线与轮坯的齿向相同。滚刀转动时相当于齿条在连续移动,这样便按展成原理切出轮坯的渐开线齿廓。滚刀除旋转外,还沿轮坯的轴向逐渐移动,以便切出整个齿宽。

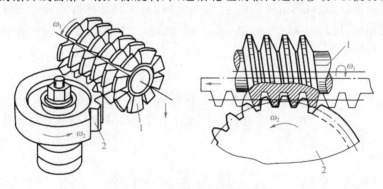

图 7-12　用齿轮滚刀加工齿轮

1—滚刀;2—轮坯

二、根切的成因与不产生根切的最小齿数

用范成法切削加工渐开线齿轮时,有时会发现刀具顶部切入了轮齿的根部,将齿根的渐开线齿廓切去了一部分,这种现象称为根切。根切使齿轮的抗弯强度削弱,并使重合度减小,应力求避免。

要避免根切,必须了解产生根切的原因。图 7-13 所示为用齿条形刀具加工齿轮时的情况。当刀具中线与轮坯分度圆相切时,所切削的齿轮为标准齿轮,点 N 是轮坯基圆与啮合线的切点(啮合极限点)。若刀具齿顶线上方与之相距 $h_a^* m$ 的直线(不考虑超出齿顶线的刀顶部分)超过啮合极限点 N (图中点画线齿条所示)与啮合线交于 C 点,则由于基圆 r_b 之内无渐开线,故超过啮合极限点 N 的切削刃不仅不能展成渐开线齿廓,反而会将齿根部分已加工出的渐开线切去一部分(图中点画线齿廓所示)。显然,刀具齿顶线在啮合极限点 N 以下就不会发生根切。

根切的成因与不产生根切的最小齿数

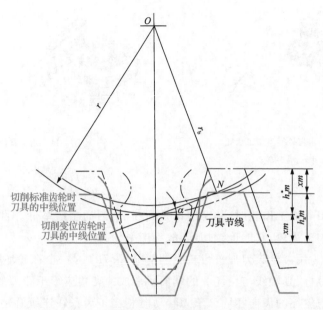

图 7-13　根切和变位齿轮

由于模数一定时,刀具的齿顶高 $h_a^* m$ 为一定值,又因切削标准齿轮时刀具的中线必须与轮坯分度圆相切,故其齿顶线的位置一定。而啮合线与基圆切点 N 的位置随基圆大小的不同而不同,基圆半径越小,点 N 越接近点 C,根切的可能性就越大。又因 $r_b = r\cos\alpha = (mz/2)\cos\alpha$,被切齿轮的模数 m 和压力角 α 均与刀具的 m、α 相同,所以是否产生根切就取决于被切齿轮齿数的多少。为了不发生根切,齿数必须大于或等于某一极限值,该极限值称为最小齿数,以 z_{min} 表示。对于正常齿制,$z_{min} = 17$。若允许有微量根切,则实际最少齿数可取 14;对于短齿制,$z_{min} = 14$。

三、避免根切的措施

当传动比 i 和模数 m 一定时,如选用较少的齿数 z_1,则大齿轮的齿数 z_2 及齿数之和 $z_1 + z_2$ 也将随之减少,从而能减小齿轮机构的尺寸和质量。因此,设计时总希望把齿数 z_1 取得少些。但当齿数少于 z_{min} 时,又要发生根切。为了解决模数一定时齿轮机构尺寸紧凑和齿廓根切的矛盾,必须采取适当的措施。

图 7-13 中,点画线表示用齿条插刀切削齿数少于 z_{min} 的标准齿轮而发生根切的情形。这时刀具的中线与轮坯的分度圆相切,刀具的齿顶线超过啮合极限点 N。但若将刀具移远一段距离 xm,使刀具齿顶线不超过啮合极限点 N,则切出的齿轮就不再发生根切。这时,与轮坯分度圆相切并做纯滚动的已不是刀具的中线,而是与之平行的另一条直线,称为节线。这种用改变刀具与轮坯相对位置来切削齿轮的方法称为变位修正法,采用这种方法切削的齿轮称为变位齿轮。

以切削标准齿轮时的位置为基准,刀具的移动距离 xm 称为移距,x 称为变位系数。并规定:刀具远离轮坯中心的变位系数为正,反之为负;标准齿轮的变位系数为 0。切削变位齿轮和标准齿轮所用的齿条刀具相同,分度运动的传动比相同,所以二者的齿数、模数和压力角未变,它们的分度圆和基圆也未变。由此可见,变位齿轮的齿廓曲线和标准齿轮的齿廓曲线是同一个基圆上展开的渐开线,只是取用的部位不同而已。

综上所述,为了避免根切,刀具应移动一段距离 xm,使其齿顶线正好通过啮合极限点 N 或在 N 点之下。其最小变位系数为

$$x_{min} \geqslant \frac{h_a^*(z_{min}-z)}{z_{min}} \tag{7-15}$$

当 $\alpha = 20°$、$h_a^* = 1$ 时:

$$x_{min} = \frac{17-z}{17}$$

7.6 轮齿的失效和齿轮的材料

一、轮齿的失效形式

齿轮在传动过程中发生轮齿折断、齿面损坏等现象,从而失去其正常工作的能力,这种现象称为齿轮轮齿的失效。

由于齿轮传动的工作条件和应用范围各不相同,影响失效的原因很多。就其工作条件来说,有闭式、开式之分;就其使用情况来说,有低速、高速及轻载和重载之分。此外,齿轮的材料性能、热处理工艺的不同,以及齿轮结构的尺寸大小和加工精度等级的差别,均会使齿轮传动出现多种不同的失效形式。

轮齿的失效形式

1. 齿面点蚀

轮齿在传递动力时,两工作齿面理论上是线接触,实际上因齿面的弹性变形会形成很小的面接触。由于接触面积很小,所以会产生很大的接触应力。传动过程中,齿面间的接触应力从零增加到最大值,又从最大值降到零,当接触应力的循环次数超过某一限度时,工作齿面便会产生微小的疲劳裂纹。如果裂缝内渗入了润滑油,在另一轮齿的挤压下,封闭在裂缝内的油压会急剧升高,加速裂纹的扩展,最终导致表面层上小块金属的剥落,形成小凹坑,如图 7-14 所示,这种现象称为疲劳点蚀(简称点蚀)。

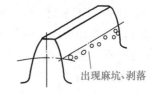

出现麻坑、剥落

图 7-14 点蚀

点蚀使轮齿工作表面损坏,造成传动不平稳并产生噪声,轮齿啮合情况会逐渐恶化而导致齿轮报废。

齿面点蚀是在润滑良好的闭式齿轮传动中轮齿失效的主要形式之一。在开式齿轮传动中,由于齿面磨损较快,点蚀还来不及出现或扩展即被磨掉,所以一般看不到点蚀现象。

齿面抗点蚀的能力主要与齿面硬度有关,提高齿面硬度、减小齿面的表面粗糙度值和增加润滑油的黏度都有利于防止点蚀。

2. 齿面磨损

齿轮在传动过程中,轮齿不仅受到载荷的作用,而且接触的两齿面间有相对滑动,使齿面发生磨损,如图 7-15 所示。齿面磨损的速度符合预定的设计期限,则视为正常磨损。正常磨损的齿面很光亮,没有明显的痕迹,在规定的磨损量内并不影响齿轮的正常工作。但齿面磨损严重时,渐开线齿廓被损坏,使齿侧间隙增大而引起传动不平稳,产生冲击和噪声,甚至会因齿厚过度磨薄而发生轮齿折断。

图 7-15　齿面磨损

产生齿面磨损的原因主要有:

(1)齿轮在传动过程中工作齿面间有相对滑动。

(2)齿面不干净,有金属微粒、尘埃、污物等进入轮齿啮合区域,引起磨料性磨损。

(3)润滑不好。

齿面磨损是润滑条件不好、易受灰尘及有害物质侵袭的开式齿轮传动的主要失效形式之一。为减小齿面磨损,应尽可能采用润滑条件良好的闭式传动,同时提高齿面硬度,减小齿面的表面粗糙度值。

3. 齿面胶合

在重载传动中,齿轮副两齿轮工作齿面发生金属表面直接接触而产生"焊接"现象,称为齿面胶合。产生齿面胶合的原因有:

(1)高速重载的闭式齿轮传动中,由于散热不好,导致润滑油油温升高,黏度降低,易于从两齿面接触处被挤出来,使工作齿面间的润滑油膜被破坏。

(2)低速重载的齿轮传动中,由于工作齿面之间压力很大,润滑油膜不易形成。

当两工作齿面金属直接接触时,齿面的瞬时高温会使较软的齿的齿面金属熔焊在与之相啮合的另一齿轮的齿面上,并因相对滑动而在较软的工作齿面上形成与滑动方向一致的撕裂沟痕。传动中,靠近节线的齿顶表面处相对速度较大,因此胶合常发生在该部位,如图7-16 所示。

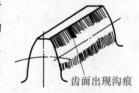

齿面出现沟痕

图 7-16　齿面胶合

齿面发生胶合现象后,将因遭到严重损坏而失效。为防止产生齿面胶合,对于低速传动,可采用黏度大的润滑油;对于高速传动,可采用硫化润滑油,使其较牢固地吸附在齿面上而不易被挤掉。采取提高齿面的硬度、减小轮齿表面粗糙度以及两齿轮选择不同材料(亲和力小)等措施均可减少齿面胶合的发生。

4. 轮齿折断

齿轮轮齿在传递动力时相当于一根悬臂梁。在齿根处受到的弯曲应力最大,且在齿根的过渡圆角处具有较大的应力集中。传递载荷时,轮齿从啮合开始到啮合结束,随着啮合点位置的变化,齿根处的应力从零增大到某一最大值,然后又逐渐减小为零,轮齿在交变载荷的不断作用下,在轮齿根部的应力集中处便会产生疲劳裂纹。随着重复次数的增加,裂纹逐渐扩展,直至轮齿折断,如图 7-17 所示,这种折断称为疲劳折断。

折断面

图 7-17　轮齿折断

此外,用脆性较大的材料(如铸铁、淬火钢等)制成的齿轮,材料在受到短时过载或过大的冲击载荷时,常会引起轮齿的突然折断,这种折断称为过载折断。

轮齿折断是开式齿轮传动和硬齿面闭式齿轮传动中轮齿失效的主要形式之一。轮齿折断常常是突然发生的,不仅使机器不能正常工作,还会造成重大事故,因此应特别引起注意。

防止轮齿折断的措施如下:

(1)选择适当的模数和齿宽,保证轮齿的强度。

(2)采用合适的材料和热处理方法。

(3)减小齿根处的应力集中,齿根圆角不宜过小;轮齿表面粗糙度值要小;使齿根危险截面处的最大弯曲应力值不超过材料的许用应力值。

5. 齿面塑性变形

若齿轮材质较软,轮齿表面硬度不高,当工作于低速重载和频繁启动情况下时,在较大的载荷和摩擦力的作用下,可能使齿面表层金属沿相对滑动方向发生局部的塑性流动,从而产生齿面塑性变形。主动轮上所受的摩擦力背离节线指向齿顶和齿根,产生塑性变形时在齿面沿节线处形成凹沟;从动轮上所受摩擦力则分别由齿顶和齿根指向节线,产生塑性变形时在齿面沿节线处形成凸棱,如图7-18所示。塑性变形严重时,在齿顶边缘处会出现飞边(主动轮上更容易出现)。

图7-18　齿面塑性变形

齿面塑性变形破坏了齿廓的形状,导致齿轮轮齿失效。提高齿面硬度和采用黏度较高的润滑油,有利于防止或减轻齿面塑性变形。

二、齿轮的常用材料

根据齿轮传动的失效形式可知,设计齿轮传动时,应使齿面有较高的抗点蚀、抗胶合、抗磨损和抗塑性变形的能力,而齿根要有较高的抗折断及抗冲击能力。因此,对齿轮材料性能的基本要求是:齿面要硬,齿芯要韧,具有良好的加工性和热处理性。

齿轮的常用材料

齿轮的常用材料有锻钢、铸铁、铸钢和工程塑料等。

1. 钢

钢材的韧性好、耐冲击,可以通过热处理改善其力学性能并提高齿面硬度,故最适于制造齿轮。

(1)锻钢:钢材经过锻打后,内部形成有利的纤维方向,材料性能得到改善。一般都用锻钢制造齿轮,常用的是碳质量分数为 $0.15\%\sim0.6\%$ 的碳钢或合金钢。

(2)铸钢:尺寸较大的齿轮常用铸钢制造,其毛坯应进行正火处理,以消除残余应力和硬度不均匀现象。

2. 铸铁

铸铁抗胶合及抗点蚀能力强,但弯曲强度低,冲击韧性和耐磨性好,适合开式传动,因此主要用于功率不大、载荷平稳及速度低的齿轮传动中。球墨铸铁在一些场合可代替铸钢。

3. 工程塑料

对高速、轻载及精度不高的齿轮传动,为了降低噪声,常用工程塑料(如尼龙)等制造小齿轮,大齿轮仍用钢或铸铁制造。

齿轮常用材料及其力学性能见表 7-4。

表 7-4　　　　　　　　齿轮常用材料及其力学性能

材料	热处理	剖面尺寸/mm		力学性能/MPa		硬度	
		直径 d	壁厚 s	R_m	R_{eL}	HBW	HRC(表面淬火)
45	正火	≤100	≤50	590	300	169～217	40～50
		101～300	51～150	570	290	162～217	
	调质	≤100	≤50	650	380	229～286	
		101～300	51～150	630	350	217～255	
42SiMn	调质	≤100	≤50	790	510	229～286	45～55
		101～200	51～100	740	460	217～269	
		201～300	101～150	690	440	217～255	
40Cr	调质	≤100	≤50	740	540	241～286	48～55
		101～300	51～150	690	490	241～286	
20Cr	渗碳淬火、渗氮	≤60		640	400		56～62 53～60
20CrMnTi	渗碳淬火、渗氮	15		1080	840		56～62 57～63
ZG310-570	正火			570	320	163～207	
ZG340-640	正火			640	350	179～207	
HT300				300		187～255	
HT350				350		197～269	
QT450-10				490	350	147～241	
QT500-7				590	420	229～302	

配对齿轮的硬度应有所不同,材料也可以不同。配对齿轮中的小齿轮齿根较薄,弯曲强度较低,且应力循环次数较多,故在选择材料和热处理方式时,一般使小齿轮材料比大齿轮材料好一些,硬度也应高一些。对软齿面(≤350HBW)齿轮,一般使小齿轮齿面硬度比大齿轮齿面硬度高 35～50HBW;对硬齿面(>350HBW)齿轮,小齿轮齿面硬度应略高,也可以和大齿轮齿面硬度相等。

7.7　标准直齿圆柱齿轮的传动设计

一、齿轮强度的计算准则

齿轮传动的五种常见失效形式是相互影响的,例如齿面点蚀会加剧齿面磨损,而严重的齿面磨损又会导致轮齿折断。但是,在一定条件下可能有一两种失效形式是主要的。因此在设计齿轮传动时,应根据实际工作条件分析其可能发生的主要失效形式,选择相应的齿轮强度计算准则进行设计计算。

在一般工作条件下的闭式齿轮传动中,对软齿面齿轮,因其主要失效形式是齿面点蚀,通常以保证齿面接触疲劳强度为主,所以应按齿面接触疲劳强度进行设计计算,并校核其齿根弯曲疲劳强度。对硬齿面齿轮,因其抗点蚀能力较强,轮齿折断是其主要失效形式,所以多数情况下按齿根弯曲疲劳强度进行设计计算,再校核其齿面接触疲劳强度。

在开式齿轮传动中,主要失效形式是齿面磨损和轮齿折断。对于齿面磨损,目前尚无完善的设计计算方法,通常按齿根弯曲疲劳强度进行设计计算,用加大模数的办法来考虑磨损的影响。

对齿轮的齿圈、轮辐和轮毂等部位通常只做结构设计,不进行强度计算。

二、轮齿的受力分析

在对轮齿进行强度计算以及设计轴和轴承等轴系零件时,都需要对齿轮传动进行受力分析。图 7-19 所示为一对标准直齿圆柱齿轮传动,其齿廓在节点处接触,当主动轮 1 上作用转矩 T_1 时,若将接触面的摩擦力忽略不计,则主动轮齿沿啮合线方向(法向)作用于从动轮齿有一法向力 F_{n2}(从动轮齿也以 F_{n1} 反作用于主动轮齿),可将 F_{n1}(F_{n2})沿圆周方向和半径方向分解为互相垂直的圆周力 F_{t1}(F_{t2})和径向力 F_{r1}(F_{r2})。

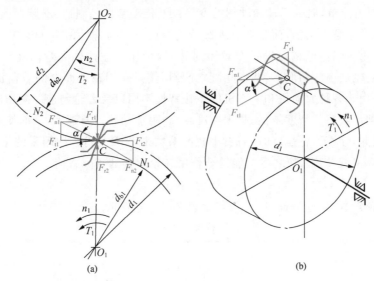

图 7-19 轮齿的受力分析

1. 各力的大小

由力矩平衡条件得:

圆周力为

$$F_t = \frac{2T_1}{d_1} \qquad (7-16)$$

径向力为

$$F_r = F_t \tan \alpha \qquad (7-17)$$

法向力为

$$F_n = \frac{F_t}{\cos \alpha}$$ (7-18)

式中　T_1——主动轮传递的名义转矩，$N \cdot mm$，$T_1 = 9.55 \times 10^6 \times \dfrac{P_1}{n_1}$，其中 P_1 为主动轮传

递的名义功率（kW），n_1 为主动轮的转速（r/min）；

　　d_1——主动轮的分度圆直径，mm；

　　α——分度圆压力角。

2.各力的方向

（1）圆周力 F_t：主动轮圆周力的方向与回转方向相反，从动轮圆周力的方向与回转方向相同。

（2）径向力 F_r：分别指向各自的回转中心（外啮合齿轮传动）。

3.各力的对应关系

作用在主动轮和从动轮上的各对应力大小相等、方向相反，即 $F_{n1} = -F_{n2}$，$F_{t1} = -F_{t2}$，$F_{r1} = -F_{r2}$。

三、轮齿的计算载荷

在轮齿的受力分析中，法向力 F_n 为作用在轮齿上的理想状况下的名义载荷。理论上 F_n 应沿齿宽均匀分布，但由于轴和轴承的变形以及传动装置的制造、安装误差等原因，载荷沿齿宽的分布并不是均匀的，而是会出现载荷集中现象，轴和轴承的刚度较小，齿宽越宽，则载荷集中越严重。当齿轮相对轴承布置不对称时，齿轮受载前轴无弯曲变形，轮齿啮合正常；齿轮受载后轴产生弯曲变形，两齿轮随之倾斜，使得作用在齿面上的载荷沿接触线分布不均匀。此外由于各种原动机和工作机的工作特性不同以及齿轮制造误差和轮齿变形等原因，会引起附加动载荷。精度越低，圆周速度越高，附加动载荷就越大，从而使实际载荷比名义载荷大。因此，计算齿轮强度时，需引用载荷系数来考虑上述各种因素的影响，即以计算载荷 F_{nc} 代替名义载荷 F_n，使之尽可能符合作用在轮齿上的实际载荷。

$$F_{nc} = KF_n$$ (7-19)

式中，K 为载荷系数，一般设计时，K 值可由表 7-5 直接选取。

表 7-5　　　　　　　　　　　　　　　　载荷系数 K

工作机	载荷特性	原动机		
		电动机	多缸内燃机	单缸内燃机
均匀加料的运输机和加料机、轻型卷扬机、发电机、机床辅助传动	均匀、轻微冲击	1～1.2	1.2～1.6	1.6～1.8
不均匀加料的运输机和加料机、重型卷扬机、球磨机、机床主传动	中等冲击	1.2～1.6	1.6～1.8	1.8～2.0
冲床、钻床、破碎机、挖掘机	大冲击	1.6～1.8	1.9～2.1	2.2～2.4

注：1.当齿轮相对轴承对称布置时，K 应取小值；当齿轮相对轴承非对称布置或悬臂布置时，K 应取大值。

　　2.斜齿轮、圆周速度低、精度高、齿宽系数小时 K 应取小值；直齿轮、圆周速度高、精度低、齿宽系数大时 K 应取大值。

　　3.软齿面 K 取小值，硬齿面 K 取大值。

四、齿面接触疲劳强度的计算

齿面接触疲劳强度计算的目的是防止齿面点蚀失效。齿面点蚀与两齿面的接触应力有关。根据齿轮啮合原理,渐开线直齿圆柱齿轮在节点处为单对齿参与啮合,相对速度为零,润滑条件不良,因而承载能力最弱,故点蚀常发生在节线附近。因此一般按节点处的计算接触应力 σ_H 进行接触疲劳强度计算。如图 7-20 所示为一对标准渐开线直齿圆柱齿轮安装时,两齿廓在节点处的接触应力。

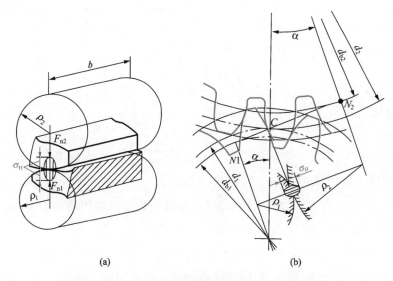

(a)   (b)

图 7-20 一对标准渐开线直齿圆柱齿轮齿面上的接触应力

故为防止齿面出现疲劳点蚀,齿面接触疲劳强度条件为

$$\sigma_H \leqslant [\sigma_H] \tag{7-20}$$

式中 σ_H——接触应力,MPa;

  $[\sigma_H]$——许用接触应力,MPa。

一对渐开线直齿圆柱齿轮在节点啮合时,其齿面接触状况可近似认为与两圆柱体的接触状况相当,故其齿面接触应力用赫兹公式进行计算,即校核公式为

$$\sigma_H = 3.52 Z_E \sqrt{\frac{K T_1 (u \pm 1)}{b d_1^2 u}} \leqslant [\sigma_H] \tag{7-21}$$

设计公式为

$$d_1 \geqslant \sqrt[3]{\frac{K T_1 (u \pm 1)}{\psi_d u} \left(\frac{3.52 Z_E}{[\sigma_H]} \right)^2} \tag{7-22}$$

式中 u——大齿轮齿数 z_1 和小齿轮齿数 z_2 之比,即 $u = z_1 / z_2$;

  Z_E——配对齿轮材料的弹性系数,它反映了一对齿轮材料的弹性模量 E 和泊松比 μ
对接触应力的影响,其值可查表 7-6 选取;

  ψ_d——齿宽系数,$\psi_d = b/d_1$。

表 7-6 弹性系数 Z_E

小齿轮材料	大齿轮材料				
	锻钢	铸钢	球墨铸铁	灰铸铁	夹布胶木
锻钢	189.8	188.9	186.4	162.9	56.4
铸钢	—	188.0	180.5	161.4	—
球墨铸铁	—	—	173.9	156.6	—
灰铸铁	—	—	—	143.7	—

若两齿轮的材料都选用锻钢,则 $Z_E = 189.8\sqrt{\text{MPa}}$,将其代入式(7-21)和式(7-22),可得一对锻钢齿轮齿面接触疲劳强度的校核公式为

$$\sigma_H = 668\sqrt{\frac{KT_1(u\pm1)}{bd_1^2 u}} \leqslant [\sigma_H] \tag{7-23}$$

设计公式为

$$d_1 \geqslant 76.42\sqrt[3]{\frac{KT_1(u\pm1)}{\psi_d u[\sigma_H]^2}} \tag{7-24}$$

应用上述公式计算时应注意以下两点:

(1)两轮齿面接触应力 σ_{H1} 和 σ_{H2} 大小相等,而两轮齿面的许用接触应力 $[\sigma_{H1}]$ 和 $[\sigma_{H2}]$ 往往不相等,应将其中较小值代入公式进行计算。

(2)当齿轮材料、传递转矩 T_1、齿宽 b 和齿数比 u 确定后,两轮的接触应力 σ_H 随小齿轮分度圆直径 d_1(或中心距 a)而变化,即齿轮的齿面接触疲劳强度取决于小齿轮直径或中心距(齿数与模数的乘积)的大小,而与模数不直接相关。

(3)"±"中的"+"用于外啮合,"—"用于内啮合。

五、齿根弯曲疲劳强度的计算

齿根弯曲疲劳强度计算的目的是防止轮齿根部的疲劳折断。轮齿的折断与齿根弯曲应力有关。由齿轮传动受力分析及实践证明,轮齿可看做一悬臂梁。齿根处的危险截面可用30°切线法来确定,即作与轮齿对称中心呈 30°夹角并与齿根圆相切的斜线,两切点的连线为危险截面的位置,如图 7-21 所示。图中危险截面的齿厚为 s_F,为了简化计算,通常假设全部载荷作用于只有一对轮齿啮合时的齿顶。略去齿面摩擦,将作用于齿顶的法向力 F_n 分解为两个互相垂直的分力:圆周力 $F_n\cos\alpha_F$ 和径向力 $F_n\sin\alpha_F$。α_F 为法向力与圆周力的夹角。

在齿根危险截面上,圆周力将引起弯曲应力和剪切应力,径向力将使齿根产生压应力,因为压应力和剪切应力相对于弯曲应力小得多,为简化计算可略去不计。因此,起主要作用的是弯曲应力,所以防止齿根弯曲疲劳折断的强度条件为

$$\sigma_F \leqslant [\sigma_F] \tag{7-25}$$

式中 σ_F——齿根弯曲应力,MPa;

$[\sigma_F]$——许用齿根弯曲应力,MPa。

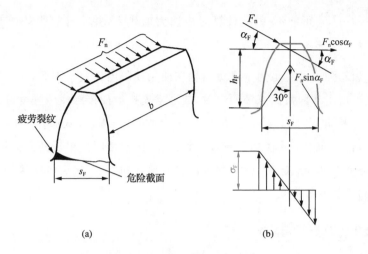

图 7-21 齿根弯曲应力

由材料力学的弯曲应力公式可知,齿根弯曲应力 σ_F 与载荷作用于齿顶时的齿形系数 Y_{Fa} 有关,Y_{Fa} 可由表 7-7 查取。

表 7-7 标准外齿轮的齿形系数 Y_{Fa} 与应力修正系数 Y_{Sa}

z	17	18	19	20	21	22	23	24	25	26	27	28	29
Y_{Fa}	2.97	2.91	2.85	2.80	2.76	2.72	2.69	2.65	2.62	2.60	2.57	2.55	2.53
Y_{Sa}	1.52	1.53	1.54	1.55	1.56	1.57	1.575	1.58	1.59	1.595	1.60	1.61	1.62
z	30	35	40	45	50	60	70	80	90	100	150	200	∞
Y_{Fa}	2.52	2.45	2.40	2.35	2.32	2.28	2.24	2.22	2.20	2.18	2.14	2.12	2.06
Y_{Sa}	1.625	1.65	1.67	1.68	1.70	1.73	1.75	1.77	1.78	1.79	1.83	1.865	1.97

考虑到由于齿根过渡曲线引起的应力集中以及齿根危险截面上的压应力和剪切应力等的影响,引入应力修正系数 Y_{Sa}(Y_{Sa} 由表 7-7 查取)并计入载荷系数 K,得齿根弯曲疲劳强度的校核公式为

$$\sigma_F = \frac{2KT_1}{bmd_1} Y_{Fa} Y_{Sa} = \frac{2KT_1}{bm^2 z_1} Y_{Fa} Y_{Sa} \leqslant [\sigma_F] \qquad (7-26)$$

应用上述公式计算时,应注意一对相啮合齿轮的齿根弯曲应力是不相等的,因此必须分别校核两齿轮的齿根弯曲疲劳强度。

当两齿轮齿宽相等时,由式(7-26)得

$$\sigma_{F1} = \frac{2KT_1}{bmd_1} Y_{Fa1} Y_{Sa1} = \frac{2KT_1}{bm^2 z_1} Y_{Fa1} Y_{Sa1} \leqslant [\sigma_{F1}] \qquad (7-27)$$

$$\sigma_{F2} = \sigma_{F1} \frac{Y_{Fa2} Y_{Sa2}}{Y_{Fa1} Y_{Sa1}} \leqslant [\sigma_{F2}] \qquad (7-28)$$

引入齿宽系数 $\psi_d = \dfrac{b}{d_1}$ 并代入式(7-26),则可得齿根弯曲疲劳强度的设计公式为

$$m \geqslant 1.26 \sqrt[3]{\frac{KT_1 Y_{Fa} Y_{Sa}}{\psi_d z_1^2 [\sigma_F]}} \qquad (7-29)$$

大、小齿轮的 $\dfrac{Y_{Fa}Y_{Sa}}{[\sigma_F]}$ 可能不一样,计算时应选大值代入,并将计算得的模数 m 按表 7-1 选取标准值。

综上所述,齿轮强度计算是为了避免齿轮在使用期限内失效。因此,对于闭式齿轮传动中的软齿面齿轮,由于常因齿面点蚀而失效,故通常先按齿面接触疲劳强度设计公式进行计算,确定其主要参数和尺寸,然后再按齿根弯曲疲劳强度校核公式验算其齿根弯曲疲劳强度。对于闭式齿轮传动中的硬齿面齿轮或铸铁齿轮,由于常因齿根折断而失效,故通常先按齿根弯曲疲劳强度设计公式进行计算,确定齿轮的模数和尺寸,然后再按接触疲劳强度校核公式验算其齿面接触疲劳强度。

六、齿轮传动的许用应力

1. 许用接触应力

式(7-23)中的许用接触应力 $[\sigma_H]$ 可通过下式求出:

$$[\sigma_H] = \frac{\sigma_{Hlim} Z_{NT}}{S_H} \tag{7-30}$$

式中,σ_{Hlim} 为某种材料的试验齿轮经长期持续的重复载荷作用后(应力循环次数为 5×10^7),齿面不出现扩展性点蚀的极限应力,称为试验齿轮的接触疲劳极限应力。

图 7-22 给出了常用材质的试验齿轮在失效概率为 1% 时的接触疲劳极限应力。通常 σ_{Hlim} 值按 MQ 级质量要求,根据齿面硬度由图 7-22 查取。若齿面硬度超出图中推荐的范围,则可大体按外插法取相应值。

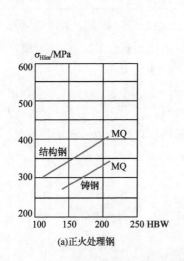
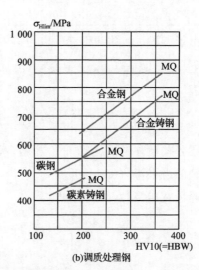

图 7-22 试验齿轮的接触疲劳极限应力

式(7-30)中的 Z_{NT} 为接触疲劳强度的寿命系数。Z_{NT} 是考虑当齿轮寿命小于或大于持久寿命条件循环次数 N_c 时,齿轮可承受的接触应力与疲劳极限应力的比例系数,其值可由图7-23查取。

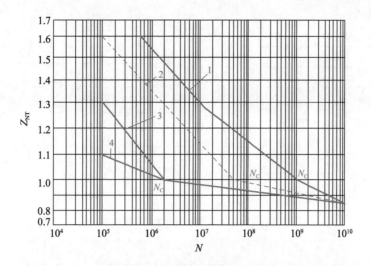

图 7-23　接触疲劳强度的寿命系数

1—允许一定点蚀时的结构钢、调质钢、球墨铸铁(珠光体、贝氏体)、珠光体可锻铸铁及渗碳淬火的渗碳钢;

2—材料同 1,不允许出现点蚀,火焰或感应淬火的钢;

3—灰铸铁、球墨铸铁(铁素体)、渗氮的渗氮钢、调质钢、渗碳钢;

4—碳氮共渗的调质钢、渗碳钢

对于稳定载荷下工作的齿轮,其应力循环次数为

$$N_L = 60 n r t_h$$

式中:n 为齿轮的转速,r/min;r 为齿轮每转一周,轮齿同一侧齿面啮合的次数(双向工作时,按啮合次数较多的一侧计算);t_h 为齿轮的总工作小时数,h。

式(7-30)中的 S_H 为接触疲劳强度的安全系数,其值可查表 7-8。

表 7-8　　　　　　　　　　　　　　　　安全系数

传动条件	软齿面	硬齿面	重要传动
S_H	1.0~1.1	1.1~1.2	1.3~1.6
S_F	1.2~1.4	1.4~1.6	1.6~2.2

2. 许用弯曲应力

同齿面接触疲劳强度许用应力的计算一样,齿轮传动的齿根弯曲疲劳许用应力也要考虑应力的循环次数和可靠性。其值可按下式计算:

$$[\sigma_F] = \frac{\sigma_{Flim} Y_{ST} Y_{NT}}{S_F} \tag{7-31}$$

式中　$[\sigma_F]$——某种材料的试验齿轮经长期的重复载荷作用后(对大多数材料而言,其应力循环次数为 3×10^6)齿根保持不破坏时的应力,称为试验齿轮的弯曲疲劳极限应力,由图7-24查取;

Y_{ST}——试验齿轮的应力修正系数,其值为 2;

Y_{NT}——弯曲疲劳强度的寿命系数,由图 7-25 查取;

S_F——弯曲疲劳强度的安全系数,查表 7-8。

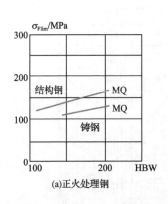

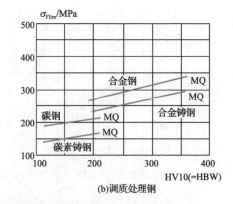

(a)正火处理钢　　　　　　　　(b)调质处理钢

图 7-24　试验齿轮的弯曲疲劳极限应力

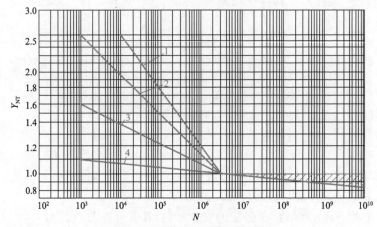

图 7-25　弯曲疲劳强度的寿命系数

1—调质钢、球墨铸铁（珠光体、贝氏体）、珠光体可锻铸铁；2—渗碳淬火的渗碳钢、火焰或感应表面淬火的钢、球墨铸铁；
3—渗氮的渗氮钢、球墨铸铁（铁素体）、结构钢、灰铸铁；4—碳氮共渗的调质钢、渗碳钢

七、齿轮主要参数的选择

1.齿数和模数

对于软齿面闭式齿轮传动,其承载能力主要由齿面接触疲劳强度决定,而齿面接触应力 σ_H 的大小与齿轮分度圆直径 d 有关。当 d 的大小不变时,由于 $d=mz$,在满足齿根弯曲疲劳强度的条件下,宜采用较小的模数和较多的齿数,从而可使重合度增大,改善传动的平稳性和轮齿上的载荷分配。一般取小齿轮齿数 $z_1 = 20 \sim 40$;对高速齿轮传动, $z_1 \geqslant 25$。

对于硬齿面闭式齿轮传动和开式齿轮传动,其承载能力主要由齿根弯曲疲劳强度决定。齿轮模数越大,轮齿的弯曲疲劳强度也越高。因此,为了保证轮齿具有足够的弯曲疲劳强度且结构紧凑,宜采用较大的模数而齿数不宜过多,并且要避免发生根切,一般可取小齿轮齿数 $z_1 = 17 \sim 20$。对于传递动力的齿轮传动,为防止轮齿过载折断,一般应使模数 $m \geqslant 1.5 \text{ mm}$。

2.齿数比

设计时,齿数比 u 不宜选得过大,为了使结构紧凑,通常应取 $u \leqslant 7$。若 $u>7$,则一般采用二级或多级传动。开式传动或手动传动时可取 $u=8 \sim 12$。

3. 齿宽系数

在其他条件相同时,增大 ψ_d 可以增大齿宽,减小齿轮直径和中心距,使齿轮传动结构紧凑。但齿宽越大,载荷沿齿宽分布越不均匀,故应考虑各方面因素的影响,参考表 7-9 选取。

表 7-9 齿宽系数 ψ_d

齿轮相对于轴承的位置	齿面硬度	
	软齿面(≤350HBW)	硬齿面(>350HBW)
对称布置	0.8~1.4	0.4~0.9
不对称布置	0.6~1.2	0.3~0.6
悬壁布置	0.3~0.4	0.2~0.25

注:1. 直齿圆柱齿轮取较小值;斜齿轮可取较大值;人字齿轮可取更大值。

2. 载荷平稳、轴的刚性较大时,取值应大一些;变载荷、轴的刚性较小时,取值应小一些。

为了便于装配和调整,设计时通常使小齿轮齿宽 b_1 比大齿轮齿宽 b_2 大 5~10 mm,但设计计算时按大齿轮齿宽 b_2 代入公式计算。

设计铣床中的一对标准直齿圆柱齿轮传动。已知:传递功率 $P=7.5$ kW,小齿轮转速 $n_1=1\,450$ r/min,传动比 $i=2.08$,小齿轮相对轴承不对称布置,两班制,每年工作 300 天,使用期限为 5 年。

解:(1)选择齿轮材料

考虑此对齿轮传递的功率不大,故大、小齿轮都选择软齿面。小齿轮选用 40Cr,调质,齿面硬度为 240~260HBW;大齿轮选用 45 钢,调质,齿面硬度为 220HBW。

(2)按齿面接触疲劳强度设计

因两齿轮均为钢制齿轮,所以由式(7-24)得

$$d_1 \geqslant 76.42 \sqrt[3]{\frac{KT_1(u\pm1)}{\psi_d u[\sigma_H]^2}}$$

确定有关参数如下:

①齿数 z 和齿宽系数 ψ_d

取小齿轮齿数 $z_1=30$,则大齿轮齿数 $z_2=iz_1=2.08\times30=62.4$,圆整得 $z_2=62$。

实际传动比:$i_0=\dfrac{z_2}{z_1}=\dfrac{62}{30}=2.067$。

传动比误差:$\dfrac{i-i_0}{i}=\dfrac{2.08-2.067}{2.08}\times100\%=0.6\%<2.5\%$,故可用。

齿数比:$u=i_0=2.067$。

查表取 $\psi_d=0.9$(因非对称布置及软齿面)。

②转矩 T_1

$$T_1=9.55\times10^6\times\frac{P}{n_1}=9.55\times10^6\times\frac{7.5}{1\,450}=4.94\times10^4 \text{ N} \cdot \text{m}$$

③载荷系数 K

查表取 $K=1.35$。

④许用接触应力

$$[\sigma_H] = \frac{\sigma_{Hlim} Z_{NT}}{S_H}$$

由图 7-22(b)查得 $\sigma_{Hlim1}=775$ MPa，$\sigma_{Hlim2}=520$ MPa。

计算应力循环次数：

$$N_{L1} = 60 n_1 r t_h = 60 \times 1\,450 \times 1 \times (16 \times 300 \times 5) = 2.09 \times 10^9$$

$$N_{L2} = \frac{N_{L1}}{i_0} = \frac{2.09 \times 10^9}{2.067} = 1.01 \times 10^9$$

查得接触疲劳强度的寿命系数 $Z_{NT1}=0.89$，$Z_{NT2}=0.93$。

通用齿轮和一般工业齿轮按一般可靠度要求选取安全系数 $S_H=1.0$，所以计算两轮的许用接触应力为

$$[\sigma_{H1}] = \frac{\sigma_{Hlim1} Z_{NT1}}{S_H} = \frac{775 \times 0.89}{1} = 689.75 \text{ MPa}$$

$$[\sigma_{H2}] = \frac{\sigma_{Hlim2} Z_{NT2}}{S_H} = \frac{520 \times 0.93}{1} = 483.6 \text{ MPa}$$

故

$$d_1 \geqslant 76.42 \sqrt[3]{\frac{KT_1(u \pm 1)}{\psi_d u [\sigma_H]^2}} = 76.42 \times \sqrt[3]{\frac{1.35 \times 4.94 \times 10^4 \times (2.067 + 1)}{0.9 \times 2.067 \times 483.6^2}} = 59.42 \text{ mm}$$

计算模数：$m = \dfrac{d_1}{z_1} = \dfrac{59.42}{30} = 1.98$，取标准模数 $m=2$。

(3)校核齿根弯曲疲劳强度

$$\sigma_F = \frac{2KT_1}{bm^2 z_1} Y_{Fa} Y_{Sa} \leqslant [\sigma_F]$$

确定有关参数如下：

①分度圆直径

$$d_1 = mz_1 = 2 \times 30 = 60 \text{ mm}$$

$$d_2 = mz_2 = 2 \times 62 = 124 \text{ mm}$$

②齿宽

$$b = \psi_d d_1 = 0.9 \times 60 = 54 \text{ mm}$$

取 $b_2=55$ mm，$b_1=60$ mm。

③齿形系数和应力修正系数

根据齿数 $z_1=30$、$z_2=62$，查得 $Y_{Fa1}=2.52$，$Y_{Sa1}=1.625$，$Y_{Fa2}=2.284$，$Y_{Sa2}=1.734$。

④许用弯曲应力

$$[\sigma_F] = \frac{\sigma_{Flim} Y_{ST} Y_{NT}}{S_F}$$

查图 7-24(b)取 $\sigma_{Flim1}=290$ MPa、$\sigma_{Flim2}=210$ MPa,查图 7-25 取 $Y_{NT1}=0.88$、$Y_{NT2}=0.9$。试验齿轮的应力修正系数 $Y_{ST}=2$,按一般可靠度选取安全系数 $S_F=1.25$。

计算两轮的许用弯曲应力为

$$[\sigma_{F1}]=\frac{\sigma_{Flim1}Y_{ST}Y_{NT1}}{S_F}=\frac{290\times2\times0.88}{1.25}=408.32 \text{ MPa}$$

$$[\sigma_{F2}]=\frac{\sigma_{Flim2}Y_{ST}Y_{NT2}}{S_F}=\frac{210\times2\times0.9}{1.25}=302.4 \text{ MPa}$$

将求得的各参数带入公式:

$$\sigma_{F1}=\frac{2KT_1}{bm^2z_1}Y_{Fa1}Y_{Sa1}=\frac{2\times1.35\times4.94\times10^4}{55\times2^2\times30}\times2.52\times1.625=82.76 \text{ MPa}<[\sigma_{F1}]$$

$$\sigma_{F2}=\frac{2KT_1}{bm^2z_2}Y_{Fa2}Y_{Sa2}=\sigma_{F1}\frac{Y_{Fa2}Y_{Sa2}}{Y_{Fa1}Y_{Sa1}}=82.76\times\frac{2.284\times1.734}{2.52\times1.625}=80.04 \text{ MPa}<[\sigma_{F2}]$$

故轮齿齿根弯曲疲劳强度足够。

(4)计算齿轮传动的中心距

$$a=\frac{m}{2}(z_1+z_2)=\frac{2}{2}\times(30+62)=92 \text{ mm}$$

(5)计算齿轮的几何尺寸并绘制齿轮零件图

略。

7.8　平行轴斜齿圆柱齿轮传动

一、斜齿圆柱齿轮齿廓的形成及啮合特点

在讨论直齿圆柱齿轮时,认为轮齿的齿廓是发生线绕基圆做纯滚动时,其上任一点 K 所形成的渐开线。但这是仅就齿轮的端面来研究的,而实际上齿轮总有一定的宽度,所以当考虑到齿轮的宽度时,上述的基圆就成为基圆柱,而点 K 则成为一条平行于基圆柱轴线的直线 KK,如图 7-26(a)所示。因此,直齿圆柱齿轮的齿面是发生面绕基圆柱做纯滚动时,发生面上一条平行于基圆柱轴线的直线在空间形成的渐开面。

斜齿圆柱齿轮齿廓的
形成及啮合特点

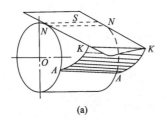

(a)

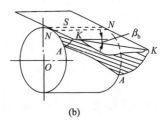

(b)

图 7-26　圆柱齿轮齿廓曲面的形成

斜齿圆柱齿轮的齿面形成原理与直齿圆柱齿轮相同,只是形成渐开线齿面的直线 KK 不再与基圆柱轴线平行,而是与其轴线方向有一夹角 β_b,如图 7-26(b)所示。当发生面绕基圆柱做纯滚动时,直线 KK 上每一点的轨迹都是一条渐开线,这些渐开线在基圆柱上的起始点组成一条螺旋线 AA,其螺旋角 β_b 称为斜齿轮基圆柱上的螺旋角。这些渐开线的集合就形成了斜齿圆柱齿轮的齿廓曲面,称为渐开螺旋面。β_b 越大,齿轮越偏斜;当 $\beta_b=0$ 时,即为直齿轮。因此,直齿圆柱齿轮可视为斜齿圆柱齿轮的特例。

由齿廓曲面的形成原理可知,直齿圆柱齿轮啮合时,齿面的接触线均平行于齿轮轴线(图 7-27(a)),轮齿是沿整个齿宽同时进入啮合或同时脱离啮合的,载荷沿齿宽突然加上或卸下,因此直齿圆柱齿轮传动的平稳性较差,容易产生冲击和噪声,不适合用于高速和重载的传动中。一对平行轴斜齿圆柱齿轮啮合时,斜齿轮的齿廓是逐渐进入啮合并逐渐脱离啮合的。斜齿轮齿廓接触线(图 7-27(b))的长度由零逐渐增加,又逐渐缩短,直至脱离接触,载荷也不是突然加上或卸下的,因此斜齿圆柱齿轮的传动较平稳。

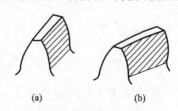

(a)　　　　(b)

图 7-27　直齿圆柱齿轮和斜齿圆柱齿轮齿面上的接触线

二、斜齿圆柱齿轮的基本参数和几何尺寸计算

斜齿圆柱齿轮的基本参数和几何尺寸计算

斜齿轮与直齿轮在端面上都具有渐开线齿形。但由于斜齿轮的轮齿是螺旋形的,故在垂直于轮齿方向的法面上,齿廓曲线及齿形与端面的不同。因此,斜齿轮每一个基本参数都有端面与法面之分。由于斜齿轮通常是用滚刀或铣刀切齿的,切削时沿螺旋线方向进给,所以斜齿轮的法面参数与刀具相同,均为标准值。由于斜齿轮的几何尺寸大部分须按端面参数进行计算,因此必须建立法面参数与端面参数之间的换算关系。

1. 螺旋角

设想将斜齿轮沿分度圆柱面展开,得到如图 7-28 所示的矩形,矩形的高就是斜齿轮的齿宽 b,其长为分度圆周长 πd。这时分度圆上轮齿的螺旋线便展开成一条斜线,其与轴线的夹角 β 称为斜齿轮分度圆上的螺旋角,简称斜齿轮的螺旋角。螺旋角 β 越大,轮齿越倾斜,则传动的平稳性越好,但轴向力也越大。一般设计时 β 可取 $8°\sim20°$。

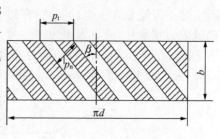

图 7-28　斜齿轮的展开图

2. 模数

因 $p=\pi m$,故可得法面模数 m_n 与端面模数 m_t 的关系式为

$$m_n=m_t\cos\beta \tag{7-32}$$

式中,m_n 为标准值,可查表 7-1 选取。

3. 压力角

法面压力角 α_n 与端面压力角 α_t 的关系式为

$$\tan \alpha_n = \tan \alpha_t \cdot \cos \beta \qquad (7\text{-}33)$$

式中，α_n 为标准值。

4. 齿顶高系数和顶隙系数

对于斜齿轮，其法面齿顶高与端面齿顶高是相同的，因此有

$$h_a = h_{an}^* m_n = h_{at}^* m_t$$

$$c = c_n^* m_n = c_t^* m_t$$

故

$$h_{at}^* = h_{an}^* \cos \beta \qquad (7\text{-}34)$$

$$c_t^* = c_n^* \cos \beta \qquad (7\text{-}35)$$

式中，h_{an}^* 和 c_n^* 为标准值。

标准斜齿圆柱齿轮的几何尺寸计算公式见表 7-10。

表 7-10　　　　　　　　　　标准斜齿圆柱齿轮的几何尺寸计算公式

名　称	符　号	计算公式及参数的选择
端面模数	m_t	$m_t = \dfrac{m_n}{\cos \beta}$，$m_n$ 为标准值，按表 7-1 取值
螺旋角	β	一般取 $8° \sim 20°$
端面压力角	α_t	$\alpha_t = \arctan \dfrac{\tan \alpha_n}{\cos \beta}$，$\alpha_n$ 为标准值，取 $20°$
分度圆直径	d_1, d_2	$d_1 = m_t z_1 = \dfrac{m_n z_1}{\cos \beta}$，$d_2 = m_t z_2 = \dfrac{m_n z_2}{\cos \beta}$
齿顶高	h_a	$h_a = m_n$
齿根高	h_f	$h_f = 1.25 m_n$
全齿高	h	$h = h_a + h_f = 2.25 m_n$
顶隙	c	$c = h_a - h_f = 0.25 m_n$
齿顶圆直径	d_{a1}, d_{a2}	$d_{a1} = d_1 + 2h_a$，$d_{a2} = d_2 + 2h_a$
齿根圆直径	d_{f1}, d_{f2}	$d_{f1} = d_1 - 2h_f$，$d_{f2} = d_2 - 2h_f$
中心距	a	$a = \dfrac{d_1 + d_2}{2} = \dfrac{m_t}{2}(z_1 + z_2) = \dfrac{m_n(z_1 + z_2)}{2\cos \beta}$

三、斜齿轮正确啮合的条件、其他参数以及强度计算

1. 正确啮合条件

平行轴斜齿轮在端面内的啮合相当于直齿轮的啮合，由直齿轮的正确啮合条件得

$$m_{t1} = m_{t2}，\alpha_{t1} = \alpha_{t2} \qquad (7\text{-}36)$$

另外在斜齿轮机构中，两齿轮的螺旋角必须相匹配，否则仍不能啮合。外啮合时，两轮螺旋角应大小相等、方向相反，即 $\beta_1 = -\beta_2$；内啮合时，两轮螺旋角应大小相等、方向相同，即 $\beta_1 = \beta_2$，以保证两轮在啮合处的齿廓螺旋角相切。综上所述，一对平行轴斜齿轮正确啮合的条件为：

斜齿轮正确啮合的
条件及其他参数

(1)两轮螺旋角:对于外啮合,应大小相等、方向相反,即 $\beta_1 = -\beta_2$;对于内啮合,应大小相等、方向相同,即 $\beta_1 = \beta_2$。

(2)两轮的法面模数及压力角应分别相等,即 $m_{n1} = m_{n2}$,$\alpha_{n1} = \alpha_{n2}$。又因相互啮合的两轮螺旋角的绝对值相等,故其端面模数及压力角也分别相等,即 $m_{t1} = m_{t2}$,$\alpha_{t1} = \alpha_{t2}$。

2. 重合度

斜齿轮传动的重合度受螺旋角 β 的影响,其值按下式计算:

$$\varepsilon = \varepsilon_t + \varepsilon_\beta$$

式中:ε_t 为端面重合度;ε_β 为轴面重合度。

轴面重合度随齿宽 b 和螺旋角的增大而增大,因而斜齿轮的重合度总大于直齿轮的重合度。

3. 当量齿数

用成形铣刀切制齿轮时,刀具的切削刃均位于齿轮的法面内,并沿着螺旋槽的方向进给。这样加工出来的斜齿轮,其法面模数和压力角与刀具的模数和压力角相同,所以还需按照与斜齿轮法面齿形相当的直齿轮的齿数来确定铣刀的号码。精确求出法面齿廓是很复杂的,也没有必要。通常采用下述近似方法进行研究。如图 7-29 所示,过斜齿轮分度圆柱上齿廓的任一点 C 作轮齿的法面 n-n,则该法面与分度圆柱的交线为一椭圆。它的长轴半径 $a = d/(2\cos\beta)$,短轴半径 $b = d/2$,椭圆上 C 点的曲率半径为

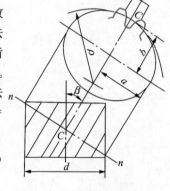

$$\rho = \frac{a^2}{b} = \frac{d}{2\cos^2\beta} \tag{7-37}$$

式中,β 为螺旋角。

图 7-29　斜齿轮的当量齿轮

以法面模数 m_n 和法面压力角 α_n 为模数和压力角作假想的直齿圆柱齿轮,与该斜齿轮在 C 点处的法面齿廓相当。称这一假想的直齿轮为该斜齿轮的当量齿轮,其齿数为当量齿数,以 z_v 表示,则

$$z_v = \frac{2\rho}{m_n} = \frac{d}{m_n\cos^2\beta} = \frac{m_t z}{m_n\cos^2\beta} = \frac{m_n z}{m_n\cos^3\beta} = \frac{z}{\cos^3\beta} \tag{7-38}$$

式中,z 为斜齿轮的实际齿数。

按式(7-38)求得的 z_v 值是虚拟的,一般不是整数,也不必圆整。z_v 不仅在选择铣刀及计算轮齿弯曲强度时作为依据,而且在确定标准斜齿轮不产生根切的最少齿数时,也可以作为依据。

设螺旋角为 β 的标准斜齿轮不产生根切的最小齿数为 z_{min},当量齿轮用齿条刀具范成时不产生根切的最少齿数为 z_{vmin},则

$$z_{min} = z_{vmin}\cos^3\beta \tag{7-39}$$

4. 强度计算

(1)受力分析

如图 7-30 所示为斜齿圆柱齿轮传动中的主动轮轮齿的受力情况。当轮齿上作用转矩 T_1 时,若略去接触面的摩擦力,则作用在轮齿法面内的法向力 F_n 可分解为相

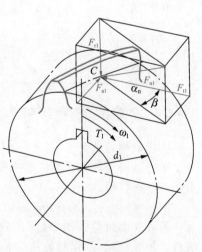

图 7-30　斜齿轮的受力分析

互垂直的三个力,由力矩平衡条件可得各力的大小为

圆周力为

$$F_{t1} = \frac{2T_1}{d_1} \tag{7-40}$$

径向力为

$$F_{r1} = F_{t1} \tan \alpha_n \tag{7-41}$$

轴向力为

$$F_{a1} = F_{t1} \tan \beta \tag{7-42}$$

式中　β——分度圆螺旋角;

　　α_n——法面压力角,对标准斜齿轮,$\alpha_n = 20°$。

圆周力和径向力方向的判断与直齿圆柱齿轮相同,轴向力的方向取决于齿轮回转方向和轮齿的螺旋线方向,可以用"主动轮左右手定则"来进行判断:左旋用左手,右旋用右手,即握住主动轮轴线,握紧的四指表示主动轮转向,则大拇指的指向即为主动轮所受轴向力的方向,从动轮所受轴向力的方向与其大小相等、方向相反。

(2)强度计算

斜齿圆柱齿轮的失效形式、设计准则及强度计算与直齿圆柱齿轮相似。

由于斜齿轮的受力情况是按轮齿法面进行分析的,故斜齿圆柱齿轮传动相当于一对当量直齿圆柱齿轮传动。考虑到斜齿轮轮齿啮合时齿面的接触线是倾斜的,而且重合度相对较大以及载荷作用位置的变化等因素的影响,使接触应力和弯曲应力降低,承载能力相对较高,因此需引入螺旋角系数和重合度系数加以修正,求出其强度计算公式。

①齿面接触疲劳强度计算

校核公式为

$$\sigma_H = 3.17 Z_E \sqrt{\frac{KT_1(u \pm 1)}{bd_1^2 u}} \leqslant [\sigma_H] \tag{7-43}$$

设计公式为

$$d_1 \geqslant \sqrt[3]{\frac{KT_1(u \pm 1)}{\psi_d u} \cdot \left(\frac{3.17 Z_E}{[\sigma_H]}\right)^2} \tag{7-44}$$

式中:K 为载荷系数;T_1 为小齿轮的转矩,N·mm;u 为齿数比;ψ_d 为齿宽系数;Z_E 为齿轮材料的弹性系数。

②齿根弯曲疲劳强度计算

校核公式为

$$\sigma_F = \frac{1.6 KT_1}{bm_n d_1} Y_{Fa} Y_{Sa} = \frac{1.6 KT_1 \cos \beta}{bm_n^2 z_1} Y_{Fa} Y_{Sa} \leqslant [\sigma_F] \tag{7-45}$$

以 $b = \psi_d d_1 = \psi_d \cdot \dfrac{m_n z_1}{\cos \beta}$代入上式,得设计公式为

$$m_n \geqslant 1.17 \sqrt[3]{\frac{KT_1 \cos^2 \beta}{\psi_d z_1^2 [\sigma_F]} Y_{Fa} Y_{Sa}} \tag{7-46}$$

在应用式(7-45)时应注意:由于大、小齿轮$[\sigma_{F1}]$、$[\sigma_{F2}]$值不相同,故进行轮齿弯曲疲劳强度校核时,大、小齿轮应分别计算。式中齿形系数 Y_{Fa} 和应力修正系数 Y_{Sa} 应按斜齿轮的当量齿数 z_v 由表7-7查得。

例 7-3

试设计带式运输机减速器的高速级齿轮传动。已知输入功率 $P=40$ kW，小齿轮转速 $n_1=970$ r/min，传动比 $i=2.5$，使用寿命为 10 年，每年工作 300 天，单班制，电动机驱动，带式运输机工作平稳，转向不变，齿轮相对于轴承为非对称布置。

解: (1)选择齿轮类型、材料、热处理方法

考虑此对齿轮传递的功率较大，故选用斜齿圆柱齿轮。为使齿轮传动结构紧凑，大、小齿轮均选用硬齿面。大、小齿轮的材料均选用 40Cr，经表面淬火，齿面硬度为 55HRC。

(2)按齿根弯曲疲劳强度设计

因两齿轮均为钢制齿轮，故应用设计公式 $m_n \geqslant 1.17 \sqrt[3]{\dfrac{KT_1\cos^2\beta}{\psi_d z_1^2 [\sigma_F]} Y_{Fa} Y_{Sa}}$。

确定有关参数如下：

①齿数、螺旋角和齿宽系数

取小齿轮齿数 $z_1=24$，则 $z_2=iz_1=2.5\times24=60$。

初选螺旋角 $\beta=15°$，则

$$z_{v1}=\frac{z_1}{\cos^3\beta}=\frac{24}{\cos^3 15°}=26.62$$

计算当量齿数为

$$z_{v2}=\frac{z_2}{\cos^3\beta}=\frac{60}{\cos^3 15°}=66.56$$

查齿形系数和应力修正系数为：$Y_{Fa1}=2.62$，$Y_{Sa1}=1.59$，$Y_{Fa2}=2.29$，$Y_{Sa2}=1.73$。选取齿宽系数 $\psi_d=0.6$。

②计算转矩

$$T_1=9.55\times10^6\times\frac{P}{n_1}=9.55\times10^6\times\frac{40}{970}=3.94\times10^5 \text{ N} \cdot \text{m}$$

③载荷系数

查取 $K=1.1$。

④许用弯曲应力

$$[\sigma_F]=\frac{\sigma_{Flim} Y_{ST} Y_{NT}}{S_F}$$

计算应力循环次数为

$$N_{L1}=60 n_1 r t_h=60\times970\times1\times(10\times300\times8)=1.4\times10^9$$

$$N_{L2}=\frac{N_{L1}}{i}=\frac{1.4\times10^9}{2.5}=5.6\times10^8$$

查图 7-24 得 $\sigma_{Flim1}=\sigma_{Flim2}=280$ MPa，试验齿轮的应力修正系数 $Y_{ST}=2$，查弯曲疲劳寿命系数 $Y_{NT1}=0.88$，$Y_{NT2}=0.9$，按一般可靠度要求选取安全系数 $S_F=1.25$，则

$$[\sigma_{F1}]=\frac{\sigma_{Flim1} Y_{ST} Y_{NT1}}{S_F}=\frac{280\times2\times0.88}{1.25}=394.24 \text{ MPa}$$

$$[\sigma_{F2}] = \frac{\sigma_{Flim2}Y_{ST}Y_{NT2}}{S_F} = \frac{280 \times 2 \times 0.9}{1.25} = 403.2 \text{ MPa}$$

$$\frac{Y_{Fa1}Y_{Sa1}}{[\sigma_{F1}]} = \frac{2.62 \times 1.59}{394.24} = 0.010\ 57$$

$$\frac{Y_{Fa2}Y_{Sa2}}{[\sigma_{F2}]} = \frac{2.29 \times 1.73}{403.2} = 0.009\ 83$$

将 $\dfrac{Y_{Fa1}Y_{Sa1}}{[\sigma_{F1}]}$ 代入设计公式得

$$m_n \geqslant 1.17 \sqrt[3]{\frac{KT_1\cos^2\beta}{\psi_d z_1^2[\sigma_{F1}]}Y_{Fa1}Y_{Sa1}} = 1.17 \times \sqrt[3]{\frac{1.1 \times 3.94 \times 10^5 \times \cos^2 15° \times 0.010\ 57}{0.6 \times 24^2}} = 2.71 \text{ mm}$$

取标准值 $m_n = 3$ mm。

计算中心距并修正螺旋角：

$$a = \frac{m_n(z_1 + z_2)}{2\cos\beta} = \frac{3 \times (24 + 60)}{2 \times \cos 15°} = 130.44 \text{ mm}$$

取 $a = 130$ mm，确定螺旋角为

$$\cos\beta = \frac{m_n(z_1 + z_2)}{2a} = \frac{3 \times (24 + 60)}{2 \times 130} = 0.969\ 2$$

$$\beta = \arccos 0.969\ 2 = 14°15'$$

(3)校核齿面接触疲劳强度

$$\sigma_H = 3.17 Z_E \sqrt{\frac{KT_1(u \pm 1)}{bd_1^2 u}} \leqslant [\sigma_H]$$

确定有关参数如下：

①分度圆直径

$$d_1 = \frac{m_n z_1}{\cos\beta} = \frac{3 \times 24}{0.969\ 2} = 74.29 \text{ mm}$$

$$d_2 = \frac{m_n z_2}{\cos\beta} = \frac{3 \times 60}{0.969\ 2} = 185.72 \text{ mm}$$

②齿宽 $b = \psi_d d_1 = 0.6 \times 74.29 = 44.57$ mm，取 $b_2 = 45$ mm、$b_1 = 50$ mm。

③齿数比 $u = 2.5$。

④许用接触应力

查得 $\sigma_{Hlim1} = \sigma_{Hlim2} = 1\ 050$ MPa，接触疲劳寿命系数 $Z_{NT1} = 0.9$、$Z_{NT2} = 0.93$，按一般可靠度选取安全系数 $S_H = 1.0$，则

$$[\sigma_{H1}] = \frac{\sigma_{Hlim1}Z_{NT1}}{S_H} = \frac{1\ 050 \times 0.9}{1} = 945 \text{ MPa}$$

$$[\sigma_{H2}] = \frac{\sigma_{Hlim2}Z_{NT2}}{S_H} = \frac{1\ 050 \times 0.93}{1} = 976.5 \text{ MPa}$$

故

$$\sigma_H = 3.17 \times 189.8 \times \sqrt{\frac{1.1 \times 3.94 \times 10^5 \times (2.5 + 1)}{45 \times 74.29^2 \times 2.5}} = 940.40 \text{ MPa} < [\sigma_H]$$

安全可用。

(4)计算齿轮的几何尺寸并绘制齿轮零件图

略。

7.9 直齿锥齿轮传动

一、锥齿轮传动的特点及应用

锥齿轮传动用来实现两相交轴之间的传动,两轴交角 Σ 称为轴角,其值可根据传动需要确定,一般多采用 90°。锥齿轮的轮齿排列在截圆锥体上,轮齿由齿轮的大端到小端逐渐收缩变小。由于这一特点,对应于圆柱齿轮中的各有关圆柱在锥齿轮中就变成了圆锥,如分度锥、节锥、基锥、齿顶锥等。锥齿轮的轮齿有直齿、斜齿和曲线齿等形式。直齿和斜齿锥齿轮设计、制造及安装均较简单,但噪声较大,用于低速传动;曲线齿锥齿轮具有传动平稳、噪声小及承载能力大等特点,适用于高速重载的场合。本节只讨论 $\Sigma = 90°$ 的标准直齿锥齿轮传动。

直齿锥齿轮传动

二、直齿锥齿轮齿廓曲面的形成

圆柱齿轮的齿廓曲面是发生面在基圆柱上做纯滚动而形成的,锥齿轮的齿廓曲面则是发生面在基圆锥上做纯滚动而形成的。

如图 7-31(a)所示,圆平面 S 与一基圆锥切于 OP,且 OP 为圆的半径。当 S 面沿基圆锥表面做纯滚动时,其任一半径 OK 在空间形成一曲面,该曲面即为直齿锥齿轮的齿廓曲面。因为在齿廓曲面的形成过程中,OK 线上任一点到 O 点的距离不变,故所生成的渐开线必在以 O 点为球心的球面上,所以将 OK 线上任一点所生成的渐开线称为球面渐开线,而将 OK 线生成的曲面称为球面渐开线曲面。

直齿锥齿轮具有基锥、节锥、分度锥、齿顶锥、齿根锥等,如图 7-32 所示。对于正确安装的标准锥齿轮传动,节锥和分度锥相重合。在图 7-32 中,圆锥 OAB 为齿轮的分度锥。以 O 点为圆心、OA 为半径,过 A 点作一球面,再过 A 点作球面的切线,与锥齿轮的轴线交于 O_1 点,以 OO_1 为轴、以 O_1A 为母线作一圆锥 AO_1B,此圆锥称为背锥。背锥与球面切于齿轮大端的分度圆上,并与分度锥直角相接。

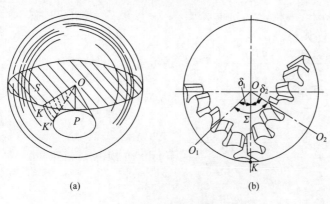

(a)　　　　　　　　(b)

图 7-31　锥齿轮齿廓曲面的形成

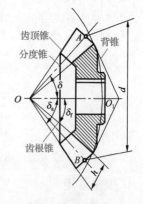

图 7-32　直齿锥齿轮

三、直齿锥齿轮的啮合条件和几何尺寸计算

1. 啮合条件

由上述分析可知,一对直齿锥齿轮的啮合相当于它们的当量齿轮的啮合,因而前面对直齿圆柱齿轮的一些研究结论便可直接应用于直齿锥齿轮。根据一对直齿圆柱齿轮的正确啮合条件可知,一对直齿锥齿轮的正确啮合条件应为两轮大端模数和压力角分别相等,即

$$m_1 = m_2 = m$$
$$\alpha_1 = \alpha_2 = \alpha$$

在图 7-31(b)所示的锥齿轮机构中,δ_1、δ_2 分别为两轮的分度圆锥角,由几何关系可知

$$d_1 = 2R_e \sin \delta_1, d_2 = 2R_e \sin \delta_2$$

故其传动比为

$$i_{12} = \frac{\omega_1}{\omega_2} = \frac{z_2}{z_1} = \frac{d_2}{d_1} = \frac{\sin \delta_2}{\sin \delta_1}$$

当两轴间夹角 $\Sigma = 90°$ 时,上式可变为

$$i_{12} = \frac{\sin \delta_2}{\sin \delta_1} = \frac{\sin(90° - \delta_1)}{\sin \delta_1} = \frac{\cos \delta_1}{\sin \delta_1} = \cot \delta_1 = \tan \delta_2 \tag{7-47}$$

当 i_{12} 已知时,可求出 δ_1、δ_2。

2. 基本参数和几何尺寸计算

由于直齿锥齿轮大端的尺寸最大且测量方便,因此规定锥齿轮的基本参数和几何尺寸均以大端为准。大端模数 m 的值为标准值,按表 7-11 选取。在 GB/T 12369—1990 中规定了大端压力角 $\alpha = 20°$,齿顶高系数 $h_a^* = 1$,顶隙系数 $c^* = 0.2$。

表 7-11　　　　　　　　　　　　锥齿轮模数(摘自 GB/T 12368—1990)

锥齿轮模数	1,1.125,1.25,1.375,1.5,1.75,2,2.25,2.5,2.75 3,3.25,3.5,3.75,4,4.5,5,5.5,6,6.5 7,8,9,10,12,14,16,18,20

通常直齿锥齿轮的齿高变化形式有两种,即不等顶隙收缩齿和等顶隙收缩齿。

标准直齿锥齿轮的几何尺寸计算公式见表 7-12。

表 7-12　　　　　　　　　标准直齿锥齿轮的几何尺寸计算公式($\Sigma = 90°$)

名　称	代　号	计算公式	
		小齿轮	大齿轮
分度圆锥角	δ	$\delta_1 = 90° - \delta_2$	$\delta_2 = \arctan \frac{z_2}{z_1}$
齿顶高	h_a	$h_{a1} = h_{a2} = m$	
齿根高	h_f	$h_{f1} = h_{f2} = 1.2m$	
分度圆直径	d	$d_1 = mz_1$	$d_2 = mz_2$
齿顶圆直径	d_a	$d_{a1} = d_1 + 2m\cos \delta_1$	$d_{a2} = d_2 + 2m\cos \delta_2$
齿根圆直径	d_f	$d_{f1} = d_1 - 2.4m\cos \delta_1$	$d_{f2} = d_2 - 2.4m\cos \delta_2$
锥距	R_e	$R_e = \sqrt{r_1^2 + r_2^2} = \frac{m}{2}\sqrt{z_1^2 + z_2^2}$	

名　称	代　号	计算公式	
		小齿轮	大齿轮
齿顶角	θ_a	$\theta_a = \arctan \dfrac{h_a}{R_e}$	
齿根角	θ_f	$\theta_f = \arctan \dfrac{h_f}{R_e}$	
分度圆齿厚	s	$s = \dfrac{\pi m}{2}$	
顶隙	c	$c = 0.2m$	
当量齿数	z_v	$z_{v1} = \dfrac{z_1}{\cos \delta_1}$	$z_{v2} = \dfrac{z_2}{\cos \delta_2}$
顶锥角	δ_a	$\delta_{a1} = \delta_1 + \theta_a$	$\delta_{a2} = \delta_2 + \theta_a$
根锥角	δ_f	$\delta_{f1} = \delta_1 - \theta_f$	$\delta_{f2} = \delta_2 - \theta_f$
齿宽	b	$b \leqslant \dfrac{R_e}{3}, b \leqslant 10m$	

四、直齿锥齿轮传动的强度计算

1. 轮齿的受力分析

如图 7-33 所示为直齿锥齿轮传动的受力情况，忽略齿面摩擦力，并假设法向力 F_{n1} 集中作用在齿宽中点上，在分度圆上可将其分解为圆周力 F_{t1}、径向力 F_{r1} 和轴向力 F_{a1} 这三个相互垂直的分力。各分力的大小分别为

圆周力为

$$F_{t1} = \frac{2T_1}{d_{m1}} \qquad (7\text{-}48)$$

径向力为

$$F_{r1} = F' \cos \delta_1 = F_{t1} \tan \alpha \cos \delta_1 \qquad (7\text{-}49)$$

轴向力为

$$F_{a1} = F' \sin \delta_1 = F_{t1} \tan \alpha \sin \delta_1 \qquad (7\text{-}50)$$

式中　d_{m1}——小齿轮齿宽中点处的分度圆直径，d_{m1}

$$= \frac{R - 0.5b}{R} d_1 = \left(1 - 0.5 \frac{b}{R}\right) d_1 \; ;$$

T_1——小齿轮的名义转矩，$N \cdot mm$。

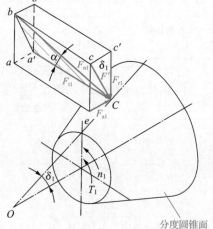

图 7-33　直齿锥齿轮传动的受力情况

各力的方向：主动轮圆周力的方向与轮的转动方向相反；从动轮圆周力的方向与轮的转动方向相同；主、从动轮径向力分别指向各自的轮心；轴向力分别指向各自的大端。

2.齿面接触疲劳强度计算

因直齿锥齿轮的齿形从大端至小端逐渐缩小,轮齿的刚度从大端至小端逐渐减小,因此载荷的分布沿齿宽分布不均匀。为了简化计算,直齿锥齿轮传动的强度计算可按齿宽中点处当量直齿圆柱齿轮传动进行。将当量直齿圆柱齿轮传动有关参数代入直齿圆柱齿轮传动齿面接触疲劳强度计算公式,即可得两轴交角 $\Sigma=90°$ 的直齿锥齿轮传动轮齿疲劳强度计算公式。

校核公式为

$$\sigma_H = Z_E Z_H \sqrt{\frac{4.7KT_1}{\psi_R(1-0.5\psi_R)^2 u d_1^3}} \leqslant [\sigma_H] \qquad (7-51)$$

设计公式为

$$d_1 \geqslant \sqrt[3]{\frac{4.7KT_1}{\psi_R(1-0.5\psi_R)^2 u}\left(\frac{Z_E Z_H}{[\sigma_H]}\right)^2} \qquad (7-52)$$

式中　Z_H——当量直齿轮的节点区域系数,对于标准直齿锥齿轮传动,$Z_H=2.5$;

　　　ψ_R——齿宽系数,$\psi_R=b/R$,一般取 $\psi_R=0.25\sim0.3$;

其余符号的意义及取值与直齿圆柱齿轮相同。

7.10　蜗杆传动

蜗杆传动用于传递空间两交错轴之间的运动和动力,通常两轴线交错角为 $90°$,一般蜗杆是主动件。

一、蜗杆蜗轮的形成、类型和特点

1.蜗杆蜗轮的形成

蜗杆蜗轮机构可看成是由一对交错轴斜齿圆柱齿轮机构演化而来。如图 7-34 所示,在 $\Sigma=\beta_1+\beta_2=90°$ 的交错轴斜齿圆柱齿轮机构中,若小齿轮的螺旋角 β_1 很大而齿数 z_1 很少,直径很小但齿宽大,则每个轮齿在圆柱面上将形成连续的完整螺旋线,这时小齿轮已不是盘状而成为杆状,其外形如一螺杆,称为蜗杆。与其相啮合的大齿轮螺旋角 β_2 较小,齿数 z_2 很

蜗杆蜗轮的形成、类型和特点

多,直径较大,齿宽较短,称为蜗轮。为了改善蜗杆与蜗轮的啮合状况,将蜗轮的齿沿齿宽方向做成弧形,使之将蜗杆部分地包住,如图 7-35 所示。

蜗杆可以在车床上加工,加工方法与车削梯形螺纹相似。蜗轮可用与蜗杆形状和参数相同的滚刀(其差别是滚刀的外径略大,以便切出顶隙)按展成原理加工。和螺杆一样,蜗杆也有左旋、右旋以及单头、多头之分,常用的是右旋蜗杆。蜗杆螺线的导程角用 γ 表示,$\gamma=90°-\beta_1$。

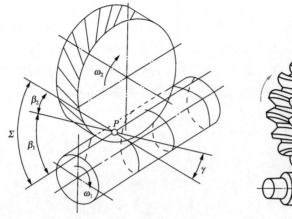

图 7-34 蜗杆蜗轮的形成   图 7-35 蜗杆传动

2. 蜗杆传动的类型

按蜗杆的形状可将蜗杆传动分为圆柱蜗杆传动（图 7-36（a））、环面蜗杆传动（图 7-36（b））和锥蜗杆传动（图 7-36（c））。

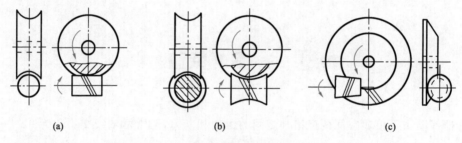

（a）   （b）   （c）

图 7-36 蜗杆传动的类型

按加工方法不同，圆柱蜗杆可分为阿基米德蜗杆和渐开线蜗杆等。如图 7-37（a）所示，车削阿基米德蜗杆时采用梯形车刀，刀具顶平面与蜗杆轴线在同一水平面上，车出的蜗杆轴向齿廓为直线，端面齿廓为阿基米德螺旋线。阿基米德蜗杆易车难磨，广泛用于转速较低的场合。如图 7-37(b)所示，车削渐开线蜗杆时，刀具顶平面与基圆柱相切，两把刀具分别切出左、右侧螺旋面，车出的蜗杆轴向齿廓为外凸曲线，端面齿廓为渐开线。渐开线蜗杆可在专用机床上磨削，制造精度较高，可用于转速较高、功率较大的传动。

3. 蜗杆传动的特点及应用

（1）传动比大，机构紧凑。单级传动比可达 8～80，在分度机构中可达 1 000。

（2）传动平稳，无噪声。由于具有螺旋传动的特点，故传动平稳，无噪声。

（3）在一定的条件下可以自锁。

（4）传动效率低，易磨损、发热。一般蜗杆蜗轮机构传动效率为 70%～80%，具有自锁性的蜗杆蜗轮机构效率低于 50%。

（5）成本高，轴向力较大。

由于蜗杆传动具有上述特点，故常用于传动比较大且要求结构紧凑的场合；为了起到安全保护作用，要求机构具有自锁性能。

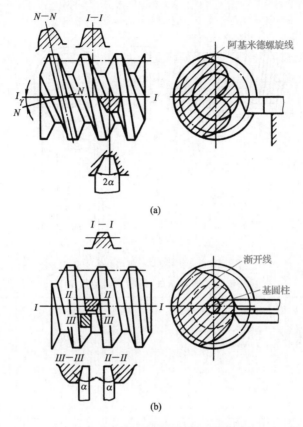

图 7-37　阿基米德蜗杆和渐开线蜗杆

二、蜗杆蜗轮机构的正确啮合条件以及几何尺寸计算

1. 正确啮合条件

如图 7-38 所示,通过蜗杆轴线并垂直于蜗轮轴线的平面称为中间平面。蜗轮是用与蜗杆形状和参数相同的滚刀按展成原理加工的,所以在中间平面内蜗轮与蜗杆的啮合就相当于齿轮与齿条的啮合。蜗杆蜗轮机构的设计计算以中间平面的参数和集合关系为准。其正确啮合条件是:蜗杆的轴面模数 m_x 和轴面压力角 α_x 与蜗轮的端面模数 m_t 和端面压力角 α_t 分别相等,即

蜗杆蜗轮机构的
正确啮合条件及
几何尺寸计算

$$m_x = m_t, \alpha_x = \alpha_t$$

因蜗杆蜗轮机构两轴的交错角 $\Sigma = \beta_1 + \beta_2 = 90°$,故还必须满足 $\gamma = \beta_2$,且二者的旋向必须相同。

2. 几何尺寸计算

(1)模数 m 和压力角 α

与齿轮传动一样,蜗杆蜗轮机构也以模数和压力角为主要计算参数。如前所述,规定蜗杆、蜗轮在中间平面内的模数和压力角为标准值。模数见表 7-13,压力角规定为 20°。

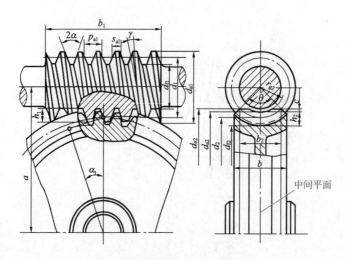

图 7-38 普通圆柱蜗杆传动及其尺寸

表 7-13   蜗杆传动的基本参数(两轴交错角为 90°)

模数 m/mm	分度圆直径 d_1/mm	直径系数 q	$m^2 d_1$ /mm³	蜗杆头数 z_1	模数 m/mm	分度圆直径 d_1/mm	直径系数 q	$m^2 d_1$ /mm³	蜗杆头数 z_1
2	(18)	9	72	1,2,4	8	(63)	7.875	4 032	1,2,4
	22.4	11.2	90	1,2,4,6		80	10	5 120	1,2,4,6
	(28)	14	112	1,2,4		(100)	12.5	6 400	1,2,4
	35.5	17.75	142	1		140	17.5	8 960	1
2.5	(22.4)	8.96	140	1,2,4	10	(71)	7.1	7 100	1,2,4
	28	11.2	175	1,2,4,6		90	9	9 000	1,2,4,6
	(35.5)	14.2	222	1,2,4		(112)	11.2	11 200	1,2,4
	45	18	281	1		160	16	16 000	1
3.15	(28)	8.89	278	1,2,4	12.5	(90)	7.2	14 062	1,2,4
	35.5	11.27	353	1,2,4,6		112	8.96	17 500	1,2,4,6
	(45)	14.29	447	1,2,4		(140)	11.2	21 875	1,2,4
	56	17.778	556	1		200	16	31 250	1
4	(31.5)	7.875	504	1,2,4	16	(112)	7	28 672	1,2,4
	40	10	640	1,2,4,6		140	8.75	35 840	1,2,4,6
	(50)	12.5	800	1,2,4		(180)	11.25	46 080	1,2,4
	71	17.75	1 136	1		250	15.625	64 000	1
5	(40)	8	1 000	1,2,4	20	(140)	7	56 000	1,2,4
	50	10	1 250	1,2,4,6		160	8	64 000	1,2,4,6
	(63)	12.6	1 575	1,2,4		(224)	11.2	89 000	1,2,4
	90	18	2 250	1		315	15.75	126 000	1
6.3	(50)	7.936	1 984	1,2,4	25	(180)	7.2	112 500	1,2,4
	63	10	2 500	1,2,4,6		200	8	125 000	1,2,4,6
	(80)	12.698	3 175	1,2,4		(280)	11.2	175 000	1,2,4
	112	17.778	4 445	1		400	16	250 000	1

(2)蜗杆直径系数 q

切制蜗轮的滚刀,其直径和参数必须与相对应的蜗杆相同。这就是说,只要有一种分度圆直径的蜗杆,就得有一种对应的蜗轮滚刀,这样刀具的品种势必会很多。为了限制滚刀的品种并便于滚刀标准化,国家标准规定,对于每一个标准模数只对应一种或几种标准的蜗杆分度圆直径(表 7-13),并把蜗杆分度圆直径 d_1 与模数 m 的比值称为蜗杆直径系数,用 q 表示,即

$$q = \frac{d_1}{m} \tag{7-53}$$

(3)蜗杆导程角 γ

当蜗杆的头数为 z_1、轴面模数为 m 时,蜗杆在分度圆柱面上的轴向齿距等于蜗轮的端面齿距,即 $p_{a1} = p_{t2} = \pi m$,如图 7-39 所示,可得

$$\tan \gamma = \frac{z_1 p_{a1}}{\pi d_1} = \frac{\pi m z_1}{\pi d_1} = \frac{m z_1}{mq} = \frac{z_1}{q} \tag{7-54}$$

式中,d_1 为蜗杆分度圆直径。

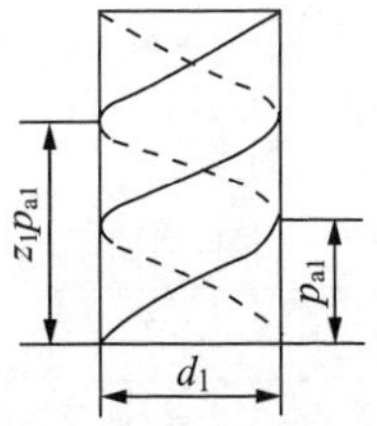

图 7-39　蜗杆导程角

(4)传动比 i、蜗杆头数 z_1 和蜗轮齿数 z_2

蜗杆蜗轮机构是由齿轮机构演变而来的,故传动比为

$$i = \frac{n_1}{n_2} = \frac{z_2}{z_1} \tag{7-55}$$

蜗杆的头数 z_1 可根据传动比的大小和效率来确定。单头蜗杆可在传动比较大时选用,但效率低。若要提高效率,应增加蜗杆头数,但头数过多又会给加工带来困难。

蜗轮齿数 $z_2 = i z_1$,蜗轮齿数取值过小会产生根切,应大于 26,但不宜大于 80。若 z_2 过多则会使结构尺寸过大,蜗杆刚度下降。z_1、z_2 的推荐值见表 7-14。

表 7-14　　　　　　　　　蜗杆头数 z_1 与蜗轮齿数 z_2 的推荐值

传动比 i	5~6	7~8	9~13	14~24	25~27	28~40	>40
蜗杆头数 z_1	6	4	3~4	2~3	2~3	1~2	1
蜗轮齿数 z_2	30~36	28~32	27~52	28~72	50~81	28~80	>40

(5)蜗杆与蜗轮的分度圆直径和中心距

蜗杆分度圆直径为

$$d_1 = mq \tag{7-56}$$

蜗轮分度圆直径为

$$d_2 = m z_2 \tag{7-57}$$

标准蜗杆蜗轮机构的中心距为

$$a = \frac{m}{2}(q + z_2) \tag{7-58}$$

蜗杆和蜗轮的几何尺寸除上述蜗杆分度圆直径 d_1 和中心距 a 外,其余尺寸均可参照直齿圆柱齿轮的公式计算,但需要注意其顶隙系数 $c^* = 0.2$。标准阿基米德蜗杆蜗轮机构的几何尺寸计算公式见表 7-15。

表 7-15　　标准阿基米德蜗杆蜗轮机构的几何尺寸计算公式

名　称	符　号	蜗　杆	蜗　轮
齿顶高	h_a	$h_{a1} = h_{a2} = h_a^* m$	
齿根高	h_f	$h_{f1} = h_{f2} = (h_a^* + c^*)m$	
全齿高	h	$h_1 = h_2 = (2h_a^* + c^*)m$	
分度圆直径	d	$d_1 = mq$	$d_2 = mz_2$
齿顶圆直径	d_a	$d_{a1} = d_1 + 2h_{a1}$	$d_{a2} = d_2 + 2h_{a2}$
齿根圆直径	d_f	$d_{f1} = d_1 - 2h_{f1}$	$d_{f2} = d_2 - 2h_{f2}$
蜗杆导程角	γ	$\gamma = \arctan\left(\dfrac{z_1}{q}\right)$	—
蜗轮螺旋角	β	—	$\beta = \gamma$
径向间隙	c	$c = c^* m = 0.2m$	
中心距	a	$a = \dfrac{m}{2}(q + z_2)$	

为了配凑中心距或提高传动能力,蜗杆蜗轮机构也可采用变位修正,但由于 d_1 已标准化,故蜗杆是不变位的,只对蜗轮进行变位修正。

三、蜗杆传动的失效形式及设计准则

由于蜗杆、蜗轮齿廓间的相对滑动速度较大且发热量大,因此传动的主要失效形式为胶合、磨损和点蚀。由于蜗杆的齿是连续的螺旋线,且蜗杆的强度高于蜗轮,因而失效多发生在蜗轮轮齿上。在闭式传动中,蜗轮的主要失效形式是胶合与点蚀;在开式传动中,蜗轮的主要失效形式是磨损。

根据蜗杆传动的失效形式和工作特点,对于闭式传动,通常按齿面接触疲劳强度设计,按齿根弯曲疲劳强度校核。此外,对于连续工作的闭式蜗杆传动还应进行热平衡核算;对于开式传动,通常只需按齿根弯曲疲劳强度设计。在蜗杆直径较小而跨距较大时,还应进行蜗杆轴的刚度验算以及蜗杆传动的强度计算。

1. 蜗杆传动的受力分析

蜗杆传动受力分析的过程和斜齿圆柱齿轮传动相似。不计摩擦力的影响,法向力可分解为三个相互垂直的分力:圆周力 F_t、径向力 F_r 和轴向力 F_a,如图 7-40 所示。

(1) 力的大小

$$\begin{cases} F_{t1} = \dfrac{2T_1}{d_1} = -F_{a2} \\[2mm] F_{a1} = -F_{t2} = \dfrac{2T_2}{d_2} \\[2mm] F_{r1} = -F_{r2} = F_{t2}\tan\alpha \\[2mm] F_n = \dfrac{F_{a1}}{\cos\alpha_n\cos\gamma} = -\dfrac{F_{t2}}{\cos\alpha_n\cos\gamma} = \dfrac{2T_2}{d_2\cos\alpha_n\cos\gamma} \end{cases} \qquad (7\text{-}59)$$

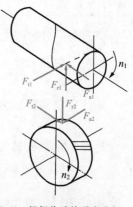

图 7-40　蜗杆传动的受力分析

式中　T_1、T_2——蜗杆、蜗轮上的名义转矩,$T_2 = T_1\eta$,η 为传动效率;

α——压力角；

γ——蜗杆导程角；

α_n——蜗杆、蜗轮的法向压力角。

(2)力的方向

F_{t1}与蜗杆的转向相反，F_{r1}沿半径指向蜗杆轴心，F_{a1}的判断方法与斜齿圆柱齿轮相同，用主动蜗杆左(右)手法则判定。

(3)力的对应关系

$$F_{r1} = -F_{r2}, F_{a1} = -F_{t2}, F_{t1} = -F_{a2}$$

2. 蜗杆传动的强度条件

由于蜗轮轮齿的形状复杂，本书仅按斜齿圆柱齿轮传动做近似计算，并直接给出推导结果。

(1)齿面接触疲劳强度条件

蜗轮与蜗杆啮合处的齿面接触应力与齿轮传动相似，利用赫兹应力公式，考虑蜗杆和蜗轮的齿廓特点，即可得齿面接触疲劳强度条件。

(2)齿根弯曲疲劳强度条件

借用斜齿圆柱齿轮齿根弯曲疲劳强度计算公式，考虑蜗杆传动的特点，可得到齿根弯曲疲劳强度条件。

设计时，由设计公式求出 $m^2 d_1$ 后，按表 7-13 查出相应的 m、d_1 及 q 值，作为蜗杆传动的设计参数。

对于闭式蜗杆传动，只需校核齿面接触疲劳强度，一般无须校核蜗轮轮齿的齿根弯曲疲劳强度，只有当蜗轮齿数很多($z_2 > 80$)时，才需校核齿根弯曲疲劳强度。对于开式蜗杆传动，只需校核齿根弯曲疲劳强度。

3. 蜗杆传动的热平衡计算

闭式蜗杆传动的总效率包括三部分：轮齿啮合摩擦损失效率、轴承摩擦损失效率以及零件搅动润滑油飞溅损失效率。其中，最主要的是轮齿啮合摩擦损失效率。蜗杆传动相当于梯形螺纹传动，蜗杆相当于螺母，轮齿啮合摩擦损失效率可根据螺旋传动的效率求得，一般为 $0.95 \sim 0.97$。

4. 蜗杆传动的参数选择

(1)模数 m

蜗杆的轴面模数等于蜗轮的端面模数，为标准值。一般用于动力传递时，取 $m = 2 \sim 8$ mm。

(2)蜗杆直径系数 q

蜗杆直径系数 q 反映了直径 d_1 与模数 m 之间的关系，即 $q = d_1/m$，在 d_1 与 m 均为标准值的条件下，q 也是确定的标准值，不能随意定值。m、d_1、q 的取值见表 7-13。

（3）蜗杆头数 z_1 和蜗轮齿数 z_2

z_1、z_2 可根据传动比 i，按表 7-14 的推荐值选取。

（4）蜗杆导程角 γ 及蜗轮螺旋角 β

$\gamma = \beta$，一般取右旋。γ 随 m、d_1、z_1 值而定。若要求蜗杆传动自锁，则 γ 应取较小值；若无自锁要求，则 γ 应取较大值，以提高效率。

7.11 齿轮及蜗杆蜗轮的结构

一、齿轮的结构

齿轮的结构

通过齿轮传动的强度计算和几何尺寸计算后，已确定了齿轮的主要参数和尺寸，齿轮的结构形式以及轮毂、轮辐、轮缘等部分的尺寸通常由齿轮的结构设计来确定。

齿轮的结构形式主要由齿轮的尺寸大小、毛坯材料、加工工艺、生产批量等因素确定。一般先按齿轮直径大小选定合适的结构形式，再由经验公式确定有关尺寸，绘制零件图。

1. 圆柱齿轮结构

（1）齿轮轴

对于直径较小的钢制圆柱齿轮，其齿根圆直径与轴径相差很小，当齿根圆至键槽底部的径向距离 $x < 2.5$ mm 时，可将齿轮和轴制成一体，称为齿轮轴，如图 7-41 所示。如果齿轮的直径比轴的直径大得多，则应把齿轮和轴分开制造。

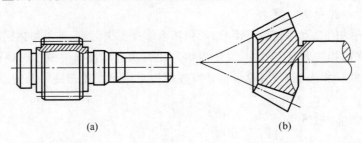

(a)　　　　　　　　　　　(b)

图 7-41　齿轮轴

（2）实心式齿轮

当齿顶圆直径 $d_a \leqslant 200$ mm 时，若齿根圆到键槽底部的径向距离 $x > 2.5$ mm，则可做成实心结构的齿轮，如图 7-42 所示。单件或小批量生产中要求直径小于 100 mm 时，可用轧制圆钢制造齿轮毛坯。

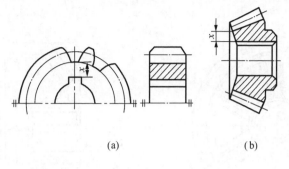

图 7-42　实心式齿轮

（3）腹板式齿轮

当 200 mm$<d_a<$500 mm 时，为了减轻质量和节约材料，常将齿轮做成腹板式结构（图 7-43），腹板上开孔的数目及孔的直径按结构尺寸的大小而定。

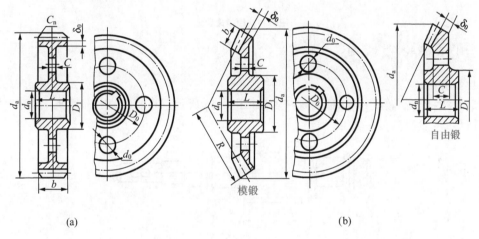

（a）

模锻

（b）

图 7-43　腹板式齿轮

（4）轮辐式齿轮

当齿顶圆直径 $d_a \geqslant$500 mm 时，齿轮的毛坯制造因受锻压设备的限制，往往改为由铸铁或铸钢浇铸而成。铸造齿轮常做成轮辐式结构，如图 7-44 所示。

2. 锥齿轮结构

（1）锥齿轮轴

当锥齿轮的小端齿根圆到键槽根部的距离 $x<$1.6 mm 时，需将齿轮和轴做成一体，称为锥齿轮轴。

（2）实心式锥齿轮

当 $x \geqslant$1.6 mm 时，应将齿轮与轴分开制造，常采用实心式结构。

（3）腹板式锥齿轮

200 mm$<d_a\leqslant$500 mm 的锻造锥齿轮可做成腹板式结构；$d_a\geqslant$300 mm 的铸造锥齿轮可做成加强肋板式结构。

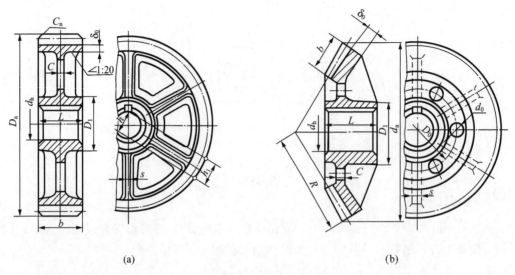

(a)　　　　　　　　　　　　(b)

图 7-44　轮辐式齿轮

二、蜗杆蜗轮的结构

1. 蜗杆结构

通常蜗杆与轴做成一体,称为蜗杆轴,如图 7-45 所示。当蜗杆直径较大时,可将蜗杆做成套筒形式,然后套装在轴上。

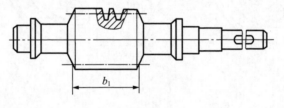

图 7-45　蜗杆轴

2. 蜗轮结构

蜗轮常用的结构形式有以下几种:

(1)齿圈式(图 7-46(a))

这种结构由青铜齿圈及铸铁轮芯组成。齿圈与轮芯多用 H7/r6 配合,并加装 4～6 个紧定螺钉(或用螺钉拧紧后将头部锯掉),以增强连接的可靠性。螺钉直径取为 $(1.2～1.5)m$,m 为蜗轮的模数。螺钉拧入深度为 $(0.3～0.4)b$,b 为蜗轮宽度。

为了便于钻孔,应将螺孔中心线由配合缝向材料较硬的轮芯部分偏移 2～3 mm。这种结构多用于尺寸不太大或工作温度变化较小的地方,以免热胀冷缩而影响配合的质量。

(2)螺栓连接式(图 7-46(b))

可用普通螺栓或铰制孔用螺栓连接,螺栓的尺寸和数目可参考蜗轮的结构尺寸而定,然后做适当的校核。这种结构装拆比较方便,多用于尺寸较大或易磨损的蜗轮。

(3)整体浇注式(图 7-46(c))

主要用于铸铁蜗轮或尺寸很小的青铜蜗轮。

(4)拼铸式(图 7-46(d))

这种形式是在铸铁轮芯上加铸青铜齿圈,然后切齿。拼铸式只用于成批制造的蜗轮。

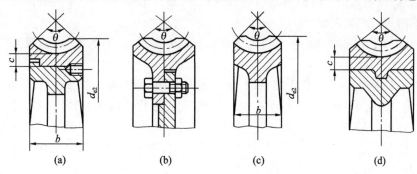

(a)　　　　　(b)　　　　　(c)　　　　　(d)

图 7-46　蜗轮常用的结构形式

素质培养

　　"敬业、精益、专注、创新"是工匠精神的核心。工匠精神是中国制造前行的精神源泉。

　　长期以来,中国高铁列车用的齿轮传动系统完全被德国和日本公司垄断。近年来,随着高铁强劲发展,中国工程师反复试验,于 2015 年成功下线第一套压制技术的齿轮箱,3 年内成品率达到 100%。高铁齿轮制造的相关技术难度较大,齿轮处理需要达到微米级精度,相当于头发丝表面的五十分之一,CRH380A 动车组齿轮箱驱动装置有大大小小的零部件 460 余个,项目组成员们要跨越这 460 余道技术"门槛",难度可想而知。正是中国团队具备把"质量看成唯一"的工匠精神,才使高铁的齿轮箱设计方面的技术难关在 10 年内成功攻克,列车齿轮全部用上中国造。

　　从设计实验到零部件的加工制造,高铁的强劲势头,伴随的是中国整体工业制造实力的提升,中国工程师创建的标准,正成为世界追逐的新目标。

知识总结

本章主要学习齿轮传动的工作原理、特点及设计计算方法。

1.渐开线齿廓的啮合特点

渐开线齿廓的几何特性是齿轮传动具有瞬时传动比恒定,中心距可分性和传力方向不变的特点。

2.渐开线标准圆柱齿轮的五大参数

计算渐开线直齿圆柱齿轮几何尺寸的五个基本参数:模数 m、压力角 α、齿顶高系数 h_a^*、顶隙系数 c^*、齿数 z。其中模数 m、压力角 α、齿数 z 决定齿廓形状。

斜齿圆柱齿轮的主要参数增加了螺旋角 β,其他五个参数都有端面和法面两个,其中国家标准规定法面参数取标准值。

标准齿轮指的是模数 m、压力角 α、齿顶高系数 h_a^*、顶隙系数 c^* 这四个参数都取标准值。

3.齿轮的正确啮合条件

直齿圆柱齿轮的正确啮合条件:两轮的模数和压力角分别相等;斜齿圆柱齿轮的正确啮合条件:两轮的端面或法面模数和压力角分别相等,螺旋角大小相等、旋向相反。

4.齿轮的失效形式及设计

齿轮传动的主要失效形式有五种:轮齿折断、齿面磨损、齿面点蚀、齿面胶合、齿面塑性变形。

齿轮的设计是针对失效形式进行的,闭式硬齿面齿轮传动,主要的失效形式是轮齿折断,按齿根弯曲疲劳强度进行设计计算得出模数,确定齿轮传动参数和几何尺寸,再校核齿面接触疲劳强度,保证不发生齿面点蚀;闭式软齿面齿轮传动,主要失效形式是齿面点蚀,按齿面接触疲劳强度进行设计计算得出分度圆直径,确定齿轮传动参数和几何尺寸,再校核齿根弯曲疲劳强度,保证不发生轮齿折断。

5.齿轮的材料选择

齿轮的常用材料有锻钢、铸铁、铸钢和工程塑料等。最常用的是锻钢,比如优质碳素钢和合金钢;直径较大、形状复杂的齿轮用铸钢或球墨铸铁;不重要的齿轮可以用灰铸铁;高速、轻载及精度不高的齿轮传动,可以用工程塑料。

6.圆柱齿轮的作用力分析

圆柱齿轮传动轮齿间的作用力可分解为圆周力 F_t、径向力 F_r、轴向力 F_a(直齿轮的轴向力为零),轴向力方向与轮齿的螺旋线方向和齿轮转向有关,可用主动轮左右手定则来判定。

7.直齿锥齿轮传动

锥齿轮传动用来实现两相交轴之间的传动。

直齿锥齿轮的正确啮合条件是两轮大端模数和压力角分别相等。

直齿锥齿轮的传动比 $i = \cot \delta_1 = \tan \delta_2$

8.蜗杆传动

蜗杆传动用于传递空间两交错轴之间的运动和动力。

蜗杆传动的主要参数:模数 m、压力角 α、蜗杆直径系数 $q = d_1/m$、蜗杆导程角 γ、蜗杆的头数 z_1、蜗轮的齿数 z_2。

蜗杆蜗轮机构的正确啮合条件是在中间平面内蜗杆的轴面模数 m_x 和轴面压力角 α_x 与蜗轮的端面模数 m_t 和端面压力角 α_t 分别相等。

9.齿轮结构

圆柱齿轮的结构形式有齿轮轴、实心式齿轮、腹板式齿轮和轮辐式齿轮。

专题训练

1.渐开线是怎样形成的?它有哪些重要性质?

2.已知一对外啮合正常齿制的标准齿轮 $i = 3$,$z_1 = 19$,$m = 5$ mm。试计算这对齿轮的分度圆直径、齿顶圆直径、齿根圆直径、基圆直径、中心距、齿距、齿厚和齿槽宽。

3.分别说明直齿轮、斜齿轮、锥齿轮的正确啮合条件和啮合过程。

4.压力角为20°、齿顶高系数为1的标准直齿圆柱齿轮,试求其齿根圆大于基圆时的齿数条件。

5.现有三个压力角相等的渐开线标准直齿圆柱齿轮,其齿数分别为 $z_1 = 20$,$z_2 = z_3 = 60$;现测得齿顶圆直径分别为 $d_{a1} = 44$ mm,$d_{a2} = 124$ mm,$d_{a3} = 139.5$ mm。试从这三个齿轮中选取一对,组成一标准直齿轮机构,并计算出它们的中心距 a。

6.已知一对外啮合标准直齿圆柱齿轮的标准中心距 $a = 120$ mm,$z_1 = 20$,$z_2 = 60$。试确定这对齿轮的模数和分度圆直径。

7.何谓重合度? 为什么必须使 $\varepsilon \geqslant 1$?

8.有三个标准齿轮,$m_1 = 5$ mm,$z_1 = 38$,$m_2 = 2$ mm,$z_2 = 50$,$m_3 = 5$ mm,$z_3 = 24$。问这三个齿轮的齿形有何不同? 可以用同一把成形铣刀加工吗? 可以用同一把滚刀加工吗?

9.有一对外啮合标准直齿圆柱齿轮,实测两轮轴孔中心距 $a = 112.5$ mm,小齿轮齿数 $z_1 = 38$,齿顶圆直径 $d_{a1} = 100$ mm。试配一大齿轮,确定大齿轮的齿数 z_2、模数 m 及尺寸。

10.一对外啮合标准斜齿轮,$a = 250$ mm,$z_1 = 23$,$z_2 = 98$,$m = 4$ mm。试计算这两个齿轮的参数 m_t、α_t、β 和分度圆直径 d_1、d_2。

11.蜗杆传动中为什么要引入蜗杆直径系数 q?

12.已知一蜗杆蜗轮机构,$z_1 = 2$,$z_2 = 39$,$m = 4$ mm,$d_1 = 40$ mm。试计算蜗杆直径系数、蜗杆轴向齿距、蜗杆导程角和蜗杆蜗轮机构的中心距。

13.斜齿圆柱齿轮的齿数 z 与其当量齿数 z_v 有什么关系? 在下列几种情况下应分别采用哪种齿数?

(1)计算齿轮传动比;

(2)用仿形法切制斜齿轮时选用盘形铣刀;

(3)计算分度圆直径和中心距;

(4)弯曲强度计算时查齿形系数。

14.试设计两级齿轮减速器中的低速级直齿圆柱齿轮传动。已知传递功率 $P = 10$ kW,小齿轮转速 $n_1 = 480$ r/min,传动比 $i = 3.2$,载荷有中等冲击,单向转动,小齿轮相对轴承为不对称布置,使用寿命 $t_h = 15\,000$ h。

15.试设计由电动机驱动的闭式斜齿圆柱齿轮传动。已知传递功率 $P = 22$ kW,小齿轮转速 $n_1 = 960$ r/min,传动比 $i = 3$,单向运转,载荷有中等冲击,齿轮相对于轴承为对称布置,使用寿命 $t_h = 20\,000$ h。

知识检测

通过本章的学习,同学们要掌握齿轮传动的工作原理、特点和应用,并学会齿轮传动的设计计算方法。大家掌握的情况如何呢? 快来扫码检测一下吧!

第8章

齿 轮 系

工程案例导入

变速箱是用来改变来自发动机的转速和转矩的机构,它能固定或分挡改变输入轴和输出轴的传动比。比亚迪股份有限公司是中国汽车行业极具创新的新锐民族自主品牌,该公司自主研发的双离合变速器换挡时间小于 0.2 s,其结构如图 8-1 所示,一系列齿轮和轴组成的传动系统实现动力的传递,两根输入轴分别连接两个离合器,实现换挡过程动力的持续传递,在不切换动力的情况下转换传动比,从而有效缩短换挡时间,提高换挡品质。

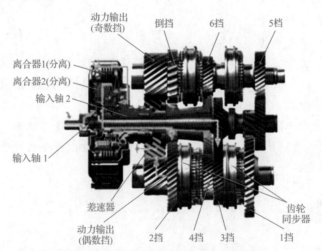

图 8-1 双离合变速器的结构

这种由一系列齿轮传动所组成的传动系统称为齿轮系,简称轮系。在实际机械传动中,只用一对齿轮传动往往不能满足生产上的多种需求,通常是采用轮系来达到目的。本单元主要讨论轮系的有关知识。

知识目标 ▶▶▶

1. 说出轮系的类型及功用。
2. 了解其他新型轮系。
3. 熟练掌握定轴轮系、行星轮系传动比的计算。
4. 识别实际机械中的轮系。

技能目标 ▶▶▶

1. 能划分轮系的组成,识别实际机械中的轮系类型。
2. 会计算轮系的传动比。
3. 能正确分析和选用轮系。

素质目标 ▶▶▶

1. 引导学生养成多思考、多阅读的习惯;
2. 提高学生贯彻标准、分析问题的能力。
3. 引导学生讲奉献、讲创新、树立文化自信,坚信中国品牌会越来越好。

素养提升

8.1　轮系及其类型

各齿轮的轴线互相平行的轮系称为平面轮系,其他则称为空间轮系。按照轮系运动时各齿轮的轴线相对于机架的位置是否固定,轮系又可分为定轴轮系和行星轮系两大类。

一、定轴轮系

轮系在运动时,若各齿轮的轴线位置相对机架均固定不动,则称该轮系为定轴轮系。由轴线相互平行的圆柱齿轮组成的定轴轮系称为平面定轴轮系,如图 8-2(a)所示;含有锥齿轮或蜗杆蜗轮传动的定轴轮系称为空间定轴轮系,如图 8-2(b)所示。

轮系及其类型

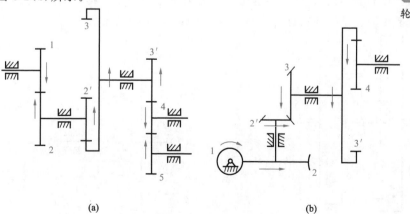

(a)　　　　　　　(b)

图 8-2　定轴轮系

二、行星轮系

行星轮系也称为周转轮系。当轮系在运动时,若轮系中至少有一个齿轮的轴线相对于机架的位置是变化的,则这样的轮系称为行星轮系,如图 8-3 所示。图 8-3(a)中,齿轮 2 既绕自身轴线 O_2 旋转,又绕齿轮 1 和齿轮 3 的轴线 O_1 旋转,这种既有自转又有公转的齿轮称为行星轮。H 是支持行星轮的构件,称为行星架或转臂,也可称为系杆。齿轮 1 和齿轮 3 的轴线 O_1 与行星架 H 的轴线 O_H 相互重合且固定,并且齿轮 1 和齿轮 3 都与行星轮 2 啮合,这样的齿轮称为太阳轮或中心轮。

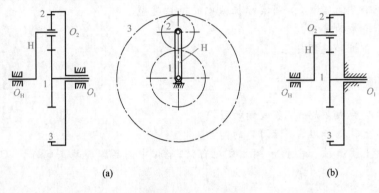

(a)   (b)

图 8-3 行星轮系

根据行星轮系自由度的不同,可将行星轮系分为两类:

(1)简单行星轮系:自由度为 1 的行星轮系,如图 8-3(b)所示,在此行星轮系中有固定的太阳轮。

(2)差动行星轮系:自由度为 2 的行星轮系,如图 8-3(a)所示,其太阳轮不固定。

根据行星轮系中太阳轮的个数不同,行星轮系又可分为以下三类:

(1)2K-H 型行星轮系:如图 8-3 所示,由两个太阳轮(1 和 3)和一个行星架(H)组成。

(2)3K 型行星轮系:如图 8-4 所示,是由三个太阳轮 K 所组成的行星齿轮传动机构。

(3)K-H-V 型行星轮系:如图 8-5 所示,是由一个太阳轮(K)、一个行星架(H)和一个输出机构(V)所组成的行星轮系传动机构。行星轮与输出轴之间用等角速比输出机构连接,以实现等角速比的运动输出,此等角速比输出机构简称为输出机构。当前广泛使用的渐开线少齿差行星传动和摆线针轮行星传动都属于 K-H-V 型行星轮系。

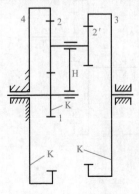

图 8-4 3K 型行星轮系

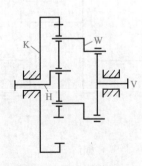

图 8-5 K-H-V 型行星轮系

其他结构形式的行星轮系大都是上述三种行星轮系的组合或演化。

三、混合轮系

由定轴轮系和行星轮系或由两个以上的行星轮系组成的轮系称为混合轮系,也称为组合轮系,如图 8-6 所示。

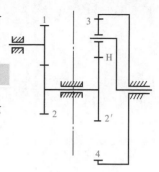

图 8-6　混合轮系

8.2 定轴轮系传动比的计算

轮系中输入轴与输出轴的角速度或转速之比称为轮系的传动比,常用字母 i 表示,如 i_{15} 表示轴 1 与轴 5 的传动比。

传动比公式为

$$i_{1K} = \frac{n_1}{n_K} = \frac{\omega_1}{\omega_K}$$

定轴轮系
传动比的计算

在计算传动比时,既要确定轮系传动比的大小,又要确定输出轴与输入轴的转向关系。

一、一对齿轮啮合的传动比

先讨论平行轴线齿轮传动的传动比,如图 8-7 所示。设主动轮 1 的转速为 n_1,齿数为 z_1;从动轮 2 的转速为 n_2,齿数为 z_2,则传动比为

$$i_{12} = \frac{n_1}{n_2} = \pm \frac{z_2}{z_1} \tag{8-1}$$

式中:"+"号表示一对内啮合圆柱齿轮传动时,从动轮与主动轮转向相同,如图 8-7(a)所示;"−"号表示一对外啮合圆柱齿轮传动时,从动轮转向与主动轮转向相反,如图 8-7(b)所示。两轮的转向也可用箭头在图中表示出来。

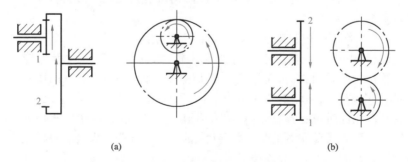

(a)　　　　　　　　　(b)

图 8-7　一对平行轴线齿轮传动的转向关系

对于轴线不平行的空间齿轮传动,如锥齿轮传动和蜗杆蜗轮传动,式(8-1)同样适用,但各轮转向只能用箭头在图中表示出来,如图 8-8 所示。

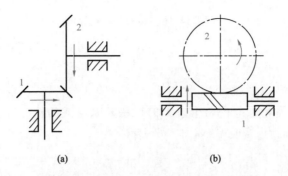

图 8-8　一对轴线不平行齿轮传动的转向关系

二、定轴轮系的传动比

现以图 8-2(a)所示的定轴轮系为例,讨论定轴轮系传动比的计算方法。设齿轮 1 为主动轮,齿轮 5 为输出轮,各轮齿数分别为 z_1、z_2、$z_{2'}$、z_3、$z_{3'}$、z_4、z_5,各轮转速分别为 n_1、n_2、$n_{2'}$、n_3、$n_{3'}$、n_4、n_5。根据式(8-1)可求得轮系中各对啮合齿轮的传动比为

$$i_{12}=\frac{n_1}{n_2}=-\frac{z_2}{z_1} \quad i_{2'3}=\frac{n_{2'}}{n_3}=\frac{z_3}{z_{2'}} \quad i_{3'4}=\frac{n_{3'}}{n_4}=-\frac{z_4}{z_{3'}} \quad i_{45}=\frac{n_4}{n_5}=-\frac{z_5}{z_4}$$

将以上各式连乘,可得

$$i_{12} \cdot i_{2'3} \cdot i_{3'4} \cdot i_{45}=\frac{n_1}{n_2} \cdot \frac{n_{2'}}{n_3} \cdot \frac{n_{3'}}{n_4} \cdot \frac{n_4}{n_5}=\left(-\frac{z_2}{z_1}\right)\left(\frac{z_3}{z_{2'}}\right)\left(-\frac{z_4}{z_{3'}}\right)\left(-\frac{z_5}{z_4}\right)$$

又由于 $n_2=n_{2'}$,$n_3=n_{3'}$,所以有

$$i_{15}=\frac{n_1}{n_5}=(-1)^3\frac{z_2 z_3 z_4 z_5}{z_1 z_{2'} z_{3'} z_4}=(-1)^3\frac{z_2 z_3 z_5}{z_1 z_{2'} z_{3'}}$$

由上式可知,定轴轮系的传动比等于轮系中各对啮合齿轮传动比的连乘积,也等于轮系中所有从动轮齿数的乘积与所有主动轮齿数的乘积之比,传动比的正负号取决于外啮合齿轮的对数。

由以上分析可以推广到一般情况。若用 1、K 分别表示轮系的首末两轮,m 表示外啮合次数,则定轴轮系的传动比计算公式为

$$i_{1K}=\frac{n_1}{n_K}=(-1)^m\frac{\text{从轮 1 到轮 } K \text{ 之间所有从动轮齿数的乘积}}{\text{从轮 1 到轮 } K \text{ 之间所有主动轮齿数的乘积}} \tag{8-2}$$

式(8-2)说明:

(1)用$(-1)^m$来判断转向只限于轴线平行的定轴轮系。

(2)若定轴轮系中包含了轴线不平行的锥齿轮、蜗杆蜗轮等空间齿轮传动,则不能用$(-1)^m$来确定输出轮的转动方向,而只能用箭头表示在图上,如图 8-2(b)所示。

(3)空间轮系中若首末两轮的几何轴线平行,仍可用"＋"、"－"号来表示两轮之间的转向关系。二者转向相同时,在传动比计算结果前冠以"＋"号;二者转向相反时,在传动比计算结果前冠以"－"号。需要注意的是,这里所说的"＋"、"－"号是用箭头在图中确定的,而不能用$(-1)^m$来确定。

在图 8-2(a)中,齿轮 4 同时与齿轮 3′和齿轮 5 啮合,它既是齿轮 3′的从动轮,又是齿轮 5 的主动轮,该齿轮的齿数在公式的分子和分母中同时出现且互相约去,因此齿轮 4 的齿数多少不影响轮系传动比的大小,但影响输出轮的转向。在轮系中,这种不影响传动比大小而仅起传递运动和改变转向作用的齿轮称为惰轮或介轮。

例 8-1

在图 8-2(a)中,已知 $n_1 = 960$ r/min,转向如图中所示,各齿轮的齿数分别为 $z_1 = 20, z_2 = 60, z_{2'} = 45, z_3 = 90, z_{3'} = 30, z_4 = 24, z_5 = 25$。试求齿轮 5 的转速 n_5,并在图中注明其转向。

解:由图可知该轮系为轴线平行定轴轮系,故可根据式(8-2)计算得

$$i_{15} = \frac{n_1}{n_5} = (-1)^3 \frac{z_2 z_3 z_4 z_5}{z_1 z_{2'} z_{3'} z_4} = -\frac{60 \times 90 \times 24 \times 25}{20 \times 45 \times 30 \times 24} = -5$$

因此有

$$n_5 = \frac{n_1}{i_{15}} = \frac{960}{-5} = -192 \text{ r/min}$$

因传动比为负号,所以齿轮 5 的转向与齿轮 1 的转向相反,如图 8-2(a)所示。

例 8-2

在图 8-9 所示的空间定轴轮系中,已知 $z_1 = 1$, $z_2 = 51, z_3 = 18, z_4 = 30, z_5 = 60, z_6 = 24$。试求传动比 i_{16},并指明各轮转向。

解:因轮系中有空间齿轮传动(蜗杆蜗轮传动和锥齿轮传动),故仍可使用式(8-2),但不代入符号,由已知条件得

$$i_{16} = \frac{n_1}{n_6} = \frac{z_2 z_4 z_6}{z_1 z_3 z_5} = \frac{51 \times 30 \times 24}{1 \times 18 \times 60} = 34$$

各轮转向如图 8-9 中箭头所示。

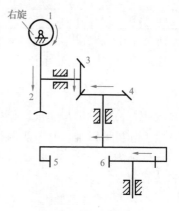

图 8-9　空间定轴轮系

8.3　行星轮系传动比的计算

行星轮系
传动比的计算

对于行星轮系,其传动比显然不能直接利用定轴轮系传动比的计算公式,因为行星轮系中包含几何轴线可以运动的行星轮。但可以运用反转法,也叫转化机构法,将行星轮系转化为定轴轮系,再根据定轴轮系传动比的计算方法来计算行星轮系的传动比。根据相对运动原理,假想给图8-10(a)所示的整个行星轮系加上一个与行星架 H 的转速大小相等、方向相反的公共转速 $-n_H$ 后,各构件间的相对运动关系不变,但此时行星架的转速为 $n_H - n_H = 0$,即相对静止不动,则原行星轮系转化为定轴轮系,如图 8-10(b)所示。这个假想的定轴轮系称为原行星轮系的转化轮系。转化轮系中各构件相对行星架 H 的转速见表 8-1。

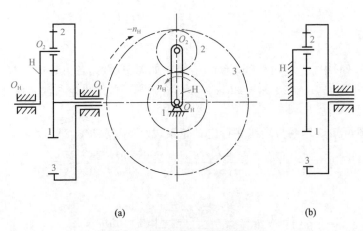

(a)　　　　　　　(b)

图 8-10　行星轮系及其转化轮系

表 8-1　　　　　　　　　　　　**转化前后各构件转速间的关系**

构件代号	原轮系中的转速（绝对转速）	转化轮系中的转速（相对转速）
1	n_1	$n_1^H = n_1 - n_H$
2	n_2	$n_2^H = n_2 - n_H$
3	n_3	$n_3^H = n_3 - n_H$
H	n_H	$n_H^H = n_H - n_H = 0$

表 8-1 中，n_1^H、n_2^H、n_3^H、n_H^H 分别表示各构件在转化轮系中的转速。因转化轮系是假想的定轴轮系，故可按定轴轮系传动比计算公式(8-2)计算该机构的相对传动比。

$$i_{13}^H = \frac{n_1^H}{n_3^H} = \frac{n_1 - n_H}{n_3 - n_H} = (-1)^1 \frac{z_2 z_3}{z_1 z_2} = -\frac{z_3}{z_1}$$

等式右边的"－"号表示转化轮系中齿轮 1 和齿轮 3 的转向相反。

以上分析可以推广到一般的行星轮系中。设行星轮系首轮 1、末轮 K 和行星架 H 的绝对转速分别为 n_1、n_K、n_H，m 表示轮 1 到轮 K 之间的外啮合次数，则其转化轮系传动比的一般表达式为

$$i_{1K}^H = \frac{n_1 - n_H}{n_K - n_H} = (-1)^m \frac{\text{从轮 1 到轮 } K \text{ 之间所有从动轮齿数的乘积}}{\text{从轮 1 到轮 } K \text{ 之间所有主动轮齿数的乘积}} \tag{8-3}$$

式(8-3)说明：

(1)该式只适用于齿轮 1、K 和行星架 H 的回转轴线重合或平行的场合。其原因在于公式推导过程中附加转速 $-n_H$ 与各构件原来的转速是代数相加的，因而 n_1、n_K 和 n_H 必须是平行的矢量。正因为如此，对于由锥齿轮所组成的差动轮系，其两太阳轮之间或太阳轮与行星轮之间的传动比可用式(8-3)求解，但行星轮的转速不能用式(8-3)求解。

(2)等式右边的符号表示转化轮系中齿轮 1、K 的转向关系，其判断方法与定轴轮系中的判断方法相同。如果轮 1 到轮 K 之间只有圆柱齿轮，则转向可由 $(-1)^m$ 来确定；若轮系中有锥齿轮传动或蜗杆蜗轮传动，则转向要用画箭头的方法确定。应注意的是，计算时将各轮转速的数值代入的同时，必须连同转速的正负号一起代入。可先假设某已知构件转向为正，则另一构件转向与之相同时取正，反之取负。

(3)$i_{1K}^H \neq i_{1K}$。i_{1K}^H 为转化轮系中 1、K 两轮的转速之比（即 $i_{1K}^H = \dfrac{n_1^H}{n_K^H}$），而 i_{1K} 是行星轮系中 1、K 两轮的绝对转速之比（即 $i_{1K} = \dfrac{n_1}{n_K}$），它的大小和符号必须按式(8-2)经计算后求出。

例 8-3

如图 8-11 所示为一简单行星轮系。已知各轮齿数为 $z_1=100,z_2=101,z_{2'}=100,z_3=99$。求传动比 i_{H1}。

解： 由式(8-3)可得

$$i_{13}^{H}=\frac{n_1-n_H}{n_3-n_H}=(-1)^2\frac{z_2z_3}{z_1z_{2'}}=\frac{z_2z_3}{z_1z_{2'}}$$

由图 8-11 可知 $n_3=0$，将各轮齿数代入上式有

$$\frac{n_1-n_H}{0-n_H}=\frac{101\times99}{100\times100}$$

解得

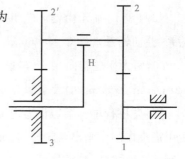

图 8-11 行星轮系

$$i_{1H}=\frac{n_1}{n_H}=1-\frac{9\,999}{10\,000}=\frac{1}{10\,000}$$

所以

$$i_{H1}=\frac{n_H}{n_1}=10\,000$$

上例的结果说明，当行星架 H 转 10 000 转时，轮 1 才转 1 转，其转向与行星架的转向相同。可见，通过只由两对齿轮传动组成的行星轮系就可获得极大的传动比，这是单对齿轮传动所达不到的。这种行星轮系可在仪表中用来测量高速转动或作为精密的微调机构。

上例中若 $z_3=100$，其他条件不变，则可计算得 $i_{H1}=-100$，即当行星架 H 转 100 转时，轮 1 反转 1 转。可见，行星轮系中从动轮的转向不仅与主动轮的转向有关，而且与轮系中各轮齿数有关。在本例中，只将轮 3 增加 1 个齿，轮 1 转向就发生改变，传动比也发生很大变化，这是行星轮系与定轴轮系的不同之处。

例 8-4

一差动轮系如图 8-12 所示。已知各轮齿数为 $z_1=18$，$z_2=24,z_3=72$，轮 1 和轮 3 的转速为 $n_1=100$ r/min，$n_3=400$ r/min，转向如图中所示。试计算 n_H 和 i_{1H}。

解： 根据式(8-3)可得

$$i_{13}^{H}=\frac{n_1-n_H}{n_3-n_H}=(-1)^1\frac{z_2z_3}{z_1z_2}=-\frac{z_3}{z_1}$$

由图 8-12 可知，轮 1 与轮 3 转向相反。将 n_1、n_3 及各轮齿数代入上式，得

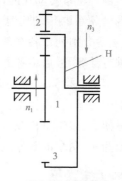

图 8-12 差动轮系

$$\frac{100-n_H}{-400-n_H}=-\frac{72}{18}=-4$$

解得 $n_H=-300$ r/min，由此可求得

$$i_{1H}=\frac{n_1}{n_H}=\frac{100}{-300}=-\frac{1}{3}$$

上式中的负号表示行星架的转向与轮 1 的转向相反，与轮 3 的转向相同。

例 8-5

如图 8-13 所示由锥齿轮组成的行星轮系（差动轮系），已知 $z_1=60$，$z_2=40$，$z_{2'}=z_3=20$，两太阳轮转向相反，转速 $n_1=n_3=120$ r/min，试求 n_H 的大小和方向。

解：先将行星轮系转化为定轴轮系，然后用箭头在图中画出各轮转向（如虚线箭头所示），由式(8-3)得

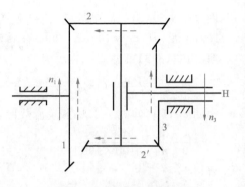

图 8-13　由锥齿轮组成的行星轮系

$$i_{13}^H=\frac{n_1-n_H}{n_3-n_H}=(-1)^2\frac{z_2 z_3}{z_1 z_{2'}}=\frac{z_2 z_3}{z_1 z_{2'}}$$

上式中的"+"号是由齿轮和齿轮虚箭头同向来确定的，与实箭头无关。设箭头向上为正，则 $n_1=120$ r/min，$n_3=-120$ r/min，代入上式得

$$\frac{120-n_H}{-120-n_H}=\frac{40\times20}{60\times20}$$

解得 $n_H=600$ r/min，计算结果为正，表明行星架与轮 1 转向相同。

8.4　混合轮系传动比的计算

　　混合轮系传动比的计算是建立在定轴轮系和单级行星轮系传动比计算基础之上的。计算混合轮系的传动比时，必须首先确定哪些齿轮构成定轴轮系，哪些齿轮构成单一行星轮系，然后分别列出各个基本轮系的传动比计算方程式，再根据这些基本轮系中联系构件的关系进行计算，最后将各方程式联立求解得出所需的传动比。

　　解决此类问题的关键：在轮系中要正确划分出单一的行星轮系。即先找出几何轴线不固定的行星轮，再找出支持行星轮的行星架 H 以及与行星轮相啮合的太阳轮，这组行星轮、行星架、太阳轮就构成了单一的行星轮系。重复上述过程直至将所有的单一行星轮系全部找出为止，剩余的部分就是定轴轮系。

例 8-6

如图 8-14 所示为电动卷扬机卷筒机构，各轮齿数为 $z_1=24$，$z_2=48$，$z_{2'}=30$，$z_3=102$，$z_{3'}=40$，$z_4=25$，$z_5=100$，试求 i_{1H}。若电动机输出轴转速 $n_1=1\,450$ r/min，经卷筒 H 输出，求卷筒 H 的转速 n_H。

解：先找出轮系中的行星轮为双联齿轮 2-2′，支持它们运动的构件是行星架 H，与它们啮合的是太阳轮 1、3，所以齿轮 1、2-2′、3 及行星架 H 组成单一行星轮系，齿轮 3′、4、5 组成定轴轮系。

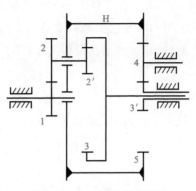

图 8-14　电动卷扬机卷筒机构

在齿轮 1、2-2′、3 及行星架 H 组成的单一行星轮系中，有

$$i_{13}^{H}=\frac{n_1-n_H}{n_3-n_H}=(-1)^1\frac{z_2 z_3}{z_1 z_{2'}}=-\frac{z_2 z_3}{z_1 z_{2'}} \qquad (1)$$

在齿轮 3′、4、5 组成的定轴轮系中，有

$$i_{3'5}=\frac{n_{3'}}{n_5}=(-1)^1\frac{z_4 z_5}{z_{3'} z_4}=-\frac{z_5}{z_{3'}}$$

又由图 8-14 可知

$$n_5=n_H,n_3=n_{3'}$$

故有

$$n_3=n_{3'}=-\frac{z_5}{z_{3'}}n_H \qquad (2)$$

将式(1)、(2)联立求解得

$$i_{1H}=\frac{n_1}{n_H}=1+\frac{z_2 z_3}{z_1 z_{2'}}+\frac{z_2 z_3 z_5}{z_1 z_{2'} z_{3'}}=1+\frac{48\times102}{24\times30}+\frac{48\times102\times100}{24\times30\times40}=24.8$$

则有

$$n_H=\frac{n_1}{i_{1H}}=\frac{1\ 450}{24.8}=58.47\ \text{r/min}$$

计算结果为正，说明卷筒 H 的转向与轮 1 的转向相同。

8.5　轮系的功用

轮系广泛应用于各种机械中，主要功用如下：

1. 实现相距较远的两轴之间的传动

当需要传递运动的两轴间距离较远时，若只用一对齿轮传动，则齿轮的外廓尺寸会很大，并且浪费材料。若改用轮系传动，就会节省空间，又方便制造和安装，如图 8-15 所示。

轮系的功用

2. 实现变速和换向传动

在输入轴转速和转向不变的情况下,利用轮系可使输出轴获得不同的转速和转向。如图 8-16 所示的车床主轴箱传动系统,轴 I 为输入轴,轴Ⅲ(主轴)为输出轴,M_1 为啮合式离合器。当轴Ⅱ上的三联滑移齿轮(齿数分别为 53、72、65)分别和轴 I 上的三个固定齿轮(齿数分别为 40、26、33)啮合时,可得到三种不同的传动比,主轴Ⅲ即可获得三种不同的转速。当离合器 M_1 向左接合时,主轴正转;当离合器 M_1 向右接合时,因多了一对外啮合齿轮传动,所以主轴反转,从而实现变速和换向。

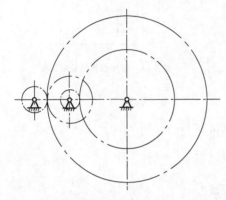

图 8-15　相距较远的两轴传动

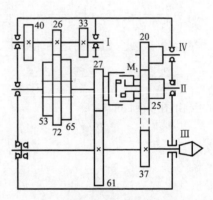

图 8-16　车床主轴箱传动系统

3. 获得大传动比传动

在齿轮传动中,一对齿轮的传动比一般不大于 8。当两轴间需要很大的传动比时,如果只采用一对齿轮传动,则两个齿轮直径会相差较大,不仅外廓尺寸大,还会造成两轮寿命悬殊。此时可采用轮系(尤其是行星轮系)来获得很大的传动比。如图 8-11 所示的简单行星轮系,仅用了两对齿轮传动,其传动比却高达 10 000。不过由于这类行星轮系减速比大而效率低,且当轮 1 为主动件时将发生自锁,因此只适用于传递运动,不宜传递动力。

4. 实现运动的合成和分解

如图 8-17 所示的差动轮系中,太阳轮 1、3 都可以转动,且 $z_1 = z_3$。因差动轮系有两个自由度,也就是说需要两个原动件输出运动才能确定,所以可以利用差动轮系将两个输入运动合成为一个输出运动。由式(8-3)得

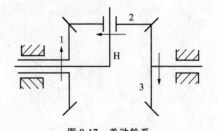

图 8-17　差动轮系

$$i_{13}^H = \frac{n_1 - n_H}{n_3 - n_H} = (-1)\frac{z_2 z_3}{z_1 z_2} = -\frac{z_3}{z_1} = -1$$

解得

$$n_H = 0.5(n_1 + n_3)$$

上式说明行星架 H 的转速是齿轮 1、3 转速的合成。这种形式的轮系广泛应用于机床、计算机和各种补偿装置中。

滚齿机是一种按展成法原理加工齿轮的机床，它所用的运动合成机构通常是圆柱齿轮或锥齿轮行星机构。如图 8-18 所示为 Y3150E 型滚齿机所用的运动合成机构（行星轮系），其主要由四个模数 $m=3$ mm、齿数 $z=30$、螺旋角 $\beta=0°$ 的弧齿锥齿轮组成。加工斜齿圆柱齿轮时，离合器 M 的端面齿与空套齿轮 z_f 的端面齿以及行星架 H 后部套筒上的端面齿同时啮合。

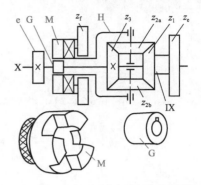

图 8-18　Y3150E 型滚齿机运动合成机构
H—行星架；G —套筒；M—离合器；e—挂轮

设 n_X、n_{IX}、n_H 分别为轴 X、IX 及行星架 H 的转速，根据行星轮传动原理，可列出运动合成机构的传动比计算公式为

$$\frac{n_X-n_H}{n_{IX}-n_H}=(-1)\frac{z_1 z_{2a}}{z_{2a} z_3}$$

式中的 (-1) 由锥齿轮传动的旋转方向确定。将锥齿轮齿数 $z_1=z_{2a}=z_{2b}=z_3=30$ 代入上式，可得

$$\frac{n_X-n_H}{n_{IX}-n_H}=-1$$

将上式整理可得

$$n_X=2n_H-n_{IX}$$

在展成运动传动链中，来自滚刀的运动由齿轮 z_e 经合成机构传至轴 X。可设 $n_H=0$，则轴 IX 与 X 之间的传动比为

$$i_1=\frac{n_X}{n_{IX}}=-1$$

在附加运动传动链中，来自刀架的运动由齿轮 z_f 传给行星架，再经合成机构传至轴 X。可设 $n_{IX}=0$，则行星架 H 与轴 X 之间的传动比为

$$i_2=\frac{n_X}{n_H}=2$$

可见，加工斜齿圆柱齿轮时，展成运动和附加运动同时通过运动合成机构传动，并分别按传动比 $i_1=-1$ 和 $i_2=2$ 经轴 X 和挂轮 e 向下传递运动，起到运动合成机构的作用。

同样利用差动轮系也能实现运动的分解。如图 8-19 所示的汽车后桥差速器，当汽车直线行驶时，左、右车轮转速相同，差动轮系中的齿轮 1、2、$2'$、3 之间没有相对运动而构成一个整体，一起随齿轮 4 转动，此时 $n_1=n_3=n_4$；当汽车转弯时，显然其外侧车轮的转弯半径大于内侧车轮的转弯半径，这就要求外侧车轮的转速必须高于内侧车轮的转速，此时齿轮 1 与齿轮 3 之间产生差动效果，即可通过差速器将发动机传到齿轮 5 的转速分配给汽车后面的左、右两车轮。

例如，当汽车向左拐弯时，整个汽车可看做绕瞬时回转中心转动，故左、右两车轮滚过的弧长应与两车轮到圆心的距离成正比，即

$$\frac{n_1}{n_3}=\frac{s_1}{s_3}=\frac{\alpha(r-L)}{\alpha(r+L)}=\frac{r-L}{r+L} \tag{1}$$

式中，r 为平均转弯半径；$2L$ 为两后轮轮距；s_1、s_3 为左、右两后轮滚过的弧长；α 为相应的转角。

分析差动轮系 1、2-$2'$、3 且考虑 $n_4=n_H$，有

$$n_1+n_3=2n_H=2n_4 \tag{2}$$

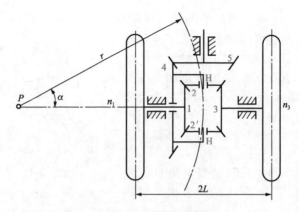

图 8-19 汽车后桥差速器

分析定轴轮系 4、5，有

$$i_{45} = \frac{n_4}{n_5} = \frac{z_5}{z_4} \tag{3}$$

将式(1)、(2)、(3)联立求解，可得

$$n_1 = \left(\frac{r-L}{r}\right)\frac{z_5}{z_4}n_5$$

$$n_3 = \left(\frac{r+L}{r}\right)\frac{z_5}{z_4}n_5$$

即当汽车转弯时，差速器根据转弯半径的不同自动改变两后轮的转速，实现了运动的分解。差速器在汽车、飞机、船舶、起重机等各种机械中应用广泛。

5.实现分路传动

利用轮系可以将输入的一种转速同时分配到几个不同的输出轴上，以满足不同的工作要求。如图 8-20 所示的钟表传动机构，当发条 N 驱动齿轮 1 转动时，通过轮系分别使分针 M、秒针 S 和时针 H 以不同的转速运动，以满足钟表的工作要求。

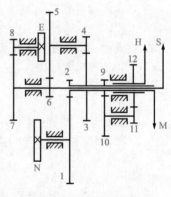

图 8-20 钟表传动机构

8.6 减速器的类型、特点和应用

减速器是通常布置在原动机和工作机之间的一种独立的闭式传动装置，其主要功能是降低转速和增大转矩，以满足工作需要。减速器在某些场合也用来增速。

减速器的种类很多，按传动原理分为普通减速器和行星减速器两大类。全部为定轴轮系传动的减速器称为普通减速器，主要是行星轮系传动的减速器称为行星减速器。按照传动类型可分为齿轮减速器、蜗杆减速器和行星减速器以及它们相互组合起来的减速器。按照传动的级数可分为单级减速器和多级减速器。按照齿轮形状可分为圆柱齿轮减速器、锥齿轮减速器和圆柱-锥齿轮减速器。按照传动轴的布置形式可分为展开式减速器、同轴式减速器和分流式减速器。按照轴在空间的位置还可分为水平轴减速器和立轴减速器。常用减速器的类型、特点和应用见表 8-2。

表 8-2 常用减速器的类型、特点和应用

类型	级数		传动简图	推荐传动比范围	特点和应用
圆柱齿轮减速器	一级			$i \leqslant 8$	轮齿可用直齿、斜齿或人字齿。结构简单,工作可靠,寿命较长,效率高。直齿一般用于速度较低或载荷较轻的传动;斜齿、人字齿用于高速或重载荷的场合
	展开式	二级		$i = 8 \sim 60$	低速级可用直齿或斜齿,高速级常用斜齿。结构简单,应用广泛。因齿轮相对于轴承不对称,轴弯曲变形时载荷沿齿宽方向分布不均,故用于载荷较平稳的场合
	同轴式	二级			径向尺寸较小而轴向尺寸较大。中间轴较长,刚性差,载荷沿齿宽分布不均。高速级齿轮的承载能力不能充分利用,中间轴承润滑困难。用于输出轴与输入轴有共线要求时
	分流式	二级			低速级可用直齿或人字齿,高速级可用斜齿。结构较复杂。齿轮相对于轴承对称布置,载荷沿齿宽方向分布均匀。常用于承受变载荷或传递大功率的机械中
锥齿轮减速器	一级			直齿锥齿 $i \leqslant$ 5,斜齿或曲线齿 $i \leqslant 8$	轮齿可做成直齿、斜齿或曲线齿,输出轴可做成卧式或立式。制造、安装复杂,成本高。用于输入轴与输出轴轴线相交的传动,仅在设备布置上必要时才用
圆柱-锥齿轮减速器	二级			直齿锥齿 $i =$ 8~22,斜齿或曲线齿 $i =$ 8~40	圆柱齿轮可做成直齿或斜齿,锥齿轮可做成直齿、斜齿或曲线齿。锥齿轮应布置在高速级,以减小尺寸,否则加工困难,精度不易保证。多用于相交轴传动
蜗杆减速器	上置式	一级		$i = 8 \sim 80$	蜗杆上置,装拆方便,结构紧凑,传动比大,但效率低。蜗杆的圆周速度允许高一些,但蜗杆轴承的润滑不太方便,需采取特殊的结构措施。一般用于蜗杆圆周速度 $v \leqslant 5$ m/s 的中小功率传动中
	下置式	一级			结构紧凑,传动比大,运动平稳,但效率低。蜗杆下置,啮合处冷却和润滑效果好,蜗杆轴承润滑也方便。但当蜗杆圆周速度太大时,搅油损失较大。一般用于蜗杆圆周速度 $v \leqslant 5$ m/s 的中小功率传动中

续表

类型	级数		传动简图	推荐传动比范围	特点和应用
蜗杆减速器	倒置式	一级		$i=8\sim80$	蜗轮轴是垂直安装的,一般用于水平旋转机构,如旋转起重机和滚齿机工作台的传动机构等
	二级			$i=100\sim4\ 000$	结构紧凑,传动比大,但效率低。为使高速级和低速级传动浸油深度大致相同,应使高速级的中心距约为低速级的两倍
蜗杆齿轮减速器	二级			$i=15\sim480$	分两种情况:当齿轮传动在高速级时,结构紧凑;当蜗杆传动在高速级时,传动效率高
行星减速器	渐开线行星齿轮减速器	一级		$i\leqslant2.7\sim135$	结构紧凑,体积小,质量小,加工方便,传动比大,效率高,但承载能力不强。常用于起重、轻化工、仪器仪表行业中
	摆线针轮减速器	一级		$i\leqslant11\sim87$	体积小,寿命长,传动比大,效率高,传动平稳,承载能力强,但加工复杂,精度要求高。常用于军工、冶金、造船等行业
	谐波齿轮减速器	一级		$i\leqslant50\sim500$	零件数量少,体积小,传动比大,效率为$0.70\sim0.96$,运动平稳,承载能力高。常用于船舶、航空航天、起重、冶金机械和仪表等行业中

注:三级圆柱齿轮减速器分为展开式和分流式,适用的传动比范围$i=40\sim100$,其特点和应用情况与两级圆柱齿轮减速器相同。

各种类型的普通减速器的主要技术参数已标准化和系列化,并由专门的生产厂家生产。使用时可根据具体工作要求,如传动比、载荷、传动轴的布置等,按产品样本或手册来选用,必要时才自行设计与制造。关于减速器的结构,可参看有关课程设计手册或机械设计手册。

行星减速器和普通减速器相比,具有结构紧凑、体积小、质量小、传动比大、效率高、传动平稳、抗冲击能力强等优点,目前已广泛应用于轻工机械、纺织机械、工程机械等各方面。行星轮系的类型很多,不同结构的行星轮系所传递的功率范围、外廓尺寸、质量的大小、效率的高低以及传动比的数值相差较大,设计和选用时可参考有关手册或样本。

素质培养

我们要增强紧迫感和使命感,推动关键核心技术自主创新不断实现突破。
——习近平总书记在十九届中央政治局第十二次集体学习的讲话

比亚迪 T75 插混专用变速器在 2021 年 3 月 27 日第四届"龙蟠杯"世界十佳变速器评选中荣登榜单。以创新性角度而言,比亚迪 T75 插混专用变速器让电机与变速器的结合克服了传统变速器的技术缺憾。变速器作为汽车传统的三大件之一,对汽车的驱动起着至关重要的作用。而这一核心科技以往都掌握在国外老牌汽车企业的手中,如今比亚迪突破技术壁垒,荣登榜单的背后代表着其技术实力已备受认可。

知识总结

本章主要学习轮系传动比的计算方法、轮系的类型及其在工程实际中的应用。

1. 轮系的类型

按照轮系运动时各齿轮的轴线相对于机架的位置是否固定,轮系可分为定轴轮系和行星轮系。

2. 定轴轮系传动比的计算

(1)传动比大小的计算公式

$$i_{1K} = \frac{n_1}{n_K} = (-1)^m \frac{\text{从轮 1 到轮 } K \text{ 之间所有从动轮齿数的乘积}}{\text{从轮 1 到轮 } K \text{ 之间所有主动轮齿数的乘积}}$$

(2)转动方向判断

平面定轴轮系可以用正负号表示转向,首末两轮的转向相同,在传动比的数值前加"+",反之加"−"。

空间定轴轮系,传动比比值前不能加正负号,只按逐对标出转向的方法确定各轮转向。

3. 行星轮系传动比的计算

(1)转化为定轴轮系

略。

(2)在转化轮系中按公式计算

$$i_{1K}^{H} = \frac{n_1 - n_H}{n_K - n_H} = (-1)^m \frac{\text{从轮 1 到轮 } K \text{ 之间所有从动轮齿数的乘积}}{\text{从轮 1 到轮 } K \text{ 之间所有主动轮齿数的乘积}}$$

4. 组合轮系传动比的计算

略。

5. 轮系的六大功用

略。

6. 减速器的类型及应用

略。

专题训练

1. 齿轮系分为哪两种基本类型？它们的主要区别是什么？

2. 行星轮系由哪几个基本构件组成？它们各做何种运动？

3. 何谓行星轮系的转化轮系？引入转化轮系的目的何在？

4. 图 8-21 所示锥齿轮行星轮系中，已知 $z_1 = 20, z_2 = 20, z_3 = 30, z_4 = 45, n_1 = 500$ r/min。试求行星架 H 的转速 n_H。

5. 图 8-22 所示为滚齿机滚刀与工件间的传动简图，已知各轮的齿数为 $z_1 = 35, z_2 = 10, z_3 = 30, z_4 = 70, z_5 = 40, z_6 = 90, z_7 = 1, z_8 = 84$。求毛坯回转一周时滚刀轴的转速 n_1。

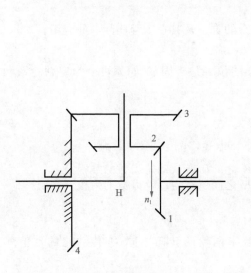

图 8-21　习题 4 图

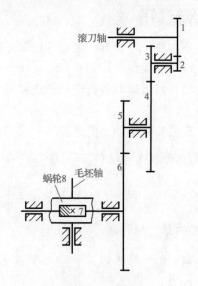

图 8-22　习题 5 图

6. 在图 8-23 所示的轮系中，已知各轮齿数 $z_1 = 60, z_2 = 20, z_{2'} = 25, z_3 = 15, n_1 = 50$ r/min, $n_3 = 200$ r/min。试求行星架 H 的转速 n_H 的大小和方向。

7. 在图 8-24 所示的轮系中，已知各轮齿数为 $z_1 = 15, z_2 = 25, z_{2'} = 15, z_3 = 30, z_{3'} = 15, z_4 = 30, z_{4'} = 2$（右旋蜗杆），$z_5 = 60$。求该轮系的传动比 i_{15} 并判断蜗轮 5 的转向。

8. 图 8-25 所示为手动葫芦简图，S 为手动链轮。已知各轮齿数 $z_1 = 12, z_2 = 28, z_{2'} = 14, z_3 = 54$。试求传动比 i_{SH}。

9. 某发动机行星减速器如图 8-26 所示，内齿圈 3 与曲轴连接，行星架 H 与螺旋桨连接，

已知 $z_1=20$，$z_2=15$，$z_3=50$，中心轮 1 固定不动。试求轮系传动比 i_{1H} 以及 $n_1=1\,400$ r/min 时螺旋桨的转速 n_H。

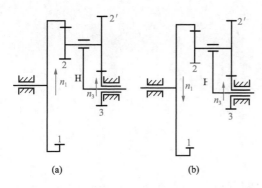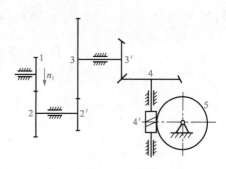

(a)　　　　　　(b)

图 8-23　习题 6 图　　　　　　图 8-24　习题 7 图

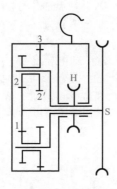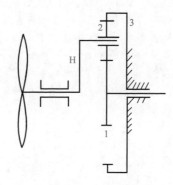

图 8-25　习题 8 图　　　　　　图 8-26　习题 9 图

第9章
轴和轴毂连接

  高铁 CRH 动车组很美,是中国的"外交名片"。坐在飞一般的高铁列车里,会想高铁列车是如何跑起来的? 首先 CRH 动车组不是烧煤的一蒸汽机车,也不是烧柴油的一内燃机车,而是用电的。动车组的牵引传动设备主要有:受电弓→变压器→牵引变流器→牵引电动机→联轴节→齿轮箱→车轴→车轮。其中牵引电动机是将电能转化为机械能的装置,其安装位置如图 9-1(a)所示,牵引电动机输出轴和齿轮箱[图9-1(b)]的输入轴通过联轴节[图 9-1(a)中的万向接头]连接起来,从而将电动机的扭矩传递给齿轮箱,之后通过齿轮箱的大齿轮与车轴配合,如图 9-1(c)所示,使得电动机的扭矩传递到轮对上。

  轴是一种重要的支承零件,传递运动和动力。本章主要讨论轴的结构设计、强度计算以及轴毂连接的基本知识。

(a) 电动机安装位置

(b) 齿轮箱

(e) 车轴和车轮

图 9-1 CRH 动车组牵引传动设备

1. 了解轴的类型及应用。
2. 了解轴的常用材料。
3. 了解键连接的类型、特点及应用场合。
4. 掌握轴的分类、结构设计及强度校核的方法与步骤。
5. 掌握平键连接的尺寸选择及强度校核。

1. 能够进行轴的结构设计。
2. 能够对轴进行强度计算。
3. 能够正确选择选择键的类型及参数。

1. 培养学生的全局设计意识,引导学生考虑问题要全面,设计思路要准确。
2. 培养学生认真严谨的工作态度,养成良好的职业素养。
3. 轴、轴毂、轴毂连接三方必须协作才能保证机械的正常运转,引导学生建立团队协作的意识,正确处理个人与集体的关系。

9.1 轴的功用、分类和常用材料

一、轴的功用和分类

轴是一种重要的非标准零件,其功用主要是支承旋转零件(如齿轮、凸轮、带轮等)并能传递运动和转矩。它的结构和尺寸由被支承零件和轴承的结构和尺寸决定。按轴的功用和承载情况,轴可分为三种类型:

轴的功用、分类和常用材料

(1)心轴:只承受弯矩而不传递转矩。按其是否转动又分为转动心轴(图9-2)和固定心轴(图9-3)。

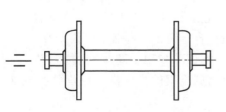

图9-2 转动心轴

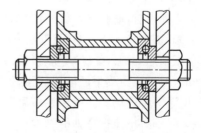

图9-3 固定心轴

（2）传动轴：主要传递转矩而不承受或承受很小的弯矩，如图 9-4 所示的汽车变速器与后桥之间的传动轴。

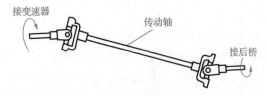

图 9-4 传动轴

（3）转轴：既承受弯矩又传递转矩，如图 9-5 所示的齿轮变速器中的转轴。

按轴线几何形状的不同，轴又可分为直轴（图 9-6）、曲轴（图 9-7）、挠性轴（图 9-8）。直轴又分为光轴和阶梯轴，曲轴常用于往复式机械（如曲柄压力机、内燃机等）和行星轮系中。此外轴还可分为实心轴和空心轴。

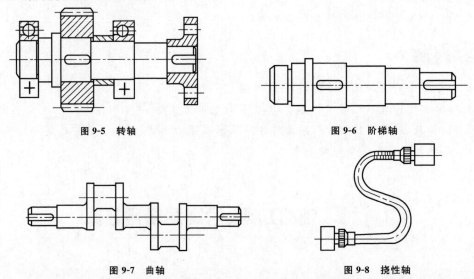

图 9-5 转轴   图 9-6 阶梯轴

图 9-7 曲轴   图 9-8 挠性轴

其中圆截面阶梯轴加工方便，各轴段截面直径不同，一般两端小、中间粗，符合等强度设计原则，并便于轴上零件的装拆和固定，所以在一般机械中，阶梯轴应用最广泛。

二、轴的材料

轴的材料是决定轴的承载能力的重要因素。选择轴的材料应考虑工作条件对它提出的强度、刚度、耐磨性、耐腐蚀性方面的要求，同时还应考虑制造的工艺性和经济性。

轴的材料主要采用碳素钢和合金钢。碳素钢比合金钢价格便宜，对应力集中的敏感性低，经过热处理后，能获得良好的综合力学性能，故应用广泛。常用的碳素钢有 35、40、45 钢等，其中 45 钢最为常用。为保证其力学性能，应进行调质或正火处理。受载较小或不重要的轴，也可采用 Q235、Q275 等碳素结构钢制造。合金钢比碳素钢具有更高的力学性能和热处理性能，但对应力集中的敏感性强，价格也较贵，因此多用于高速、重载及要求耐磨、耐高温或耐低温等特殊场合。由于在常温下合金钢与碳素钢的弹性模量相差很小，因此用合金钢代替碳素钢并不能提高轴的刚度。

轴的毛坯一般采用热轧圆钢或锻件。对于形状复杂的轴（如曲轴、凸轮轴等），也可采用铸钢或球墨铸铁,后者具有吸振性好、对应力集中敏感性低、价格低廉等优点。

　　轴的常用材料及其主要力学性能见表 9-1。

表 9-1　　　　　　　　　　　　　　轴的常用材料及其主要力学性能

材料牌号	热处理方法	毛坯直径/mm	硬度(HBW)	抗拉强度 R_m/MPa	屈服点 R_{eL}/MPa	许用弯曲应力/MPa			备注
				不小于		$[\sigma_{+1}]_{bb}$	$[\sigma_0]_{bb}$	$[\sigma_{-1}]_{bb}$	
Q235A	热轧或锻后空冷	≤100	—	400~420	225	125	70	40	用于不重要的轴
		100~250		375~390	215				
35	正火	≤100	149~187	520	270	170	75	45	用于一般轴
45	正火	≤100	170~217	600	300	200	95	55	用于较重要的轴
	调质	≤200	217~255	650	360	215	108	60	
40Cr	调质	≤100	241~286	750	500	245	120	70	用于载荷较大,但冲击不太大的重要轴
	调质	100~300		750	500				
35SiMn	调质	≤100	229~286	800	520	270	130	75	用于中、小型轴,可代替 40Cr
42SiMn	调质								
40MnB	调质	≤300	241~286	750	500	245	120	70	用于小型轴,可代替 40Cr
QT600-3	—	—	197~269	600	370	120	70	40	用于铸造外形复杂的轴

注:$[\sigma_{+1}]_{bb}$、$[\sigma_0]_{bb}$、$[\sigma_{-1}]_{bb}$分别为材料在静应力、脉动循环应力和对称循环应力下的许用弯曲应力。

三、设计轴的要求

　　设计轴的基本要求是保证轴具有足够的强度和合理的结构。有些轴,例如机床主轴,应具有足够的刚度;汽轮机转子轴还要进行振动稳定性验算。

9.2　轴的结构设计

　　如图 9-9 所示为阶梯轴的典型结构。轴上安装旋转零件的轴段称为轴头,安装轴承的轴段称为轴颈,连接轴头和轴颈部分的非配合轴段称为轴身。

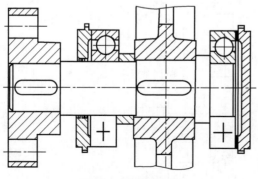

图 9-9　减速器输出轴

轴的结构设计

　　轴的结构设计就是确定轴的外形和全部结构尺寸。其主要要求是:轴和轴上的零件要有准确的工作位置;轴上各零件要可靠地相互连接;轴应便于加工,轴上零件要易于装拆;尽量减小应力集中;轴各部分的直径和长度尺寸要合理。

一、轴上零件的定位和固定

　　1. 轴上零件的轴向定位和固定

　　零件轴向定位的方式常取决于轴向力的大小。常用的轴向定位和固定方式及其特点和应用见表 9-2。

表 9-2　　　　　　　　　　常用的轴向定位和固定方式及其特点和应用

轴向定位和固定方式	结构图形	特点和应用
轴肩、轴环	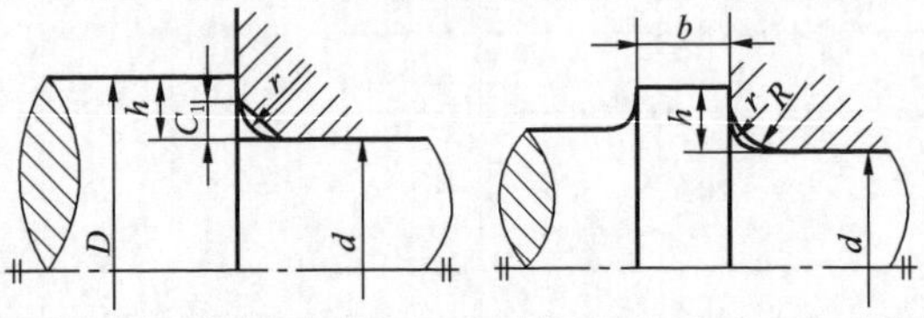	结构简单,固定可靠,可承受较大的单向轴向力
套筒	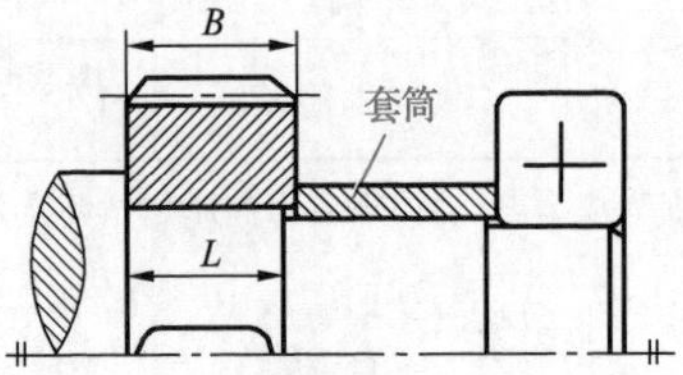	结构简单,定位可靠,能承受较大的轴向力,可同时固定两个零件的轴向位置,但两零件相距不宜太远,不宜用于高速场合
圆螺母与止动垫圈	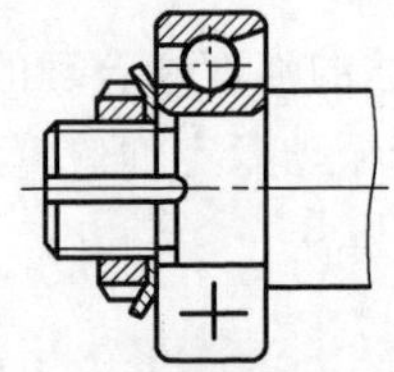	能承受较大的轴向力,常用于两零件之间距离较大且轴上允许车制螺纹的场合,能实现轴上零件的轴向调整,但螺纹对轴的强度削弱较大,应力集中严重,应采用细牙螺纹
双圆螺母	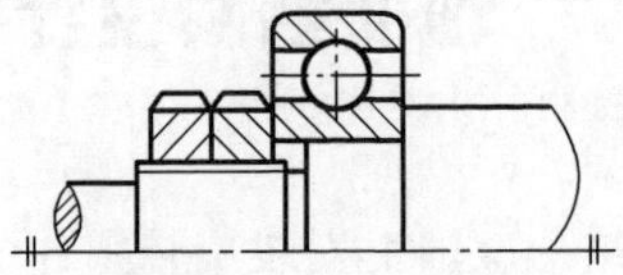	同上
弹性挡圈	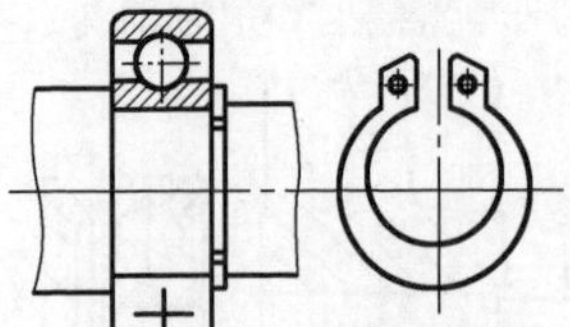	结构紧凑,装拆方便,但受力较小,常用于滚动轴承的轴向固定
轴端挡圈	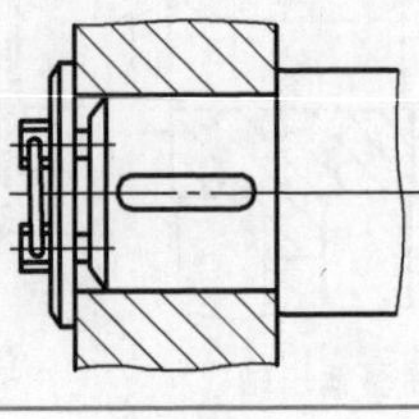	固定可靠,能承受较大的轴向力,用于轴端零件要求固定的场合

2.轴上零件的周向定位和固定

周向定位和固定的目的是限制轴上零件相对于轴转动并保证同心度,以便很好地传递运动和转矩。常用的周向定位和固定方式及其特点和应用见表9-3。

表 9-3　　　　常用的周向定位和固定方式及其特点和应用

周向定位和固定方式	结构图形	特点和应用
过盈配合	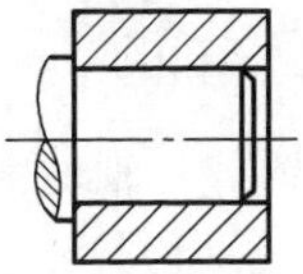	结构简单,对轴的削弱小,但装拆不便,且对配合面加工精度要求高
键	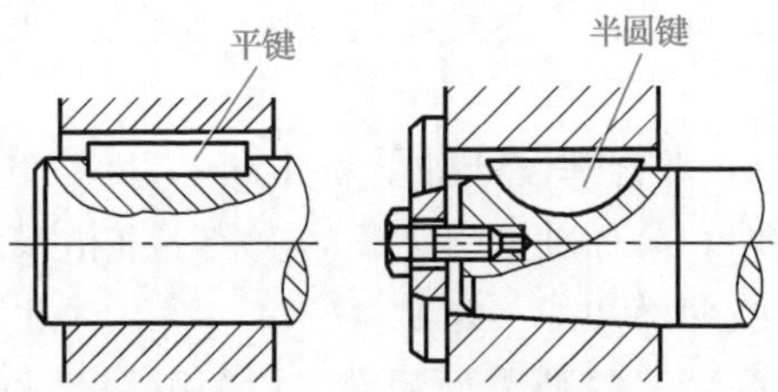 平键　　半圆键	平键对中性好,用于高精度、高转速及受冲击或交变载荷作用的场合;半圆键装配方便,特别适合锥形轴端的连接,但对轴的削弱较大,只适用于轻载场合
花键	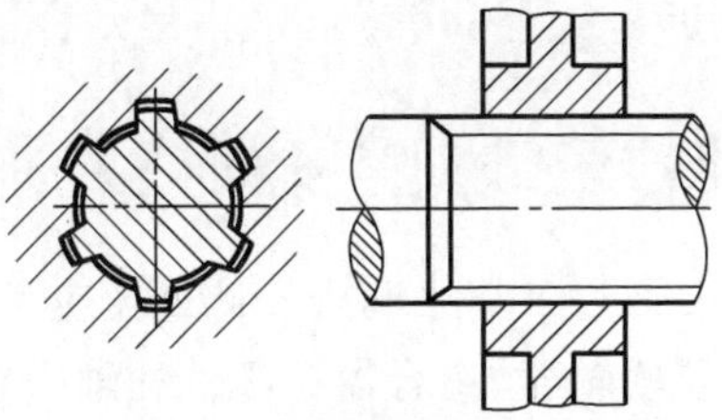	承载能力强,定心精度高,导向性好,但制造成本较高
紧定螺钉	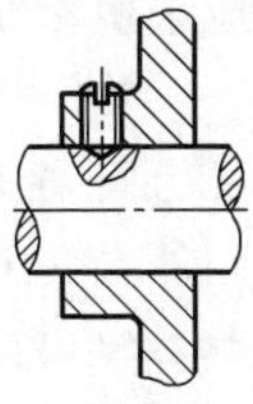	只能承受较小的周向力,结构简单,可兼做轴向固定,用于转速很低或仅为防止零件振动的场合
圆锥销	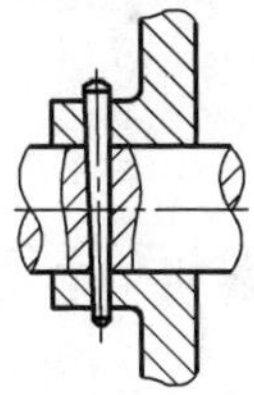	能同时起轴向和周向固定作用,承受轴向力不能太大,可起到过载剪断以保护机器的作用
成形连接	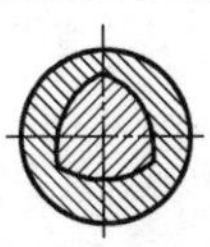	对中性好,工作可靠,无应力集中,但加工困难,故应用较少

二、轴的结构工艺性

轴的结构形状和尺寸应尽量满足加工、装配和维修的要求,因此轴在形状上应力求简单,加工方便,阶梯级数尽可能少,并减小应力集中;轴上各段的键槽、圆角半径、倒角、中心孔等尺寸应尽可能统一；当某一轴段需车制螺纹或磨削加工时，应留有螺纹退刀槽或砂轮越程槽（图9-10）；轴上有多处键槽时，一般应使各键槽位于同一母线上，尽量采取同一规格尺寸，以便于加工；为便于零件装拆，轴端应有倒角。

图 9-10　螺纹退刀槽和砂轮越程槽

三、减小应力集中，提高轴的疲劳强度

轴和轴上零件的结构、工艺以及轴上零件的安装布置等对轴的强度有很大的影响，应考虑以下方面：

(1)合理布置轴上零件以减小轴的载荷。传动件应尽量靠近轴承，尽量避免用悬臂的支承形式。

(2)改进轴上零件的结构以减小轴的载荷，并合理设计轴上零件。

(3)改进轴的结构以减小应力集中的影响。阶梯轴相邻轴段的直径不宜相差太大，过渡圆角半径不宜太小。尽量避免在轴上开横孔、凹槽和加工螺纹。

(4)改进轴的表面质量以提高轴的疲劳强度。降低表面粗糙度，采用碾压、喷丸和表面热处理。

四、轴各段直径和长度的确定

轴的直径应满足强度和刚度的要求，这需要通过计算来确定。此外还应考虑以下因素：(1)轴颈直径必须符合相配轴承的内径；(2)安装联轴器、离合器等零件的轴头直径应与相应的孔径相适应；(3)与齿轮等零件相配合的其他轴头直径应采用标准直径；(4)轴上需车制螺纹的部分，其直径必须符合外螺纹大径的标准系列。

轴的长度应根据轴上零件的宽度以及各零件之间的相互配置确定，并且要注意：(1)留有装拆空间；(2)装有螺母等紧固件的轴段长度应保证紧固件有一定的轴向调整余地；(3)轴上的旋转零件与机座之间应留有适当的空间，避免两者相碰；(4)为使轴上零件可靠固定，应使配合段轴的长度稍小于轮毂宽度2～3 mm。

9.3　轴的强度和刚度计算

一、按抗扭强度计算

对于传动轴，因只受转矩作用，故可只按转矩计算轴的直径；对于转轴，先用此法估算轴的最小直径，然后进行轴的结构设计，并用弯扭合成强度校核。

实心圆轴扭转的强度条件为

$$\tau = \frac{T}{W_T} = \frac{T}{0.2d^3} \leqslant [\tau] \tag{9-1}$$

对于转轴,也可用上式初步估算轴的直径,但必须把轴的许用扭转切应力适当降低,以补偿弯矩对轴的强度的影响。由上式可写出计算轴直径的公式为

$$d \geqslant \sqrt[3]{\frac{T}{0.2[\tau]}} = \sqrt[3]{\frac{9.55 \times 10^6 \times P}{0.2[\tau]n}} = C\sqrt[3]{\frac{P}{n}} \qquad (9\text{-}2)$$

上两式中　T——轴传递的工作转矩,也是轴承受的扭矩,N·mm;

　　　　　P——轴传递的功率,kW;

　　　　　n——轴的转速,r/min;

　　　　　$[\tau]$——许用扭转切应力,MPa,其值见表 9-4;

　　　　　d——轴的最小直径,mm;

　　　　　W_T——轴的抗扭截面系数,mm³;

　　　　　C——由轴的材料和受载情况所决定的系数,其值见表 9-4。

表 9-4　　　　　　　　　　　　几种轴用材料的[τ]及 C 值

轴的材料	Q235A	35	45	49Cr,M35SiMn,42SiMn,40MnB
$[\tau]$/MPa	15~25	20~35	25~45	35~55
C	149~126	135~112	126~103	112~97

通过式(9-2)求出的轴的直径 d 应作为转轴的最小直径。当轴截面开有键槽时,应增大轴径,以考虑键槽对轴强度的削弱。当轴径≤100 mm 时,有一个键槽轴径增大 5%~7%,有两个键槽轴径增大 10%~15%。

二、按弯扭合成强度计算

轴的结构设计完成后,轴上零件的位置也确定下来,外加载荷和支反力作用点也相应确定,此时就可以画出轴的受力简图,然后进行弯扭合成强度计算。

对于一般钢制的轴,可按第三强度理论进行强度计算。强度条件为

$$\sigma_e = \frac{M_e}{W} = \frac{\sqrt{M^2 + (\alpha T)^2}}{0.1d^3} \leqslant [\sigma_{-1}]_{bb}$$

$$M_e = \sqrt{M^2 + (\alpha T)^2} \qquad M = \sqrt{M_H^2 + M_V^2}$$

式中　σ_e——当量应力,MPa;

　　　M_e——当量弯矩,N·mm;

　　　M——合成弯矩,N·mm;

　　　M_H、M_V——水平面和竖直面的弯矩,N·mm;

　　　T——轴传递的转矩,N·mm;

　　　W——轴危险截面的抗弯截面系数,mm³,$W = 0.1d^3$;

　　　α——根据转矩性质而定的折合因数。

大多数转轴的弯曲应力是对称循环变化的,而其扭转应力则因所受转矩性质不同常常为非对称循环变化(如频繁地启动、停车时应力为脉动循环变化)。

对于不变的转矩,取 $\alpha = \dfrac{[\sigma_{-1}]_{bb}}{[\sigma_{+1}]_{bb}} \approx 0.3$;

对于脉动循环的转矩，取 $\alpha = \dfrac{[\sigma_{-1}]_{\text{bb}}}{[\sigma_{0}]_{\text{bb}}} \approx 0.6$；

对于对称循环的转矩，取 $\alpha = \dfrac{[\sigma_{-1}]_{\text{bb}}}{[\sigma_{-1}]_{\text{bb}}} = 1$。

轴的强度计算步骤如下：

(1)根据轴在水平面内的受力求出水平面弯矩，画出水平面弯矩图。

(2)根据轴在竖直面内的受力求出竖直面弯矩，画出竖直面弯矩图。

(3)计算合成弯矩 $M = \sqrt{M_{\text{H}}^2 + M_{\text{V}}^2}$，画出合成弯矩图。

(4)计算轴的转矩 T，画出转矩图。

(5)计算当量弯矩 $M_{\text{e}} = \sqrt{M^2 + (\alpha T)^2}$，画出当量弯矩图。

三、轴的刚度计算概念

轴受载后会产生弹性变形，机械中若轴的刚度不够，会影响机器的正常工作。例如当机床的主轴变形太大时，将影响机床的加工精度，所以轴必须有足够的刚度。轴的刚度主要是指弯曲刚度和扭转刚度，前者用挠度 y 和偏转角 θ 来度量（图 9-11），后者用扭转角 φ 来度量（图 9-12），其值可按材料力学中的公式进行计算。

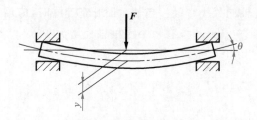
图 9-11　轴的挠度和偏转角

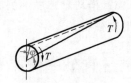
图 9-12　轴的扭转角

对于有刚度要求的轴，为使轴不因刚度不足而失效，设计时应根据轴的不同要求限制其变形量：$y \leqslant [y]$，$\theta \leqslant [\theta]$，$\varphi \leqslant [\varphi]$。$[y]$、$[\theta]$、$[\varphi]$ 分别为许用挠度、许用偏转角和许用扭转角，其值见有关参考书。

四、轴的设计步骤

设计轴的一般步骤为：

(1)选择轴的材料：根据轴的工作要求并考虑工艺性和经济性，选择合适的材料和热处理方法。

(2)初步确定轴的直径：可按扭转强度条件的设计公式计算轴最细部分的直径。

(3)轴的结构设计。

(4)轴的强度校核。

下面举例说明轴的设计过程。

图 9-13 所示为单级斜齿圆柱齿轮减速器传动简图,轴的结构设计如图9-14所示。已知从动轴传递功率 $P=4\ \mathrm{kW}$,转速 $n=130\ \mathrm{r/min}$,齿轮的分度圆直径 $d_2=300\ \mathrm{mm}$,已知所受圆周力 $F_{t2}=2\,059\ \mathrm{N}$,径向力 $F_{r2}=763.8\ \mathrm{N}$,轴向力 $F_{a2}=405.7\ \mathrm{N}$,轮毂宽度 $b=80\ \mathrm{mm}$。齿轮单向转动,轴承采用 6200 型。试设计此从动轴。

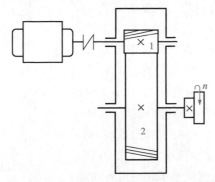

图 9-13 单级斜齿圆柱齿轮减速器传动简图

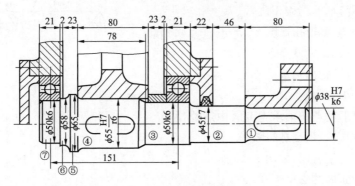

图 9-14 轴的结构设计

解:(1)选择轴的材料及热处理方法。因该轴无特殊要求,故选用 45 钢正火处理,由表 9-1 查得 $[\sigma_{-1}]_{bb}=55\ \mathrm{MPa}$。

(2)按扭转强度估算最小直径。按式(9-2),由表 9-4 查得 $C=126\sim103$,取 $C=115$,可得

$$d\geqslant C\sqrt[3]{\frac{P}{n}}=115\times\sqrt[3]{\frac{4}{130}}=36.04\ \mathrm{mm}$$

此轴头上有一键槽,将轴径增大 5%,即

$$d=36.04\times1.05=37.84\ \mathrm{mm}$$

因该轴头安装联轴器,故可根据联轴器内孔直径取 $d=38\ \mathrm{mm}$。

(3)轴的结构设计

确定轴的各段直径:根据轴各段直径的确定原则,由右端至左端,从最小直径开始。轴段 ① 为轴的最小直径,已取定 $d_1=38\ \mathrm{mm}$;轴段 ② 考虑联轴器的定位,按标准

尺寸取 $d_2 = 45$ mm；轴段③安装轴承，为便于装拆应取 $d_3 > d_2$，且与轴承内径标准系列相符，故 $d_3 = 50$ mm（轴承型号为 6210）；轴段④安装齿轮，此直径尽可能采用标准系列值，故取 $d_4 = 55$ mm；轴段⑤为轴环，考虑齿轮定位和固定，取 $d_5 = 65$ mm；轴段⑥考虑到左面轴承的拆卸，查表取 $d_6 = 58$ mm；轴段⑦取与轴段③同样的直径，$d_7 = 50$ mm。

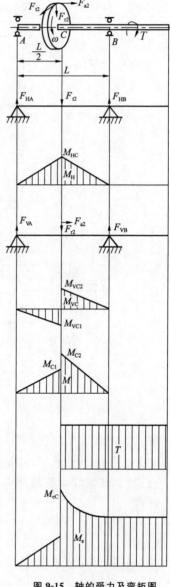

确定轴的各段长度：齿轮轮毂宽度为 80 mm，为保证齿轮固定可靠，轴段④的长度应小于齿轮轮毂宽度 2 mm，取 $L_4 = 78$ mm；为保证齿轮端面与箱体内壁不相碰及轴承拆卸方便，齿轮端面与箱体内壁间应留有一定间隙，取两者间距为 23 mm；为保证轴承含在箱体轴承孔中并考虑轴承的润滑，取轴承端面与箱体内壁的距离为 2 mm，故轴段⑤、⑥的长度 $L_5 + L_6 = 25$ mm；根据轴承宽度 $B = 21$ mm，取轴段⑦的长度 $L_7 = 21$ mm；因两轴承相对齿轮对称，故取轴段③的长度 $L_3 = 2 + 23 + 2 + 21 = 48$ mm；为保证联轴器不与轴承端盖相碰，取 $L_2 = 22 + 46 = 68$ mm；根据联轴器轴孔长度 82 mm（查阅联轴器的国家标准），取 $L_1 = 80$ mm。

由上述分析，定出轴承的支承跨度为

$$L = 10.5 + 25 + 78 + 2 + 25 + 10.5 = 151 \text{ mm}$$

一般情况下支点按轴承宽度的中点处计算。

（4）按弯扭合成强度进行校核

①绘制轴的受力图，如图 9-15 所示。

②求水平面内的支反力和弯矩

支反力为

$$F_{HA} = F_{HB} = \frac{2\,059}{2} = 1\,030 \text{ N}$$

截面 C 处的弯矩为

$$M_{HC} = F_{HA} \frac{L}{2} = 1\,030 \times \frac{151}{2} = 77\,765 \text{ N} \cdot \text{mm}$$

③求竖直面内的支反力及弯矩

$$F_{VB}L - F_{r2} \frac{L}{2} - F_{a2} \frac{d_2}{2} = 0$$

图 9-15 轴的受力及弯矩图

故

$$F_{VB} = \frac{763.8 \times 151/2 + 405.7 \times 300/2}{151} = 784.9 \text{ N}$$

$$F_{VA} = F_{r2} - F_{VB} = 763.8 - 784.9 = -21.1 \text{ N}$$

截面 C 左侧的弯矩为

$$M_{VC1} = F_{VA}\frac{L}{2} = -21.1 \times \frac{151}{2} = -1\,593.1 \text{ N} \cdot \text{mm}$$

截面 C 右侧的弯矩为

$$M_{VC2} = F_{VB}\frac{L}{2} = 784.9 \times \frac{151}{2} = 59\,260.0 \text{ N} \cdot \text{mm}$$

④求合成弯矩

截面 C 左侧的合成弯矩为

$$M_{C1} = \sqrt{M_{HC}^2 + M_{VC1}^2} = \sqrt{77\,765^2 + (-1\,593.1)^2}$$
$$= 77\,781.3 \text{ N} \cdot \text{mm}$$

截面 C 右侧的合成弯矩为

$$M_{C2} = \sqrt{M_{HC}^2 + M_{VC2}^2} = \sqrt{77\,765^2 + 59\,260.0^2} = 97\,770.9 \text{ N} \cdot \text{mm}$$

⑤计算转矩

$$T = 9.55 \times 10^6 \times \frac{P}{n} = 9.55 \times 10^6 \times \frac{4}{130} = 293\,846 \text{ N} \cdot \text{mm}$$

⑥求当量弯矩

$$M_{eC} = \sqrt{M_{C2}^2 + (\alpha T)^2} = \sqrt{97\,770.9^2 + (0.6 \times 293\,846)^2} = 201\,602.4 \text{ N} \cdot \text{mm}$$

⑦计算危险截面处的轴径

$$d \geqslant \sqrt[3]{\frac{M_{eC}}{0.1[\sigma_{-1}]_{bb}}} = \sqrt[3]{\frac{201\,602.4}{0.1 \times 55}} = 33.4 \text{ mm}$$

因截面 C 处有一键槽,故将直径增加 5%,为 $33.4 \times 1.05 = 35.1$ mm。结构设计草图中此处直径为 55 mm,故强度足够。

9.4 轴毂连接

轴和轴上零件周向固定形成的连接称为轴毂连接。前述轴上零件周向固定的方式是轴毂连接的常见形式,其中以键连接为主要形式。

一、键连接的类型、特点和应用

键连接通常是用来实现轴和轴上零件(如带轮、齿轮、凸轮等)之间的周向固定以传递运动和转矩。有些类型的键连接还可以实现轴上零件的轴向固定或轴向移动等。键连接的结构简单,工作可靠,装拆方便,因此获得了广泛的应用。

键连接的类型、特点和应用

键连接分为两类:松键连接和紧键连接。松键连接靠侧面挤压承载,受圆周方向剪切力,工作前不打紧,有平键、半圆键和花键连接三种。紧键连接有楔键和切向键连接,靠摩擦力工作。

1. 平键连接

平键的两侧面为工作面,上表面与轮毂键槽底面间有间隙,如图 9-16(a)所示,工作时靠键的两侧面与轴及轮毂上键槽侧面的挤压来传递运动和转矩。平键连接结构简单、装拆方便、对中性好,但不能承受轴向载荷,适用于高速及精密机械上。根据平键与被连接的轴及轮毂的相对运动形式,可分为普通平键、导向平键(导键)和滑动平键(滑键)。

(1)普通平键:用于静连接,应用最广泛。按端部形状可分为圆头(A 型)、平头(B 型)和单圆头(C 型)三种,如图 9-16(b)~图 9-16(d)所示。A 型和 C 型键的轴上键槽需要用指状铣刀加工,如图 9-17(a)所示,键在槽中能实现较好的轴向定位,但由于键的端部圆头与轮毂键槽不接触,不能承担载荷,使键连接沿长度方向的承载能力不能充分发挥,同时轴槽(轴上键槽简称)端部的弯曲应力集中较大。B 型键的轴槽用盘形铣刀加工,如图 9-17(b)所示,轴槽端部的应力集中较小,但键在轴上的轴向定位不好,需用螺钉把键固定在键槽中。其中 A 型键应用最多,C 型键适用于轴端与轮毂的连接。

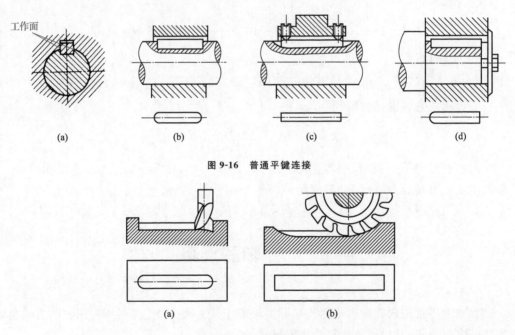

图 9-16　普通平键连接

图 9-17　轴上键槽的加工

(2)导向平键和滑动平键:用于动连接,即轴与轮毂之间有相对轴向移动的连接。图 9-18(a)为导向平键,键不动,轮毂轴向移动,适用于短距离移动;图 9-18(b)为滑动平键,键随轮毂移动,滑移距离较大时适用。因用于动连接,故要求粗糙度低、摩擦小。

2. 半圆键连接

半圆键连接用于轴与轮毂之间的静连接,键的上表面与轮毂键槽底面间有间隙,如图 9-19 所示,两侧面为半圆形,键在轴槽中能绕其几何中心摆动,以适应轮毂键槽底面的方向。半圆键连接工作时也是靠键的侧面受挤压来传递运动和转矩的。轴与轮毂同心精度好,但轴上的键槽较深,对轴的强度削弱较大,所以它主要用于传递转矩不大的锥形轴连接。

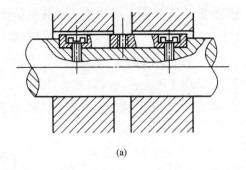

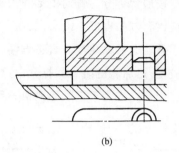

图 9-18　导向平键和滑动平键连接

轴上的键槽用与键宽度和直径均相同的半圆键槽专用铣刀加工。

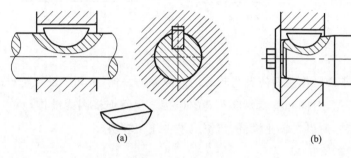

图 9-19　半圆键连接

3. 花键连接

花键连接是由具有多个沿周向均布的凸齿外花键和有对应凹槽的轮毂孔构成的连接，如图 9-20 所示，工作时靠键齿侧面与键槽侧面的挤压来传递转矩。花键连接的主要优点是：齿数较多且受力均匀，故承载能力高；齿槽较浅，应力集中较小，对轴和轮毂的强度削弱小；轴上零件与轴的对中性、导向性好，故花键连接适用于载荷较大和对同心精度要求较高的静连接和动连接中。其缺点是加工时需专用设备，成本较高。花键已标准化，按其齿形可分为矩形花键（图 9-21(a)）和渐开线花键（图 9-21(b)）两种。

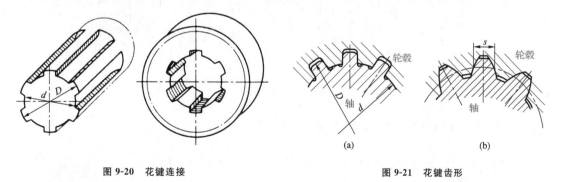

图 9-20　花键连接

图 9-21　花键齿形

4. 楔键连接

楔键的上表面与轮毂槽底面都有 1：100 的斜度。工作中键的上下表面是工作面，依靠键与键槽之间和轴与轮毂孔之间的摩擦力来传递运动和转矩，并可承受单方向的轴向载荷，其中键与键槽的侧面有间隙。

楔键按形状可分为普通楔键和钩头楔键,如图 9-22 所示。普通楔键按其端部形状可分为圆头楔键和方头楔键。圆头楔键连接装配时,先将键装入轴上键槽中,然后打紧轮毂,但当轮毂零件较大时该装配方式不方便。方头楔键与钩头楔键连接装配时,先将轮毂装到轴上适当位置,然后将键装入并打紧。这种装配方式用于轴端连接时很方便,如用于轴的中部时轴上键槽长度应大于键长的两倍,否则无法装配到位,因此钩头楔键常用于轴端连接。

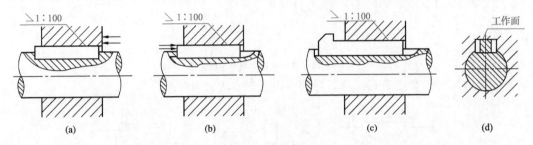

图 9-22 楔键连接

楔键连接由于楔紧作用而使轴与轮毂的间隙偏向一侧,破坏了轴与轮毂的对中性,所以主要用于低速、轻载、对同心精度要求不高的连接。楔键连接因为结构简单,轮毂的轴向固定不需要其他零件,所以在农业机械、建筑机械中应用较多。

5. 切向键连接

切向键由两个普通楔键组成,如图 9-23 所示。切向键的工作面是两个键拼合后上下两个平行的平面,依靠工作面间的挤压来传递运动和转矩。装配时两键分别从轮毂两端打入,拼合后沿轴的切线方向楔紧。单个切向键只能传递单向转矩,若需要传递双向转矩,可装两个互成 $120°\sim130°$ 的切向键。切向键的键槽对轴的强度削弱较大,所以常用于直径大于 100 mm 的轴(载荷较大,对同心精度要求不高)。

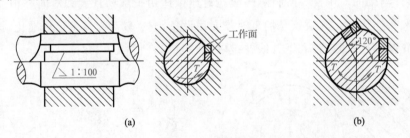

图 9-23 切向键连接

二、平键连接的尺寸选择与强度校核

平键的材料一般选择抗拉强度 $R_m \geqslant 600$ MPa 的碳素钢,常用 45 钢。当轮毂材料为有色金属或非金属时,键的材料可用 20 钢和 Q235 钢。设计是在轴和轮毂尺寸确定后进行的。设计时应根据连接的结构特点和工作要求选择键的类型,然后根据轴径和轮毂宽度从标准中选取键的尺寸,最后进行强度校核。

平键连接的尺寸
选择与强度校核

1.尺寸选择

普通平键键槽的尺寸与公差见表 9-5。

表 9-5　　　　　普通平键键槽的尺寸与公差（摘自 GB/T 1095—2003）　　　　　mm

键尺寸 $b \times h$	公称尺寸	键槽										
		宽度 b					深度				半径 r	
		极限偏差					轴 t_1		毂 t_2			
		正常连接		紧密连接	松连接		公称尺寸	极限偏差	公称尺寸	极限偏差		
		轴 N9	毂 JS9	轴和毂 P9	轴 H9	毂 D10					min	max
2×2	2	−0.004 −0.029	±0.0125	−0.006 −0.031	+0.025 0	+0.060 +0.020	1.2	+0.10	1.0	+0.10	0.08	0.16
3×3	3						1.8		1.4			
4×4	4	0 −0.030	±0.015	−0.012 −0.042	+0.030 0	+0.078 +0.030	2.5		1.8			
5×5	5						3.0		2.3		0.16	0.25
6×6	6						3.5		2.8			
8×7	8	0 −0.036	±0.018	−0.015 −0.051	+0.036 0	+0.098 +0.040	4.0		3.3			
10×8	10						5.0		3.3			
12×8	12	0 −0.043	±0.0215	−0.018 −0.061	+0.043 0	+0.120 +0.050	5.0		3.3			
14×9	14						5.5		3.8		0.25	0.40
16×10	16						6.0	+0.20	4.3	+0.20		
18×11	18						7.0		4.4			
20×12	20	0 −0.052	±0.026	−0.022 −0.074	+0.052 0	+0.149 +0.065	7.5		4.9			
22×14	22						9.0		5.4		0.40	0.60
25×14	25						9.0		5.5			
28×16	28						10.0		6.4			

2.强度校核

平键的两侧面是工作面,工作时两侧面受到挤压(图 9-24),其主要失效形式是键、轴槽和轮毂键槽三者中强度最弱的工作面被压溃。设计时,应按照工作面的许用挤压应力 $[\sigma_{pc}]$ 进行条件性计算。

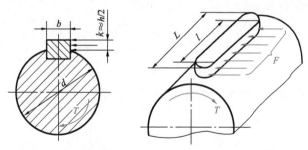

图 9-24　平键连接的受力分析

挤压强度条件为

$$\sigma_{pc} = \frac{F_t}{A} = \frac{2T}{dkl} = \frac{4T}{dhl} \leqslant [\sigma_{pc}] \tag{9-3}$$

式中　T——传递的转矩,N·mm;

　　　d——轴的直径,mm;

l——键的工作长度,mm,对于圆头平键应扣除圆头部分长度;

k——键与轮毂键槽的接触高度,mm;取 $k=h/2$,h 为键的高度;

$[\sigma_{pc}]$——平键连接的许用挤压应力,MPa,见表 9-6。

表 9-6　　　　　　　　　平键连接的许用挤压应力 $[\sigma_{pc}]$　　　　　　　　　MPa

键、轴和轮毂中最弱的材料	载荷性质		
	静载荷	轻度冲击	较大冲击
钢	125~150	100~120	60~90
铸铁	70~80	50~60	30~45

计算后若强度不够,可适当增加轮毂和键的长度,但不宜超过 $2.5d$。若强度仍不够,可采用双键,按 180°布置。计算时,为考虑载荷分布的不均匀性,按 1.5 个键计算。

 素质培养

　　了解高铁车轴的发展历史,树立大国担当意识,培养历史使命感。

　　2017 年,具有中国完全自主知识产权,达到世界先进水平的中国标准动车组"复兴号"在京沪高铁正式首发。"复兴号"动车组的 254 项重要标准中,中国标准占了 84%,是真正的"中国造"动车。

　　高铁车轮、车轴担负着高速列车快速奔驰的重担,安全性极其重要。一对车轮和一个车轴组装出一副轮对,轮对是列车的主要和高精部件之一。

　　几年前,我国一直不能规模化自主生产高铁轮对,轮对属于完全依赖进口的动车组关键零部件。马鞍山钢铁股份有限公司(后文简称马钢)是我国较大的机车车辆轮对研发和制造基地,有着 50 多年的车轮生产经验,是中国的普速列车车轮对供应商。近几年,马钢高速动车组车轮通过 CRCC 认证,装配马钢高速动车组车轮的中国标准动车组已经跑出了中国速度。晋西车轴股份有限公司和太原重工股份有限公司是山西省重要的车轴生产企业,这两家公司生产的时速 350 公里的中国标准动车组轮轴通过运用考核,获得认证证书;时速 250 公里城际动车组轮轴完成运用考核,运行状况良好。这将大大加快中国高铁完全自主化的速度。未来,满怀"工匠精神"的山西造车轴将随着中国高铁走遍中国、走向世界。

知识总结

　　本章主要学习了轴的分类、轴的结构设计和强度校核的方法,也学习了轴毂连接的类型及应用。

　　1.轴的分类

　　轴是支承旋转零件以传递运动和动力的重要零件。按其功用和承载情况轴可分为心轴——主要承受弯矩;传动轴——主要传递转矩;转轴——既承受弯矩又传递转矩。

　　2.轴的常用材料

　　轴的材料是决定轴的承载能力的重要因素。轴的常用材料是碳素钢和合金钢。合金钢比碳素钢具有更高的力学性能和热处理性能,但对应力集中的敏感性强,价格也贵,多用于高速、重载等特殊场合。

3.轴的结构设计

轴的结构设计就是确定轴的外形和全部结构尺寸。结构设计时除要保证轴的强度、刚度外,还应便于轴上零件的安装、固定和定位,利于减小应力集中,并具有良好的加工工艺性。

4.轴的设计步骤

轴的选材;初估轴径;轴的结构设计;轴的强度校核。

5.轴毂连接

轴毂连接的主要形式是键连接。键连接的类型有松键连接(平键连接、半圆键连接、花键连接)和紧键连接(楔键连接、切向键连接)。

专题训练

1.有一传动轴,材料为45钢,调质处理。轴传递的功率 $P=3$ kW, $n=260$ r/min,试求该轴的直径。

2.已知一传动轴在直径处受不变的转矩 $T=1.5\times10^4$ N·m 和弯矩 $M=7\times10^3$ N·m 作用,轴的材料为45钢,调质处理,问该轴能否满足强度要求?

3.如图9-25所示为单级斜齿圆柱齿轮减速器的传动简图。已知从动轴传递功率 $P=7.5$ kW,转速 $n_2=160$ r/min,齿轮的分度圆直径 $d_2=350$ mm,所受圆周力 $F_{t2}=2\,656$ N,径向力 $F_{r2}=952$ N,轴向力 $F_{a2}=544$ N,轮毂宽度 $b=60$ mm。齿轮单向传动,轴承采用6200型。试设计此从动轴。

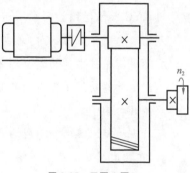

图9-25 习题3图

知识检测

通过本章的学习,同学们不仅要学会轴的分类以及轴的结构设计和强度校核的方法,而且要了解键连接的类型及应用。大家掌握的情况如何呢?快来扫码检测一下吧!

第 10 章
轴 承

工程案例导入

　　轴承几乎存在于我们生活的每一个角落，从陆地上行驶的各种车辆到空中飞行的飞机，凡是旋转的部分，都需要轴承，它是机械设备中不可或缺的核心零部件。洛阳 LYC 轴承有限公司所制造的高铁轴承，在 250～300 km 的时速上完成了长达 120 万千米的上车试验，标志着中国高铁轴承的国产化迎来了重大突破，宣示着中国高精度轴承制造技术已达到全球领先水平。

　　轴承的功用是支承轴与轴上零件，按轴与轴承间的摩擦形式，轴承可分为滑动轴承和滚动轴承两大类。

　　滚动轴承具有摩擦阻力小、启动灵敏、使用维护方便、轴向尺寸小、互换性好等优点，在各类机械中广泛应用。通常，在滚动轴承和滑动轴承都满足使用要求时，宜优先选用滚动轴承。而滑动轴承结构简单、装拆方便、承载能力高、耐冲击，尤其是液体润滑状态下的动、静压滑动轴承优点更加突出。因此在有冲击的机械（如搅拌机、破碎机等）或高速、重载、高精度机械（如精密机床、汽轮机、内燃机、轧钢机）中得到广泛应用。

　　本章主要讨论轴承的类型及设计等问题。

知识目标 >>>

1. 了解滑动轴承的类型、结构和材料。
2. 掌握常用滚动轴承的类型和代号。
3. 掌握滚动轴承类型的选择。
4. 理解滚动轴承的失效形式。
5. 掌握滚动轴承的寿命计算方法。
6. 了解滚动轴承的静载荷能力计算。
7. 了解滚动轴承的组合设计。

技能目标 >>>

1. 熟悉滚动轴承类型代号的含义,合理选择滚动轴承的类型。
2. 能够计算滚动轴承的寿命并确定轴承型号。
3. 能够合理进行滚动轴承的组合结构设计。

素质目标 >>>

1. 通过轴承类型的选择,培养学生的标准意识。
2. 通过高铁轴承的工程案例,引导学生树立自力更生、自主创新的发展意识。

10.1 滑动轴承

一、滑动轴承的主要类型和结构

根据润滑状态,滑动轴承可分为液体摩擦滑动轴承和非液体摩擦滑动轴承两类。前者的润滑油膜将摩擦表面完全隔开,轴颈和轴瓦表面不发生直接接触;后者轴颈与轴瓦间的润滑油膜很薄,无法将摩擦表面完全隔开,局部金属直接接触,这种摩擦状态在一般滑动轴承中最常见。

滑动轴承根据其所承受载荷的方向不同分为径向滑动轴承和推力滑动轴承两大类。

1. 径向滑动轴承

主要承受径向载荷的滑动轴承称为径向滑动轴承。径向滑动轴承按其结构可分为整体式(图10-1)和剖分式(图 10-2 与图 10-3)两大类。

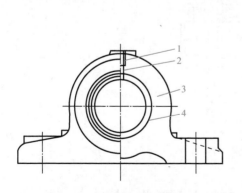

图 10-1　整体式径向滑动轴承
1—油杯孔;2—油孔;3—轴承座;4—轴瓦

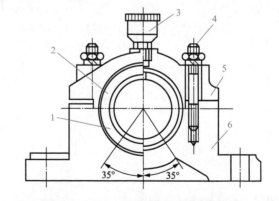

图 10-2　剖分式径向滑动轴承(水平剖分面)
1—下轴瓦;2—上轴瓦;3—油杯;4—双头螺柱;5—轴承盖;6—轴承座

轴承座的材料常用铸铁制造,受力很大时可用铸钢件,用螺栓固定在机架上。整体式径向滑动轴承构造简单,常用于低速、载荷较小的间歇工作机器上,而且轴承只能从轴的端部装上。剖分式径向滑动轴承的轴瓦一般是对开式,磨损后可以通过适当地调整垫片或对其剖分面刮削、研磨来调整轴与孔的间隙,应用较广。剖分式滑动轴承考虑到径向载荷方向的不同,剖分面可以制成水平式(图 10-2)和斜开式(图 10-3)两种,使用时应保证径向载荷的作用线不超出剖分面垂直中线左右各 35°。

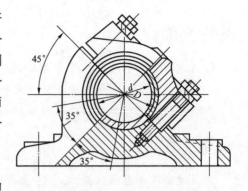

图 10-3　剖分式径向滑动轴承(斜开剖分面)

2. 推力滑动轴承

用来承受轴向载荷的滑动轴承称为推力滑动轴承。它是靠轴的端面或轴肩、轴环的端面向推力支承面传递轴向载荷的。按推力滑动轴承轴颈的结构不同,分为实心、环形和多环形三种。图 10-4(a)所示为实心轴颈,因轴旋转时,在接触端面上从中心至边缘的线速度越来越大,端面外缘的磨损大于中心处,造成轴颈和轴瓦间压力分布不均,不利于润滑。实际结构中多采用空心轴颈或单环结构,如图 10-4(b)和图 10-4(c)所示。当载荷较大或轴受双向载荷时,可采用图 10-4(d)所示的多环结构。图 10-5 所示为布置在径向滑动轴承前端的推力滑动轴承。

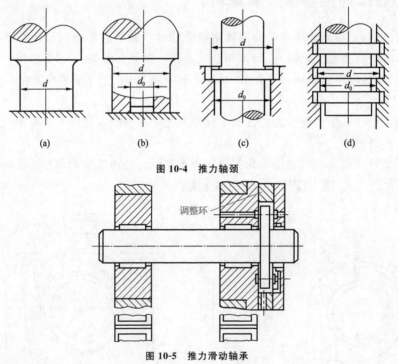

(a)　　　　　(b)　　　　　(c)　　　　　(d)

图 10-4　推力轴颈

图 10-5　推力滑动轴承

二、滑动轴承的材料

滑动轴承的材料是指轴瓦或轴承衬的材料。

轴瓦(包括轴套、轴承衬)是轴承中的重要零件,它的主要失效形式是磨损和胶合(俗称烧瓦),由于强度不足和工艺原因,有时也会出现轴承衬脱落等现象。因此,轴瓦材料应具备摩擦、磨损小,有足够的强度和一定的塑性,耐蚀、抗胶合,导热性好等性能。

常用的轴瓦或轴承衬材料如下:

(1)轴承合金:又称白合金或巴氏合金,是锡、铅、锑、铜的合金统称,可分为锡基和铅基两种。其塑性、跑合性和抗胶合性较好,但机械强度较低,价格高,通常把它贴合在软钢、铸铁或青铜的轴瓦上做轴承衬使用。

(2)铜合金:硬度高,承载能力、耐磨性和导热性均优于轴承合金,应用最普遍。为节约有色金属材料,可将青铜浇铸在钢或铸铁底瓦上。铜合金主要有锡青铜、铅青铜和铝青铜三种。

(3)粉末合金:又称金属陶瓷,是将金属粉末经制粉、定型、烧结等工艺制成的。其组织内部空隙占总体积的10%～35%。使用前将该材料轴承浸入润滑油中,运转时由于油的热膨胀和轴颈抽吸作用而使油自动进入润滑表面,故又叫含油轴承。这种轴承一次浸油后可长时间使用。常用的含油轴承有多孔铁和多孔青铜两种。

(4)铸铁:质脆,硬度高,价廉,易于加工。可以把轴瓦和轴承座做成整体使用。

(5)非金属材料:以塑料用得最多,其次是碳(石墨)、橡胶、木材等。它的摩擦因数小,耐腐蚀、耐冲击、抗胶合,且具有一定的自润滑性能,但承载能力低,导热性差(只有青铜的1/500～1/200),耐热性差。

常用轴瓦或轴承衬材料的性能和应用见表10-1。

表 10-1　　　　　　　　　常用轴瓦或轴承衬材料的性能和应用

轴瓦或轴承衬材料		许用值				最小直径硬度(HBW)	性能比较				应用场合
名称	代号	$[p]$/MPa	$[v]$/(m·s^{-1})	$[pv]$/(MPa·(m·s^{-1}))	t/℃		抗胶合性	顺应性与嵌入性	耐蚀性	疲劳强度	
锡基轴承合金	ZCuSnSb11-6	平稳载荷			150	150	1	1	1	5	用于高速、重载下工作的重要轴承。变载荷下易疲劳磨损,价高
		24.5	80	19.6							
	ZCuSnSb8-4	冲击载荷									
		19.6	60	14.7							
铅基轴承合金	ZCuPbSb16-16-2	14.7	12	9.8	150	150	1	1	3	5	用于中速、中等载荷的轴承。不宜受显著的冲击载荷,可作为锡基轴承合金的代用品
	ZCuPbSb15-15-3	4.9	6	4.9							
锡青铜	ZCuSn10P1	14.7	10	14.7	280	300～400	5	5	2	1	用于中速、重载及变载荷的轴承
铅青铜	ZCuPb30	20.6～27.5	12	29.4	250～280	300	3	4	4	2	用于高速、重载轴承,能承受变载荷和冲击载荷
耐磨铸铁	HT300	0.1～5.9	0.3～0.75	0.3～4.4	150	200～250	5	5	4	4	用于低速、轻载、不重要的轴承

注:1.[pv]值为混合润滑状态下的极限值。

2.性能比较:1为最佳,5为最差。

三、轴瓦的结构

轴瓦与轴颈直接接触并相对滑动,从而构成滑动摩擦副,其结构是否合理对轴承性能影响很大。常用轴瓦结构有整体式和剖分式两种。

1. 整体式轴瓦

与整体式滑动轴承轴颈配合,又称为轴套(图10-6),用于整体式滑动轴承。

2. 剖分式轴瓦

由上、下两部分组成,有厚壁轴瓦(图 10-7)和薄壁轴瓦(图 10-8)之分。

薄壁轴瓦常用双金属板连续轧制或用烧结方法使金属粉末贴合

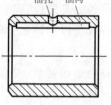

图 10-6　整体式轴瓦

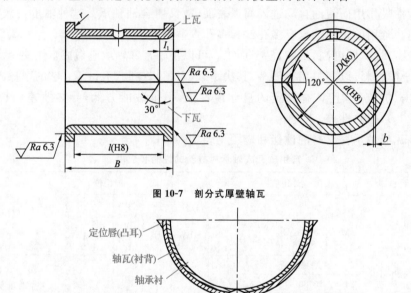

图 10-7　剖分式厚壁轴瓦

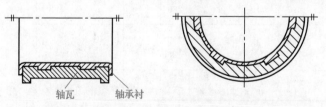

图 10-8　剖分式薄壁轴瓦

于钢带表面,再经冲裁、弯曲及精加工等工序制成。其质量稳定,成本低,但刚性小,易变形。

为改善轴瓦表面的摩擦性能,提高承载能力,常在轴瓦内表面浇铸一层减摩材料做轴承衬,其厚度应随轴承直径的增大而增大,一般为 0.5～6 mm。为使轴承衬牢固而可靠地贴合在轴瓦表面上,在轴瓦内表面预制一些榫头、沟槽或螺纹,如图 10-9 所示。

图 10-9　榫头、沟槽或螺纹

为使润滑油均布于轴瓦工作表面,轴瓦上应设有油孔、油沟,一般开在非承载区。油沟长度要适宜,过短则润滑油不能流到整个接触表面,过长则会使润滑油从轴瓦端部流失,一般取轴瓦长度的80%。一些重型机器的轴瓦上开设了油室,使润滑空间增大,并有贮油和保证稳定供油的作用。

关于轴瓦、轴承衬的结构尺寸和标准可查阅有关资料。

10.2 滚动轴承

一、滚动轴承的结构、类型及特点

1.滚动轴承的结构

滚动轴承的结构如图10-10所示,由内圈、外圈、滚动体和保持架四部分组成。内、外圈都设有滚道,以限制滚动体的轴向移动。内圈与轴颈配合,一般与轴一起转动;外圈安装在轴承座或机座内,可以固定不动,但也可以是内圈不动而外圈转动(如滑轮轴上的滚动轴承)或内、外圈同时转动(如行星齿轮轴上的滚动轴承)。轴承工作时,滚动体在内、外圈间的滚道间滚动,形成滚动接触并支承回转零件和传递载荷。保持架把滚动体隔开,以免滚动体之间直接接触而产生较大的相对滑动摩擦,从而导致磨损。

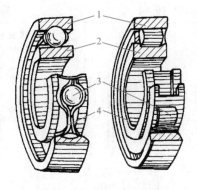

图10-10 滚动轴承的结构
1—外圈;2—内圈;3—滚动体;4—保持架

由于滚动体与内、外圈之间是点或线接触,接触应力较大,所以滚动体与内、外圈均用强度高、耐磨性好的滚动轴承钢(如GCr15、GCr15SiMn)制造。保持架多用软钢冲压后经铆接或焊接而成,或用铜合金、铝合金或塑料等制造。

滚动轴承的结构、类型及特点

2.滚动轴承的类型及特点

按滚动体的形状不同,滚动轴承可分为球轴承和滚子轴承两大类,而滚子轴承又分为圆柱滚子、圆锥滚子、鼓形滚子和滚针轴承等。滚动体的种类如图10-11所示。球轴承为点接触,承载能力和刚度都较低,且不耐冲击,但制造容易,极限转速高,价廉,应用普遍;滚子轴承为线接触,有较高的承载能力、刚度和耐冲击能力,但制造工艺复杂,价高。

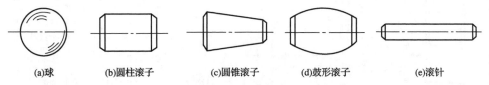

(a)球 (b)圆柱滚子 (c)圆锥滚子 (d)鼓形滚子 (e)滚针

图10-11 滚动体的种类

按承载方向或公称接触角 α 的大小,滚动轴承可分为向心轴承和推力轴承两大类,见表10-2。接触角 α 是指滚动体与外圈接触处的法线和径向平面之间的夹角。α 越大,滚动轴承所能承受的轴向力越大,即接触角 α 的大小表明了滚动轴承承受轴向载荷的能力。

表 10-2   各类球轴承的接触角

轴承类型	向心轴承		推力轴承	
	径向接触	向心角接触	推力角接触	轴向接触
接触角 α	0°	0°~45°	45°~90°	90°
图 例				

滚动轴承的基本类型和特性见表 10-3。

表 10-3   滚动轴承的基本类型和特性

类型代号	简 图	类型名称	结构代号	基本额定动载荷比[①]	极限转速比[②]	轴向承载能力	轴向限位能力[③]	性能和特点
1		调心球轴承	10000	0.6~0.9	中	少量	I	因为外圈滚道表面是以轴承轴线中点为中心的球面，故能自动调心，允许内圈（轴）对外圈（外壳）轴线的偏斜量≤2°~3°。一般不宜承受纯轴向载荷
2		调心滚子轴承	20000	1.8~4.0	低	少量	I	性能、特点与调心球轴承相同，但具有较大的径向承载能力，允许内圈对外圈轴线的偏斜量≤1.5°~2.5°
		推力调心滚子轴承	29000	1.6~2.5	低	很大	II	用于承受以轴向载荷为主的轴向、径向联合载荷，但径向载荷不得超过轴向载荷的 55%。与其他推力滚子轴承相比，此种轴承摩擦因数小，转速较高，并具有调心能力
3		圆锥滚子轴承 $\alpha=10°~15°$	30000	1.5~2.5	中	较大	II	可以同时承受径向载荷及轴向载荷(30000 型以径向载荷为主，30000B 型以轴向载荷为主)。外圈可分离，安装时可调整轴承的游隙。一般成对使用
5		推力球轴承	51000	1.0	低	只能承受单向轴向载荷	I	只能承受单向轴向载荷,高速时滚动体离心力大,磨损、发热严重,极限转速低,适用于轴向载荷大、转速不高的场合

续表

类型代号	简图	类型名称	结构代号	基本额定动载荷比①	极限转速比②	轴向承载能力	轴向限位能力③	性能和特点
5		双向推力球轴承	52000	1.0	低	能承受双向轴向载荷	I	能承受双向轴向载荷,中间圈为紧圈,其他性能特点与推力球轴承相同
6		深沟球轴承	60000	1.0	高	少量	II	主要承受径向载荷,也可同时承受小的轴向载荷。当量摩擦因数最小。在高转速时,可用来承受纯轴向载荷。工作中允许内、外圈轴线偏斜量≤8′~16′,大量生产,价格最低
7		角接触球轴承	70000C ($\alpha=15°$)	1.0~1.4	高	一般	II	可以同时承受径向载荷及轴向载荷,也可以单独承受轴向载荷。能在较高转速下正常工作。由于一个轴承只能承受单向轴向力,故一般成对使用。承受轴向载荷的能力由接触角 α 决定,接触角大,则承受轴向载荷的能力强
			70000AC ($\alpha=25°$)	1.0~1.3		好大		
			70000B ($\alpha=40°$)	1.0~1.2		更大		
N		外圈无挡边的圆柱滚子轴承	N0000	1.5~3.0	高	无	II	外圈(或内圈)可以分离,故不能承受轴向载荷。滚子由内圈(或外圈)的挡边轴向定位,工作时允许内、外圈有少量的轴向窜动。有较大的径向承载能力,但内圈轴线的允许偏斜量很小(2′~4′)。此类轴承还可以不带外圈或内圈
		内圈无挡边的圆柱滚子轴承	NU0000					
		内圈有单挡边的圆柱滚子轴承	NJ0000			少量	II	

注:①基本额定动载荷比:指同一尺寸系列(直径和宽度)各种类型和结构形式轴承的基本额定动载荷与单列深沟球轴承的基本额定动载荷之比(推力轴承则与单向推力球轴承相比)。

②极限转速比:指同一尺寸系列0级公差的各类轴承脂润滑时的极限转速与单列深沟球轴承脂润滑时的极限转速之比。高、中、低的含义为:"高"为单列深沟球轴承极限转速的90%~100%;"中"为单列深沟球轴承极限转速的60%~90%;"低"为单列深沟球轴承极限转速的60%以下。

③轴向限位能力:I为轴的双向轴向位移限制在轴承的轴向游隙范围以内;II为限制轴的单向轴向位移;III为不限制轴向位移。

二、滚动轴承的代号

《滚动轴承 代号方法》(GB/T 272—2017)规定滚动轴承的代号由前置代号、基本代

号、后置代号三部分组成,格式如下:

> 前置代号 基本代号 后置代号

1. 前置代号

在基本代号之前,用来说明成套轴承分部件的特点,用字母表示,一般可省略。

2. 基本代号

表示轴承的基本类型、结构和尺寸。一般由五个数字或字母和四个数字表示,基本格式如图 10-12 所示。

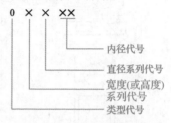

图 10-12 滚动轴承的基本代号

(1)内径代号:用两位数字表示,10 mm≤d<480 mm 的内径代号见表 10-4。d=22 mm、28 mm、32 mm、500 mm 的轴承直接用内径值表示并用"/"隔开。d<10 mm 和 d>500 mm 的轴承代号请查阅轴承手册。

表 10-4　　　　　　　　　滚动轴承的内径代号

内径代号	00	01	02	03	04~96
内径/mm	10	12	15	17	内径代号×5

(2)尺寸系列代号:直径系列代号和宽(高)度系列代号统称为尺寸系列代号。直径系列代号表示同一内径、不同外径的轴承系列;宽度系列代号表示内、外径相同而宽度(对推力轴承指高度)不同的轴承系列。尺寸系列代号连用时,宽度系列代号为 0 可省略,但圆锥滚子轴承和调心滚子轴承的宽度系列代号为 0 时应标出。图 10-13 所示为不同尺寸系列的深沟球轴承,滚动轴承尺寸系列代号见表 10-5。

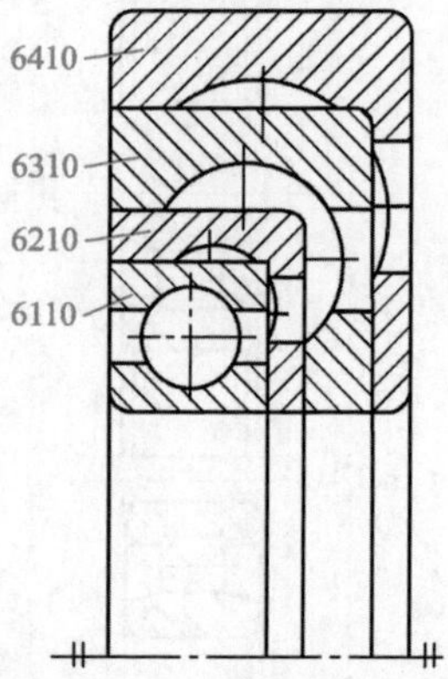

(3)类型代号:滚动轴承的类型代号有 0、1、2、3、4、5、6、7、8、N、U、QJ、C 共 13 类,其中的 7 类轴承见表 10-3。

有关滚动轴承代号更详细的内容及表示方法可查阅滚动轴承手册。

图 10-13 尺寸系列对比

表 10-5　　　　　　　　　滚动轴承尺寸系列代号

直径系列代号	向心轴承								推力轴承			
	宽度系列代号								高度系列代号			
	8	0	1	2	3	4	5	6	7	9	1	2
	尺寸系列代号											
7	—	—	17	—	37	—	—	—	—	—	—	—
8	—	08	18	28	38	48	58	68	—	—	—	—
9	—	09	19	29	39	49	59	69	—	—	—	—
0	—	00	10	20	30	40	50	60	70	90	10	—
1	—	01	11	21	31	41	51	61	71	91	11	—
2	82	02	12	22	32	42	52	62	72	92	12	22
3	83	03	13	23	33	—	—	—	73	93	13	23
4	—	04	—	24	—	—	—	—	74	94	14	24
5	—	—	—	—	—	—	—	—	—	95	—	—

3. 后置代号

紧接在基本代号之后或与基本代号以"-"或"/"隔开,用字母或字母与数字的组合表示。与后置代号相关的内容较多,以下列举常见代号。

(1)内部结构代号:表示同一类型轴承的不同内部结构。如角接触球轴承后置代号中的C、AC、B分别表示其公称接触角的大小为15°、25°、40°。

(2)公差等级代号:轴承的公差等级分为2、4、5、6、6X和0级,从高级到低级排列,标注为/P2、/P4、/P5、/P6、/P6X和/P0。其中6X级仅适用于圆锥滚子轴承;0级为普通级,一般不标注。

(3)游隙代号:游隙是指内、外圈之间沿径向或轴向的相对移动量。常用的轴承径向游隙系列分为1、2、0、3、4、5六组,依次由小到大。标注为/C1、/C2、/C0、/C3、/C4、/C5,其中0组为基本游隙,一般不标注。

滚动轴承的代号

后置代号中的其他内容及代号请参考轴承手册。

例 10-1

说明 6208、72211AC/P4、N308/P6、59220 等代号的含义。

解: 6208 为深沟球轴承,尺寸系列代号为 02(宽度系列代号为 0,直径系列代号为 2),内径为 40 mm,公差等级为 0 级。

72211AC/P4 为角接触球轴承,尺寸系列代号为 22(宽度系列代号为 2,直径系列代号为 2),内径为 55 mm,公称接触角 $\alpha = 25°$,公差等级为 4 级。

N308/P6 为圆柱滚子轴承,外圈可分离,尺寸系列代号为 03(宽度系列代号为 0,直径系列代号为 3),内径为 40 mm,公差等级为 6 级。

59220 为推力球轴承,尺寸系列代号为 92(高度系列代号为 9,直径系列代号为 2),内径为 100 mm,公差等级为 0 级。

三、滚动轴承类型的选择

滚动轴承类型的选择将直接影响机器的结构尺寸、工作可靠度和经济性。设计时可结合各类轴承的结构和性能特点并参照同类机械中轴承的使用经验,根据实际工作情况合理选择。一般应考虑下列因素:

1. 载荷和转速

转速较高、载荷较小、要求旋转精度、无振动和冲击时,选用球轴承;转速较低、载荷较大且有冲击时,应选用滚子轴承。

轴承仅受径向载荷时,应选用向心轴承;只受轴向载荷时,应选用推力轴承。同时承受径向和轴向载荷的轴承,当轴向载荷与径向载荷相比较小时,可选用深沟球轴承、接触角较小的角接触球轴承或圆锥滚子轴承;当轴向载荷较大时,应选用接触角较大的角接触球轴承、加大型圆锥滚子轴承或向心轴承和推力轴承的组合结构。

2. 调心和安装要求

当轴的支点跨度较大、工作中弯曲变形较大或两轴承座孔的同轴度较差时（图10-14），应选用内、外圈有较大相对角位移的调心轴承。轴承的尺寸确定后，径向空间受限时，选用外径较小的尺寸系列或滚针轴承。轴向空间受限时，选用宽度较窄的尺寸系列。在经常装拆或装拆比较困难的场合，应选用内、外圈可分离的圆柱或圆锥滚子轴承。

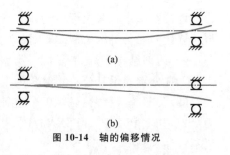

图 10-14　轴的偏移情况

3. 经济性

从经济性角度考虑，球轴承比滚子轴承价廉。同型号轴承，精度越高价格越贵，其价格比为 P0：P6：P5：P4＝1.0：1.5：1.8：6.0。因此，在满足使用要求的情况下，应尽可能选用球轴承和普通精度轴承。

四、滚动轴承的寿命计算和尺寸选择

1. 滚动轴承的载荷分析

滚动轴承工作时，对于轴向力，可认为由各滚动体平均分担；当受径向力作用时，其载荷及应力的分布不均匀。以图 10-15 所示的深沟球轴承为例，此时只有下半圈滚动体受载。

当滚动体进入承载区后，所受载荷由零逐渐增大至 Q_{max}，然后再逐渐减小到零，其上的接触载荷和接触应力是周期性变化的。转动套圈的受载情况与滚动体类似。对于固定套圈，处于承载区内的半圈受载，其位置不同所受载荷不同。就其上某一点而言，滚动体滚过一次，受载一次，接触载荷与接触应力按稳定的脉动循环变化。

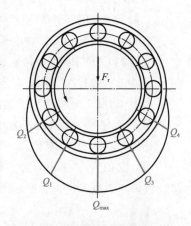

图 10-15　滚动轴承的受载情况

2. 滚动轴承的失效形式及计算准则

（1）疲劳点蚀

由以上分析可知，轴承元件在循环变化的接触载荷和接触应力作用下工作一段时间后，滚动体和内、外圈滚道表面产生疲劳点蚀，使轴承出现较强烈的振动和噪声。对于在一般载荷、转速、良好的润滑和维护条件下工作的轴承，疲劳点蚀是其主要的失效形式。这类轴承主要对其进行寿命计算。

（2）塑性变形

对于不回转、转速很低或间歇摆动的轴承，由于应力循环变化的次数较少，一般不会发生疲劳点蚀。在较大的静载荷或冲击载荷作用下，滚动体或套圈滚道上将出现不均匀的塑性变形凹坑，使轴承失效。这类轴承主要进行静强度计算，以控制塑性变形。

（3）磨损

密封不严或润滑油不洁时，滚动体与套圈可能产生磨粒磨损。润滑不充分或高速运转的轴承会发生黏着磨损,并引起表面发热而导致胶合。对于这类轴承,除要注意合理的密封和以清洁的润滑油保持良好润滑外,还需要进行寿命计算并校核其极限转速。

此外由于装配、使用和维护不当,有时还会使轴承元件碎裂、锈蚀等,对于这类失效,只要注意维护保养即可避免。

3. 滚动轴承寿命计算的有关概念

滚动轴承的寿命计算

滚动轴承的寿命计算主要有两类:一类是已知轴承型号,计算该型号轴承在给定载荷下工作时不发生点蚀失效的工作期限;另一类是给定预期寿命,通过计算,选择在该寿命期内不发生点蚀失效的轴承型号。

寿命计算的有关概念:

(1)基本额定寿命 L:大部分滚动轴承的失效形式是疲劳点蚀。对于单个轴承,从开始工作到任一轴承元件出现疲劳点蚀前的总转数,或在一定转速下的工作小时数,称为滚动轴承的寿命。

大量实验表明,同型号、同批次生产,在相同载荷、温度、润滑等工作条件下运转的轴承,其寿命各不相同,且分布离散,最高寿命和最低寿命甚至相差几十倍,因而轴承的寿命不能以某个轴承的试验结果为标准。因此,引入数理统计的寿命概念,即以基本额定寿命作为计算选用轴承的依据。

基本额定寿命是指一批相同型号的轴承在相同的工作条件下运转,90%的轴承不发生疲劳点蚀前的总转数 L_{10}(单位:10^6 r),或在一定转速下的工作小时数 L_h。

(2)基本额定动载荷 C:是标准中规定使轴承的基本额定寿命恰好为 10^6 r 时所能承受的载荷,它表示轴承抵抗点蚀破坏的能力。对向心轴承指径向载荷,用 C_r 表示;对推力轴承指轴向载荷,用 C_a 表示;对角接触轴承指径向分量。各类轴承的基本额定动载荷 C_r 和 C_a 值可在轴承手册中查得。

(3)当量动载荷 P:滚动轴承的基本额定动载荷是在向心轴承和角接触轴承只受径向载荷以及推力轴承只受轴向载荷的特定实验条件下测得的,而滚动轴承在实际工作时,可能同时承受径向和轴向复合载荷,必须把实际载荷换算成与基本额定动载荷的载荷条件相同的假想载荷,这个假想载荷称为当量动载荷,用 P 表示。计算公式为

$$P=f_p(XF_r+YF_a) \tag{10-1}$$

式中 f_p——考虑载荷性质引入的载荷系数,其值见表 10-6;

F_r、F_a——径向、轴向载荷;

X、Y——径向、轴向载荷系数。

表 10-6　　　　　　　　　　　　　载荷系数

载荷性质	f_p	举 例
无冲击或轻微冲击	1.0～1.2	电机、汽轮机、通风机等
中等冲击	1.2～1.8	车辆、动力机械、起重机、造纸机、冶金机械、选矿机、水力机械、卷扬机、木材加工机械、传动装置、机床等
强大冲击	1.8～3.0	破碎机、轧钢机、钻探机、振动筛等

X、Y 值可按 $F_a/F_r>e$ 和 $F_a/F_r\leqslant e$ 两种情况由表 10-7 查得。对于只受纯径向载荷的轴承,$X=1$,$Y=0$,$P=f_p F_r$;对于只受纯轴向载荷的轴承,$X=0$,$Y=1$,$P=f_p F_a$。表中的 e 值取决于滚动轴承的相对轴向载荷 F_a/C_{0r}。C_{0r} 为轴承的径向额定静载荷,其大小反映了轴

向载荷对滚动轴承承载能力的影响。

表 10-7 　　　　　　　　　　　径向和轴向载荷系数

轴承类型		相对轴向载荷 F_a/C_{0r}	e	$F_a/F_r>e$		$F_a/F_r \leqslant e$	
				X	Y	X	Y
深沟球轴承 (60000 型)		0.014	0.19		2.30		
		0.028	0.22		1.99		
		0.056	0.26		1.71		
		0.084	0.28		1.55		
		0.11	0.30	0.56	1.45	1	0
		0.17	0.34		1.31		
		0.28	0.38		1.15		
		0.42	0.42		1.04		
		0.56	0.44		1.00		
角接触球轴承	$\alpha=15°$ (70000C 型)	0.015	0.38		1.47		
		0.029	0.40		1.40		
		0.058	0.43		1.30		
		0.087	0.46		1.23		
		0.12	0.47	0.44	1.19	1	0
		0.17	0.50		1.12		
		0.29	0.55		1.02		
		0.44	0.56		1.00		
		0.58	0.56		1.00		
	$\alpha=25°$(70000AC 型)	—	0.68	0.41	0.87	1	0
	$\alpha=40°$(70000B 型)	—	1.14	0.35	0.57	1	0
圆锥滚子轴承(30000 型)		—	见轴承手册	0.4	见轴承手册	1	0
调心球轴承(10000 型)		—	见轴承手册	0.65	见轴承手册	1	见轴承手册

4. 滚动轴承的寿命计算公式

大量的实验研究得出,滚动轴承的载荷与寿命之间的疲劳曲线如图 10-16 所示。该曲线的方程为

$$P^\varepsilon L_{10} = C^\varepsilon \times 1 = 常数 \qquad (10\text{-}2)$$

根据上述公式,并考虑轴承在高温条件下($\geqslant 20$ ℃)工作时的温度系数 f_t,得出滚动轴承的寿命计算公式为

$$L_{10} = \left(\frac{f_t C}{P}\right)^\varepsilon \qquad (10\text{-}3)$$

式中　f_t——温度系数,见表 10-8;

　　　C——基本额定动载荷,N;

　　　P——当量动载荷,N;

　　　ε——寿命指数,对于球轴承 $\varepsilon=3$,对于滚子轴承 $\varepsilon=10/3$。

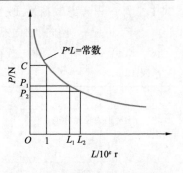

图 10-16 滚动轴承的载荷-寿命曲线

表 10-8 温度系数 f_t

轴承工作温度/℃	≤120	125	150	175	200	225	250	300	350
温度系数 f_t	1.00	0.95	0.90	0.85	0.80	0.75	0.70	0.6	0.5

轴承的寿命计算公式以小时表示为

$$L_h = \frac{10^6}{60n}\left(\frac{f_t C}{P}\right)^{\varepsilon}$$ (10-4)

式中, n 为轴承转速, r/min。

若已知轴承的当量动载荷 P 和转速 n 并给定了预期寿命 L'_h, 也可根据待选轴承需具有的基本额定动载荷 C' 对轴承进行选型或校核, 计算公式为

$$C' = \frac{P}{f_t}\sqrt[\varepsilon]{\frac{60nL'_h}{10^6}}$$ (10-5)

表 10-9 列出了常见机器轴承预期使用寿命推荐值。依据 C' 选择轴承时, 应使所选轴承的基本额定动载荷 $C \geqslant C'$。

表 10-9 常见机器轴承预期使用寿命推荐值

机器类型	预期使用寿命 L'_h/h
不经常使用的仪器或设备, 如闸门开闭装置等	300～3 000
短期或间断使用的机械, 中断使用不致引起严重后果, 如手动机械等	3 000～8 000
间断使用的机械, 中断使用后果严重, 如发动机辅助设备、流水作业线自动传送装置、升降机、车间吊车、不常使用的机床等	8 000～12 000
每日 8 h 工作的机械(利用率不高), 如一般的齿轮传动、某些固定电动机等	12 000～20 000
每日 8 h 工作的机械(利用率较高), 如金属切削机床、连续使用的起重、木材加工机械以及印刷机械等	20 000～30 000
24 h 连续工作的机械, 如矿山升降机、纺织机械、泵、电动机等	40 000～60 000
24 h 连续工作的机械, 中断使用后果严重, 如纤维生产或造纸设备、发电站主电机、矿井水泵、船舶螺旋桨轴等	100 000～200 000

5. 角接触轴承轴向载荷的计算

角接触轴承包括角接触球轴承和圆锥滚子轴承, 这类轴承在承受径向载荷 F_r 时会产生内部轴向力。

(1)内部轴向力: 如图 10-17 所示, 轴承仅受径向载荷 F_r 作用时, 外圈作用于各滚动体的法向反力 Q_i 将分解为径向分力 R_i 和轴向分力 S_i。轴向分力 S_i 的合力即为轴承的内部轴向力 S。S 的方向沿轴线由轴承外圈的宽端面指向窄端面, 使轴承的内、外圈有分离的趋势; S 的大小与轴承的接触角 α 和所受径向载荷 F_r 有关, 其值可由表 10-10 中公式计算得到。

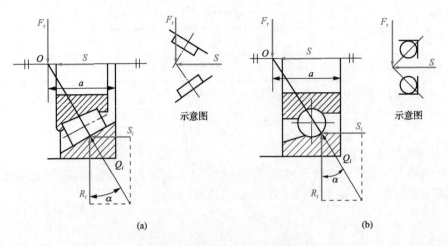

图 10-17 径向载荷产生的内部轴向力

表 10-10 角接触球轴承和圆锥滚子轴承的内部轴向力

角接触球轴承			圆锥滚子轴承
$\alpha=15°$（70000C 型）	$\alpha=25°$（70000AC 型）	$\alpha=40°$（70000B 型）	$S=F_r/(2Y)$
$S=eF_r$（e 值见表 10-7）	$S=0.68F_r$	$S=1.14F_r$	（Y 是 $F_a/F_r>e$ 时的轴向载荷系数）

由以上分析可以看出,角接触轴承必须使内部轴向力得到平衡才能正常工作,因而这类轴承宜成对使用。一般有面对面(外圈窄边相对)和背靠背(外圈宽边相对)两种安装方式。

(2)轴向载荷:确定角接触轴承的轴向载荷时,应同时考虑径向力引起的内部轴向力和作用于轴上的其他轴向力。下面以面对面安装的圆锥滚子轴承为例介绍轴承轴向载荷的计算方法。

如图 10-18 所示,F_x 为作用于轴上的轴向外载荷,F_{r1}、F_{r2} 和 S_1、S_2 分别为轴承 1、2 所受的径向载荷和内部轴向力。

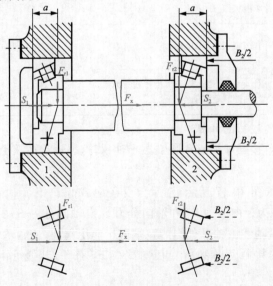

图 10-18 向心角接触轴承的轴向载荷

根据轴的力平衡关系,按下列两种情况进行分析:

①若 $S_1+F_x>S_2$,则轴有向右移动的趋势,使轴承 2 被压紧,轴承 1 被放松,轴承 2 处将经轴承端盖、外圈给轴一个向左的附加平衡力 B_2,则沿轴线方向的力平衡条件为

$$S_1+F_x=S_2+B_2$$

由此可求得轴承 2 的轴向力为

$$F_{a2}=S_2+B_2=S_1+F_x$$

因轴承 1 只受内部轴向力,故

$$F_{a1}=S_1$$

②若 $S_1+F_x<S_2$,则轴有向左移动的趋势,使轴承 1 被压紧,轴承 2 被放松,此时轴的左端将受到来自轴承 1 端盖和外圈的向右的附加平衡力 B_1,其力平衡关系为

$$B_1+S_1+F_x=S_2$$

由此轴承 1 和轴承 2 上的轴向载荷分别为

$$F_{a1}=B_1+S_1=S_2-F_x$$

$$F_{a2}=S_2$$

同理,可以计算背靠背安装的向心角接触轴承的轴向载荷。

综上所述,计算向心角接触轴承轴向载荷的方法可归纳为以下几种:

①按轴承的安装方式确定轴承内部轴向力 S_1、S_2 的方向。

②根据轴上轴向外载荷 F_x 和轴承内部轴向力 S_1、S_2 的合力指向,判定被压紧和放松的轴承。

③被压紧的轴承的轴向载荷等于自身内部轴向力以外的其余各轴向力的代数和。

④被放松的轴承的轴向载荷等于自身的内部轴向力。

五、滚动轴承的静强度计算

对于低速、重载的滚动轴承,为防止轴承在静载荷或冲击作用下发生塑性变形,设计时需按静强度进行计算。计算公式为

$$S_0P_0\leqslant C_0 \tag{10-6}$$

式中　S_0——静强度安全系数,其值见表 10-11。

　　　P_0——当量静载荷,与当量动载荷相同,是一假想载荷,计算公式为

$$P_0=X_0F_r+Y_0F_0 \tag{10-7}$$

　　　　其中 X_0、Y_0 为径向、轴向静载荷系数,其值见表 10-12。

　　　C_0——基本额定静载荷,指受载最大的滚动体与滚道接触处的塑性变形达到滚动体直径的万分之一时的载荷。对于向心轴承,指径向静载荷 C_{0r};对于推力轴承,指中心轴向静载荷 C_{0a};对于角接触轴承,指轴承静载荷的径向分量。其值可查轴承手册。

表 10-11　　　　　　　　　　　　　　静强度安全系数 S_0

轴承使用情况	使用要求、负荷性质及使用场合	S_0	
		球轴承	滚子轴承
旋转轴承	对旋转精度和平稳性要求较高,或受强大冲击负荷	1.5~2.0	2.5~4.0
	对旋转精度和平稳性要求较低,没有冲击或振动	0.5~2.0	1.0~3.5
不旋转或摆动轴承	水坝闸门装置	≥1	
	吊桥	≥1.5	
	附加动载荷较小的大型起重机吊钩	≥1.0	
	附加动载荷很大的小型装卸起重机吊钩	≥1.6	
	各种使用场合下的推力调心滚子轴承	≥4.0	

表 10-12　　　　　　　　　　　　　径向与轴向静载荷系数 X_0、Y_0

轴承类型		X_0	Y_0
深沟球轴承		0.6	0.50
角接触球轴承	70000C	0.5	0.46
	70000AC		0.38
	70000B		0.26
圆锥滚子轴承		0.5	$0.22\cot\alpha$

 例 10-2

　　某支承根据工作条件决定使用深沟球轴承。已知轴承径向载荷 $F_r = 5\ 500$ N,轴向载荷 $F_a = 2\ 700$ N,转速 $n = 1\ 250$ r/min。轴颈直径可在 $60\sim70$ mm 范围内选取,运转时有轻微冲击,预期寿命 $L'_h = 5\ 000$ h。试确定轴承型号。

　　解:(1)初选轴承型号

　　根据工作条件和轴颈直径初选轴承 6313。由轴承手册查得该轴承的基本额定静载荷 $C_{0r} = 60\ 500$ N,基本额定动载荷 $C = 93\ 800$ N。

　　(2)计算当量动载荷 P

　　$F_a/C_{0r} = 2\ 700/60\ 500 = 0.045$,查表 10-7 由插值法得 $e = 0.244$。

　　$F_a/F_r = 2\ 700/5\ 500 = 0.49 > e$,由表 10-7 查得 $X = 0.56$,用插值法得 $Y = 1.82$。

　　因有轻微冲击,故查表 10-6 取载荷系数 $f_p = 1.2$,则当量动载荷为

$$P = f_p(XF_r + YF_a) = 1.2 \times (0.56 \times 5\ 500 + 1.82 \times 2\ 700) = 9\ 593 \text{ N}$$

　　(3)计算轴承寿命

　　因轴承在常温下工作,取 $f_t = 1$,球轴承 $\varepsilon = 3$,则

$$L_h = \frac{10^6}{60n}\left(\frac{f_t C}{P}\right)^\varepsilon = \frac{10^6}{60 \times 1\ 250} \times \left(\frac{1 \times 93\ 800}{9\ 593}\right)^3 = 12\ 465 \text{ h} > L'_h$$

故所选轴承 6313 合适。

例 10-3

一斜齿轮减速器,根据工作条件暂定采用一对型号为 7308AC 的角接触轴承,如图 10-19 所示。已知轴承所受的径向载荷 $F_{r1}=1\ 000$ N, $F_{r2}=2\ 060$ N,外部轴向载荷 $F_x=880$ N,转速 $n=5\ 000$ r/min,中等冲击,预期使用寿命 $L_h'=2\ 500$ h。试校核所选轴承型号是否合适。

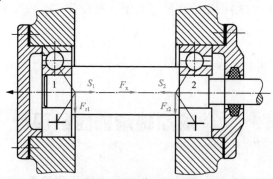

图 10-19　斜齿轮轴系

解:(1)计算轴承的内部轴向力

由表 10-10 查得 7308AC 型轴承的内部轴向力计算式为 $S=0.68F_r$,则

$$S_1=0.68F_{r1}=0.68×1\ 000=680\ \text{N}$$

$$S_2=0.68F_{r2}=0.68×2\ 060=1\ 401\ \text{N}$$

S_1、S_2 的方向如图 10-19 所示。

(2)计算轴承的轴向载荷

因 $F_x+S_1=880+680=1\ 560\ \text{N}>S_2$,故轴承 2 被压紧,轴承 1 被放松,则

$$F_{a2}=F_x+S_1=880+680=1\ 560\ \text{N}$$

$$F_{a1}=S_1=680\ \text{N}$$

(3)计算当量动载荷

查表 10-7 得 7308AC 型轴承的 $e=0.68$。

$\dfrac{F_{a1}}{F_{r1}}=\dfrac{680}{1\ 000}=0.68=e$,查表 10-7 得 $X=1$,$Y=0$。运转中有中等冲击,查表 10-6 取载荷系数 $f_p=1.5$,则

$$P_1=f_p(XF_{r1}+YF_{a1})=1.5×(0.41×1\ 000+0×680)=615\ \text{N}$$

$\dfrac{F_{a2}}{F_{r2}}=\dfrac{1\ 560}{2\ 060}=0.76>e$,查表 10-7 得 $X=0.41$,$Y=0.87$,则

$$P_2=f_p(XF_{r2}+YF_{a2})=1.5×(0.41×2\ 060+0.87×1\ 560)=3\ 302.7\ \text{N}$$

$P_1 < P_2$，因型号相同，故应取较大值 P_2 进行寿命计算。

（4）校核基本额定动载荷

常温工作，取 $f_t = 1$，球轴承 $\varepsilon = 3$，则该轴承应具有的基本额定动载荷 C' 为

$$C' = \frac{P}{f_t}\sqrt[\varepsilon]{\frac{60nL_h'}{10^6}} = \frac{3\,302.7}{1} \times \sqrt[3]{\frac{60 \times 5\,000 \times 2\,500}{10^6}} = 30\,054.6 \text{ N}$$

由轴承手册查得 7308AC 型轴承的基本额定动载荷 $C = 33\,500$ N，因 $C' < C$，故所选轴承合适。

10.3 滚动轴承的组合设计

滚动轴承的类型和型号选择合适后，还必须考虑轴承的配置、定位、装拆、调整、润滑等问题，即合理地进行轴承的组合设计，以保证轴承与相邻零件之间结构和功能上的协调性，正常高效地工作。

一、滚动轴承的组合和轴系的定位

1. 滚动轴承的组合

各种类型轴承的不同组合可以满足不同的使用要求。常见滚动轴承的组合有以下几种：

（1）两深沟球轴承组合：如图 10-20 所示，这种组合能承受纯径向载荷，也能同时承受径向载荷和轴向载荷，应用广泛。

滚动轴承的组合设计

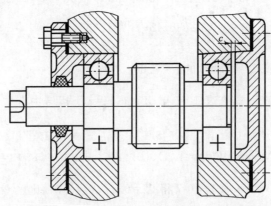

图 10-20 两深沟球轴承组合

（2）圆柱滚子轴承和定位深沟球轴承组合：如图 10-21 所示，这种组合用于承受纯径向载荷或径向和轴向联合载荷时，径向载荷超过深沟球轴承承载能力的场合。两支点跨距较

大时,定位球轴承布置在滚子轴承的外侧;跨距较小时,定位球轴承布置在两滚子轴承之间。

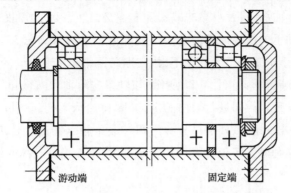

图 10-21　圆柱滚子轴承和定位深沟球轴承组合

（3）两角接触球轴承组合和两圆锥滚子轴承组合:如图 10-22 和图 10-23 所示,这两种组合能承受径向和轴向联合载荷,可以分装于两个支点,也可以成对安装于同一个支点（图 10-24）。其突出优点是可以根据实际需要调整轴的轴向窜动,可使轴承无轴向窜动和径向间隙。

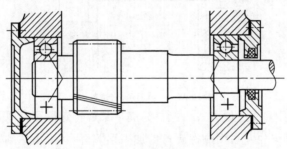

图 10-22　两角接触球轴承组合

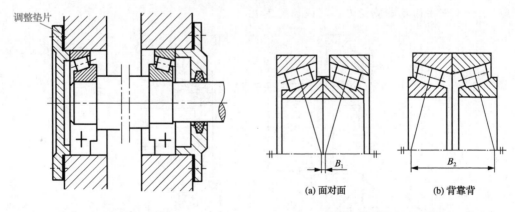

图 10-23　两圆锥滚子轴承组合

图 10-24　两圆锥滚子轴承组合安装于同一个支点

2. 轴系的定位

轴系定位的目的主要是防止轴受热膨胀后将轴承卡死,从而使轴系的位置宏观固定、微观可调。常用的轴系轴向定位方式有以下三种:

（1）两端固定:如图 10-20 所示,两个支点的轴承各限制一个方向的轴向移动,联合起来实现轴系的双向定位。右支点的间隙 c 是考虑轴受热伸长所留的，一般预留 $0.25\sim$ 0.4 mm。对于深沟球轴承，其大小靠增减端盖与箱体之间垫片的厚度来保证；对于向心角接触轴承，则靠调整轴承外圈或内圈的轴向位置即内部游隙来补偿。这种定位方式结构简单，易于安装调整，适用于工作温度变化不大、支点跨距小于 350 mm 的轴。

(2)一端固定、一端游动：如图 10-25 所示，该轴系左端轴承内、外圈均双向固定，承受双向轴向载荷，右端轴承只对内圈进行双向固定，外圈在轴承座孔内可以轴向游动，是补偿轴的热膨胀的游动端。若采用内、外圈可分离的圆柱滚子轴承和滚针轴承，则内、外圈都要双向固定(图 10-21)。这种轴系定位方式适用于跨度大、工作温度较高的轴。

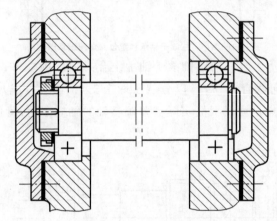

图 10-25　一端固定、一端游动

(3)两端游动：这种轴系定位方式一般是为满足某种特殊需要而采用的。图 10-26 所示为一人字齿轮轴，由于齿轮左右两侧螺旋角的加工误差，使其不易达到完全对称以及人字齿轮间的相互限位作用，只能固定其中一根齿轮轴，而必须使另一齿轮轴两端都能游动，自动调位，以防止人字齿轮两侧受力不均或齿轮卡死。

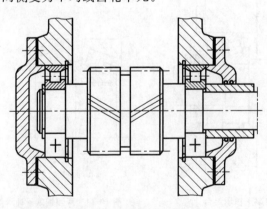

图 10-26　两端游动

轴承内圈在轴上的轴向固定应根据轴向载荷的大小选用，一般采用轴肩、弹性挡圈、轴端挡圈和圆螺母等结构，如图 10-27 所示。外圈则采用机座凸台、孔用弹性挡圈和轴承端盖等形式固定，如图 10-28 所示。

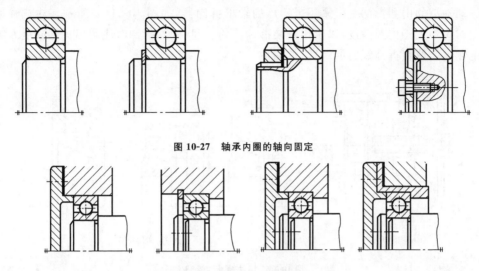

图 10-27　轴承内圈的轴向固定

图 10-28　轴承外圈的轴向固定

二、滚动轴承的配合与装拆

滚动轴承的周向固定是通过选择适当的配合来实现的。由于滚动轴承是标准件,故其内圈与轴颈的配合采用基孔制,外圈与座孔的配合采用基轴制。转动圈整圈受载,配合应选紧些;固定圈局部受载,为使工作时受载部位有所变化以提高寿命,配合应松一些。载荷大、转速高、工作温度高时采用紧一些的配合,经常装拆或游动圈则采用较松的配合。

对于一般机械,轴颈的公差常取 n6、m6、k6 和 js6,座孔的公差常取 J6、J7、H7 和 G7,如图 10-29 所示。

滚动轴承的安装和拆卸是轴承使用中的重要内容。装拆方法不当,会对轴颈和其他零件造成损害。正确的方法是:首先仔细检查配合表面,确认无问题时用煤油或汽油把配合表面清洗干净,涂上润滑剂。对于中小型轴承,可用手锤通过装配套管打入轴颈,如图 10-30 所示;对于较大尺寸的轴承,为装配方便,可先将轴承放入热油中加热,然后用压力机对内圈加力后将轴承套装在轴颈上。

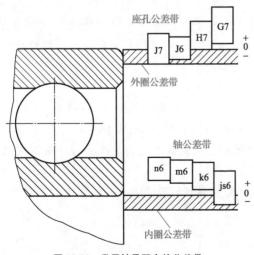

图 10-29　常用轴承配合的公差带

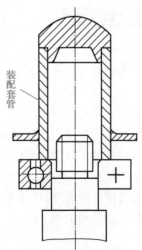

图 10-30　滚动轴承的装配

滚动轴承的内圈拆卸一般采用带钩爪的轴承拆卸器,如图 10-31(a)所示。注意轴肩高度固定时应不大于内圈高度,以留出安装拆卸器的空间;外圈拆卸时应留出拆卸高度 h 或在壳体上制出能放置拆卸螺钉的螺孔,如图 10-31(b)所示。

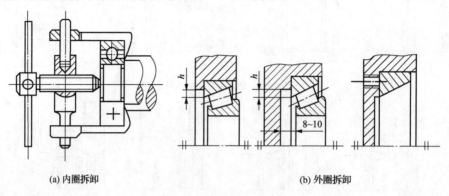

(a) 内圈拆卸　　　　　　　　　　　　　　　(b) 外圈拆卸

图 10-31　滚动轴承的拆卸

素质培养

　　自力更生是中华民族自立于世界民族之林的奋斗基点,自主创新是我们攀登世界科技高峰的必由之路。

　　——习近平总书记在中国科学院第十七次院士大会、中国工程院第十二次院士大会上的讲话

　　高铁所用的激光轴承的轴承摆动误差要求保持在 0.002 mm 以下,同时在高速列车运行时轴承温度也不能超过 15 ℃。作为中国轴承代表企业的洛阳 LYC 轴承有限公司,在面对如此高标准的高铁轴承上选择知难而进,在高铁轴承的外径打磨上采用了87 道工序,以此保障轴承的外圈 0.001 mm 的高精度,并将轴承的径向摆动误差控制在了 0.000 7 mm,达到国际先进标准。

知识总结

　　1.滑动轴承结构简单、装拆方便、承载能力高、耐冲击,在有补充铜合金冲击的机械或高速、重载、高精度机械中得到了广泛应用。常用的轴承材料有轴承合金、铜合金、铸铁、粉末合金和非金属材料等。

　　2.滚动轴承具有摩擦阻力小、启动灵敏、使用维护方便、轴向尺寸小、互换性好等优点,在各类机械中广泛应用。滚动轴承是标准件,一般由内圈、外圈、滚动体和保持架组成。滚动轴承的种类繁多,按滚动体形状、承载方向或接触角 α 的大小进行分类。设计时根据具体工作条件选用合适的轴承,并进行寿命计算和尺寸选择。

　　3.滚动轴承的类型、尺寸等重要参数由轴承代号表示。滚动轴承的代号由前置代号、基本代号和后置代号组成。

专题训练

1．为什么在满足工作要求的条件下，应优先选用滚动轴承？

2．对轴瓦和轴承衬的材料有何要求？常用的材料有哪几类？

3．球轴承和滚子轴承各有何特点？分别适用于什么场合？

4．试叙述滑动轴承的主要失效形式和设计准则。

5．试说明下列滚动轴承代号的含义：

　　60210/P6　N2312　7216AC　33315B

6．选择滚动轴承类型时应考虑哪些因素？

7．一般向心角接触轴承要成对使用，为什么？有哪几种安装方式？

8．某轴上使用的是 6208 深沟球轴承，它所承受的径向载荷 $F_r=3\,000$ N，轴向载荷 $F_a=1\,270$ N，基本额定静载荷 $C_0=17\,700$ N。试求其当量动载荷。

9．某深沟球轴承，当转速为 480 r/min、当量动载荷为 8 000 N 时，使用寿命为 4 000 h。当转速为 960 r/min、当量动载荷为 4 000 N 时，使用寿命是多少？

10．某转轴根据工作条件决定面对面安装一对角接触球轴承。已知 $F_{r1}=1\,500$ N，$F_{r2}=2\,600$ N，轴向外载荷 $F_x=1\,000$ N，方向由右指向左，轴径 $d=40$ mm，转速 $n=1\,460$ r/min，预期寿命 $L'_h=6\,000$ h，常温下工作，中等冲击。试选择轴承型号。

11．某减速器采用 6308 深沟球轴承。已知轴承的径向载荷 $F_r=5\,000$ N，轴向载荷 $F_a=2\,500$ N，转速 $n=1\,000$ r/min，预期寿命 $L'_h=5\,000$ h。试验算该轴承是否合适。

知识检测

　　通过本章的学习，同学们要掌握滚动轴承的分类和代号，并学会计算轴承寿命和设计滚动轴承组合结构的方法。大家掌握的情况如何呢？快来扫码检测一下吧！

第11章
螺纹连接和螺旋传动

工程案例导入

2010年12月14日,深圳地铁1号线国贸站5号手扶电梯突然上行倒转,致使24名乘客受伤。事故原因是扶梯主机固定螺栓松脱,其中1个被切断,令主机支座移位,驱动链条脱离链轮,在乘客重量的作用下,上行的扶梯下滑。

螺栓在机械设备上起到紧固连接的作用,螺栓的失效、脱落轻则导致意外停机,降低生产效率,重则酿成大祸,造成巨大损失。

本章主要研究螺纹连接的类型及强度设计、螺旋传动的基础知识。

知识目标 >>>

1. 掌握螺纹的形成、种类、特性、应用及主要参数等基本知识。
2. 掌握螺纹连接的四种基本形式、特点及应用,了解常用螺纹紧固件的结构,掌握螺纹连接的预紧、防松原理和方法。
3. 掌握螺栓连接强度计算,了解提高螺纹连接强度的途径。
4. 掌握螺栓组连接的结构设计方法。
5. 了解螺旋传动的基本类型及应用。

技能目标 >>>

1. 螺栓连接组设计方案制订的能力。
2. 正确选用标准件的能力。

素质目标 >>>

1. 引导学生发扬"螺丝钉精神",正确处理个人和集体之间的关系。
2. 培养学生恪尽职守、爱岗敬业的职业素养,做一颗"螺丝钉",在平凡的岗位上干出不平凡的成绩。
3. 树立安全意识,一颗小的螺丝钉也不能放过,小零件会引发大事故。

11.1 螺纹连接

螺纹连接由螺纹连接件(紧固件)与被连接件构成,是机械中应用极为广泛的一种可拆连接。它具有结构简单、装拆方便、连接可靠、互换性强等优点。据统计,现代机械中具有螺纹结构的零件占零件总数的一半以上。螺纹连接件大部分已标准化,应根据国家标准选用。

一、螺纹的分类和主要参数

1. 螺纹的分类

按螺纹形成的表面不同,螺纹有内螺纹和外螺纹之分,二者共同组成螺旋副,用于连接或传动;按母体的形状,螺纹可分为圆柱螺纹和圆锥螺纹;按螺纹螺旋线方向,螺纹又可分为左旋螺纹和右旋螺纹,如图 11-1 所示,将螺旋体的轴线垂直放置,螺旋线的可见部分若自左向右上升,则为右旋(图 11-1(a)),反之为左旋(图 11-1(b));按螺纹线数,螺纹可分为单线螺纹(图 11-1(b))、双线螺纹和三线螺纹(图 11-1(a)),单线螺纹一般用于连接,其他用于传动;按螺纹牙型,螺纹可分为三角形螺纹、矩形螺纹、梯形螺纹、锯齿形螺纹和55°管螺纹等。

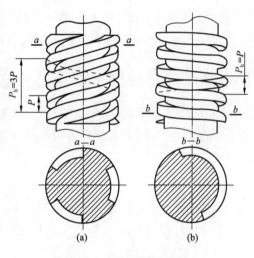

图 11-1 螺纹的线数与旋向

2. 螺纹的主要参数

下面以广泛使用的圆柱普通螺纹为例来说明螺纹的主要参数,如图 11-2 所示。

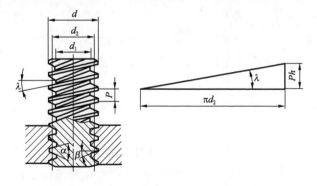

图 11-2 螺纹的主要参数

(1)基本大径 $d(D)$:与外螺纹牙顶(或内螺纹牙底)相切的圆柱的直径,在标准中规定它为螺纹的公称直径。

(2)基本小径 $d_1(D_1)$:与外螺纹牙底(或内螺纹牙顶)相切的圆柱的直径,常用此直径计算螺纹断面强度。

螺纹的分类和
主要参数

（3）基本中径 $d_2(D_2)$：通过螺纹轴向剖面内牙型上的沟槽与凸起宽度相等处的假想圆柱的直径，其近似等于螺纹的平均直径，即 $d_2 \approx (d_1 + d)/2$。基本中径是确定螺纹几何参数和配合性质的直径。

（4）螺距 P：螺纹中径线上相邻两牙对应两点间的轴向距离。

（5）线数 n：螺纹的螺旋线数。为便于制造，一般 $n \leqslant 4$。

（6）导程 P_h：在同一条螺旋线上，相邻两牙在中径线上对应两点间的轴向距离。对于单线螺纹，$P_h = P$；对于螺旋线数为 n 的多线螺纹，$P_h = nP$。

（7）螺旋升角 λ：在中径圆柱上，螺旋线的切线与垂直于螺纹轴线的平面之间的夹角。由图 11-2 可知，$\tan \lambda = \dfrac{P_h}{\pi d_2} = \dfrac{nP}{\pi d_2}$。

（8）牙型角 α 和牙侧角 β：轴向剖面内螺纹牙型两侧边的夹角为牙型角 α，螺纹牙型侧边与螺纹轴线的垂线的夹角为牙侧角 β（图 11-2）。对于三角形、梯形等对称牙型，$\beta = \alpha/2$。

除矩形螺纹外，其他螺纹的参数均已标准化。

二、常用螺纹的特点和应用

如图 11-3 所示，按照牙型的不同，螺纹可分为普通螺纹、管螺纹、矩形螺纹、梯形螺纹、锯齿形螺纹等。除 55°管螺纹采用英制（以每英寸牙数表示螺距）外，一般均采用米制。

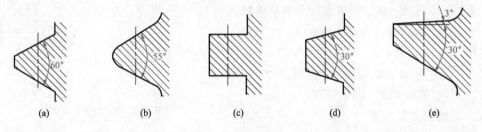

（a）　　　　　（b）　　　　　（c）　　　　　（d）　　　　　（e）

图 11-3　螺纹的牙型

普通螺纹的牙型为等边三角形，$\alpha = 60°$，故又称为三角形螺纹。细牙螺纹的螺距、螺纹牙高及螺旋升角均较小，自锁性好，强度高，但磨损后易滑牙，常用于薄壁零件或受动载荷作用或要求紧密性的连接。粗牙螺纹的螺距及螺纹牙高较大，在连接中应用更广泛些。

常用螺纹的
特点和应用

55°管螺纹的牙型为等腰三角形，$\alpha = 55°$，内、外螺纹旋合后无径向间隙，用于有紧密性要求的连接。

矩形螺纹的牙型为矩形，$\alpha = 0°$，其传动效率比其他牙型都高。但牙根强度弱，螺旋副磨损后间隙难以修复和补偿，从而使传动精度降低，现已被梯形螺纹所代替。

梯形螺纹的牙型为等腰梯形，$\alpha = 30°$，其传动效率略低于矩形螺纹。但牙根强度高，工艺性和对中性好，可补偿磨损后的间隙，是最常用的传动螺纹。

锯齿形螺纹的牙型为不等腰梯形，工作面牙型斜角为 3°，非工作面牙型斜角为 30°，兼有矩形螺纹传动效率高和梯形螺纹牙根强度高的特点，常用于单向受力的传动或连接。

三、螺纹连接的基本类型及标准螺纹连接件

1.螺纹连接的基本类型

螺纹连接的类型很多,常用的有螺栓连接、双头螺柱连接、螺钉连接和紧定螺钉连接等。其构造、主要尺寸关系、特点和应用见表 11-1。装配时需拧紧的螺栓连接称为紧连接,不需拧紧的螺栓连接称为松连接,紧连接应用较广。

螺纹连接的基本类型
及标准螺纹连接件

表 11-1 螺纹连接的主要类型

类型		图例	特点和应用
螺栓连接	普通螺栓连接		在被连接件上开有通孔,插入螺栓后在螺栓的另一端上拧上螺母。这种连接的结构特点是被连接件上的通孔和螺栓杆间留有间隙,通孔的加工精度要求低,结构简单,装拆方便,使用时不受被连接件材料的限制,应用广泛
	铰制孔用螺栓连接		孔和螺栓杆多采用基孔制过渡配合(H7/m6、H7/n6)。这种连接能精确固定被连接件的相对位置,并能承受横向载荷,但孔的加工精度要求较高
双头螺柱连接			双头螺柱旋入端旋入并紧定在被连接件之一的螺纹孔中,双头螺柱紧端穿过另一被连接件的通孔,拧上螺母。这种连接适用于结构上不能采用螺栓连接的场合,如被连接件之一太厚而不宜制成通孔,材料又较软,且需经常装拆时
螺钉连接			穿过被连接件的通孔,直接拧入另一被连接件的螺纹孔中,不用螺母。结构简单、紧凑。用途与螺柱连接相似,用于受力不大或不经常装拆的场合

类 型	图 例	特点和应用
紧定螺钉连接	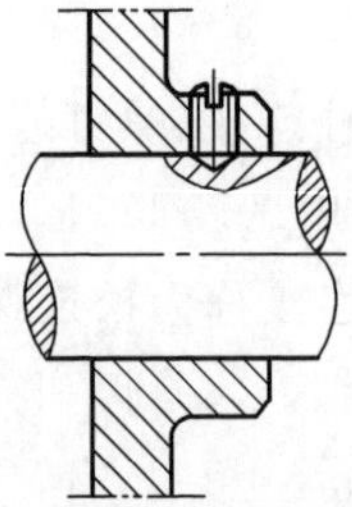	拧入一被连接件的螺纹孔中，末端顶住另一被连接件的表面或顶入相应的凹坑中，从而固定被连接件的相对位置，并传递较小的力或转矩

根据主要受力情况，螺栓连接分为受拉螺栓连接和受剪螺栓连接。受拉螺栓连接又称为普通螺栓连接，螺栓杆与孔之间有间隙，螺栓杆与孔的加工精度要求低。受剪螺栓连接又称为铰制孔用螺栓连接，螺栓杆与孔之间紧密配合，螺栓杆与孔的加工精度要求高，有承受横向载荷的能力和定位作用。

2. 标准螺纹连接件

标准螺纹连接件包括螺栓、双头螺柱、螺钉、紧定螺钉、螺母、垫圈以及防松零件等，大多都已标准化，可按标准选用。它们的结构特点和应用见表 11-2。

表 11-2　　　　　　　　　　常用标准螺纹连接件

类型	图 例	结构特点
六角头螺栓	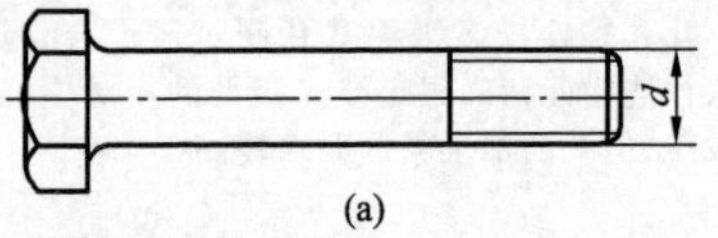 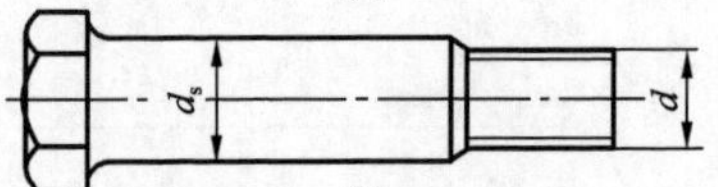	种类很多，应用最广。螺栓杆部可制出一段螺纹或全螺纹，螺纹可用粗牙或细牙，图（a）为普通螺栓，图（b）为铰制孔用螺栓
双头螺柱	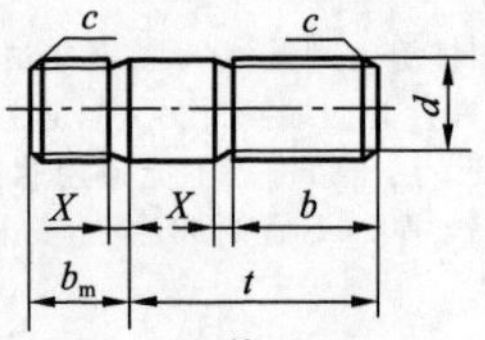 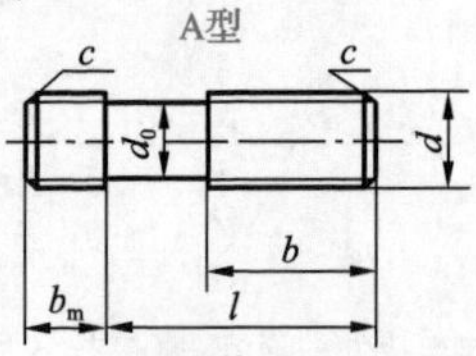	螺柱两端都制有螺纹，两端螺纹可相同或不同，螺柱可带退刀槽或制成腰杆，也可制成全螺纹。螺柱的一端（旋入端）常用于拧入铸铁或有色金属的螺纹孔中，拧入后就不拆卸；另一端（紧固端）用于安装螺母以固定零件
螺钉	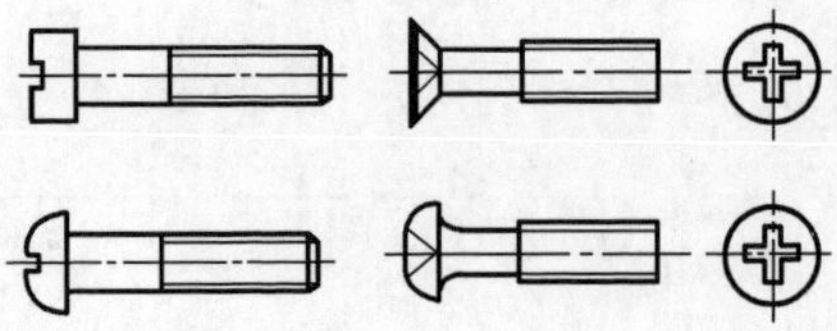	螺钉头部的形状有扁圆头、圆柱头和沉头等。头部旋具槽有一字槽、十字槽或内六角孔等形式。十字槽螺钉头部强度高，对中性好，便于自动装配；内六角孔螺钉能承受较大的扳手力矩，连接强度高，可代替六角头螺栓，用于要求结构紧凑的场合

续表

类型	图　例	结构特点
紧定螺钉	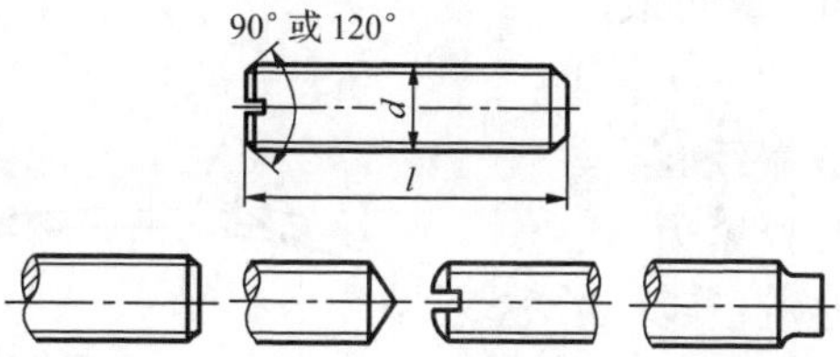	紧定螺钉的末端形状常用的有锥端、平端和圆柱端。锥端适用于被紧定零件的表面硬度较低或不经常拆卸的场合;平端接触面积大,不伤零件表面,常用于紧定硬度较大的平面或经常拆卸的场合;圆柱端压入轴上的凹坑中,适用于紧定空心轴上的零件位置
六角螺母	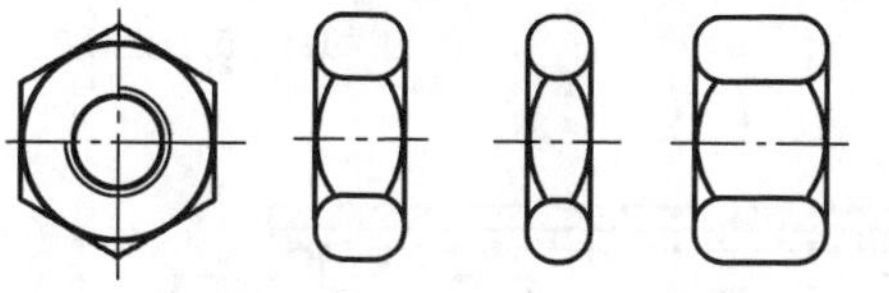	根据螺母厚度不同,分为标准螺母和薄螺母两种。薄螺母常用于受剪力的螺栓上或空间尺寸受限制的场合。螺母的制造精度和螺栓对应,分为A、B、C三级,分别与相同级别的螺栓配用
圆螺母	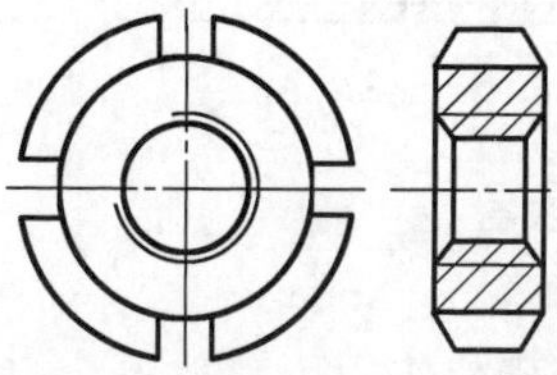	圆螺母常用于轴上零件的轴向定位
垫圈	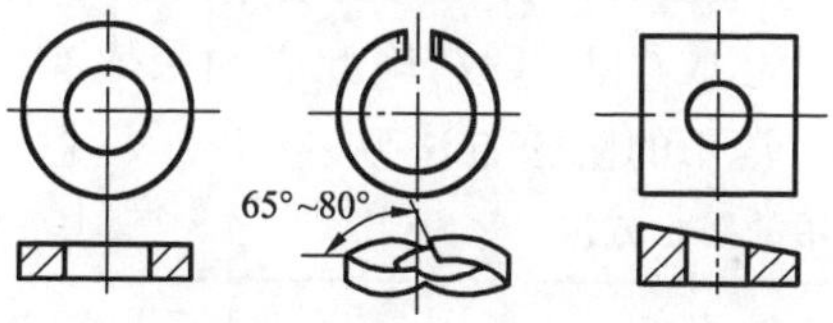	垫圈是螺纹连接中不可缺少的附件,常放置在螺母与被连接件之间,起保护支承表面等作用。平垫圈按加工精度不同,分为A级和C级两种。用于同一螺纹直径的垫圈又分为特大、大、普通和小四种规格,特大垫圈主要在铁木结构上使用。斜垫圈只用于倾斜的支承面上

四、螺纹连接的预紧和防松

1.螺纹连接的预紧

一般螺纹连接在装配时必须将螺母拧紧,因为拧紧可增加连接的刚度、紧密性及提高防松能力。尤其是普通螺栓连接,应该使螺栓在承受工作载荷之前受到较大的拧紧力作用,该拧紧力称为预紧力 F'。预紧力 F' 的大小对普通螺栓的工作有很大的影响。预紧力 F' 过大,会使连接超载;预紧力 F' 不足,则可能导致连接失效。因此,重要的连接在装配时对预紧力应进行控制,可通过控制拧紧力矩等方法来实现。

螺纹连接的
预紧和防松

拧紧螺母时,要克服螺纹副间的摩擦力矩 T_1 和螺母与支承面间的摩擦力矩 T_2,故拧紧力矩为

$$T=T_1+T_2$$

螺纹副间的摩擦力矩为

$$T_1=F'\tan(\lambda+\rho')\frac{d}{2} \tag{11-1}$$

式中　F'——预紧力,N;

d——螺纹公称直径,mm;

ρ'——当量摩擦角。

对于 M10～M68 的粗牙普通螺纹,无润滑时可取

$$T=0.2F'd \qquad (11\text{-}2)$$

装配时,螺纹连接预紧力的大小通常是靠经验来决定的,重要的螺纹连接应按计算值控制拧紧力矩。一般控制拧紧力矩的方法是使用测力矩扳手(图 11-4)或定力矩扳手(图11-5)。较精确的方法是测量拧紧时螺栓的伸长变形量。

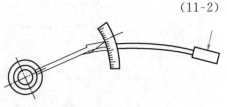

图 11-4　测力矩扳手

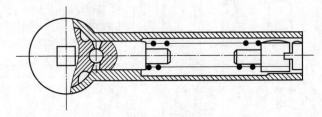

图 11-5　定力矩扳手

2. 螺纹连接的防松

连接用的螺栓标准件都能满足自锁条件,在静载荷作用下一般不会自动松脱。但在冲击、振动或变载荷作用下,当温度变化很大时,螺纹中的摩擦阻力可能瞬间减小或消失,这种现象多次重复出现就会使连接逐渐松脱,甚至造成严重事故,因此必须采取有效的防松措施。防松的关键在于防止螺纹副的相对转动。常用的防松方法见表 11-3。

表 11-3　　　　　　　　　　　　螺纹连接常用的防松方法

防松方法		结构形式	特点和应用
摩擦防松	对顶螺母		两螺母对顶拧紧后,使旋合螺纹间始终受到附加的压力和摩擦力的作用。工作载荷有变动时,该摩擦仍然存在。旋合螺纹间的接触情况如左图所示,下螺母螺纹牙受力较小,其高度可小些。但为了防止装错,两螺母的高度最好相等 结构简单,适用于平稳、低速和重载的固定装置上的连接
	弹簧垫圈		螺母拧紧后,靠垫圈压平而产生的弹性反力使旋合螺纹间压紧,同时垫圈斜口的尖端抵住螺母与被连接件的支承面,起防松作用 结构简单,使用方便。但由于垫圈的弹力不均,在冲击、振动的工作条件下,其防松效果较差,一般用于不太重要的连接
	自锁螺母		螺母一端制成非圆形收口或开缝后径向收口。当螺母拧紧后,收口胀开,利用收口的弹力使旋合螺纹间压紧 结构简单,防松可靠,可多次装拆而不降低防松性能

续表

防松方法		结构形式	特点和应用
机械防松	开口销与六角开槽螺母		六角开槽螺母拧紧后，将开口销穿入螺栓尾部小孔和螺母槽内，并将开口销尾部掰开与螺母侧面贴紧。也可用普通螺母代替六角开槽螺母，但需拧紧螺母后再配钻销孔 　适用于较大冲击、振动的高速机械中运动部件的连接
	止动垫圈		螺母拧紧后，将单耳或双耳止动垫圈分别向螺母和被连接件的侧面折弯贴紧，即可将螺母锁住。若两个螺栓需要双联锁紧，则可采用双联止动垫圈，使两个螺母相互制动 　结构简单，使用方便，防松可靠
	圆螺母与防松垫圈		圆螺母常与防松垫圈配用，装配时将垫圈内舌嵌入轴上的槽内，将垫圈外舌嵌入圆螺母槽内，螺母即被锁紧 　常用在滚动轴承的轴向固定处
	串联钢丝	正确 不正确	用低碳钢丝穿入各螺钉头部的孔内，将各螺钉串联起来，使其相互制动。使用时必须注意钢丝的穿入方向 　适用于螺钉组连接，防松可靠，但装拆不便

　　还有一些特殊的防松方法：在螺母拧紧后，利用冲头在螺栓末端与螺母的旋合缝处打冲点；在螺栓末端伸出部分用铆死、点焊、金属胶结等方法防松。这种防松方法可靠，但拆卸后连接件不能重复使用。

五、螺栓组连接设计

工程实际中,大多数机器的螺栓连接都是成组使用的,组成螺栓组连接。

设计螺栓组连接时,首先要确定螺栓的数目及布置形式,然后确定螺栓连接的结构尺寸。在确定螺栓尺寸时,对不重要的螺栓连接,可参考现有机器设备用类比法确定,不再进行强度校核。对于重要的连接,应根据工作载荷分析各螺栓的受力情况,找出受力最大的螺栓并确定该螺栓所受的工作载荷,根据受力最大的螺栓进行单个螺栓的强度计算,选择螺栓直径。下面讨论螺栓组连接的结构设计,其基本结论也适用于双头螺栓组和螺钉组连接。

螺栓组连接结构设计的目的在于能够合理地确定连接结合面的几何形状和螺栓的布置形式,使各螺栓和结合面间受力均匀,便于加工和装配。因此,设计时应综合考虑以下几方面问题:

(1)连接结合面的几何形状尽量设计成轴对称的简单几何形状,如图11-6所示,便于对称布置螺栓,使螺栓组的对称中心和结合面的形心重合,以方便加工和装配,保证连接结合面受力均匀。

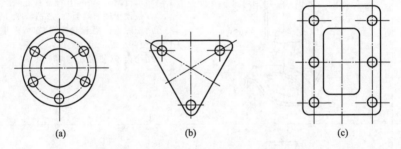

(a)　　　　　　　(b)　　　　　　　(c)

图11-6　螺栓组连接结合面常用的几何形状

(2)螺栓的布置应使各螺栓的受力合理。对于受剪的铰制孔用螺栓组连接,应尽量将螺栓布置在靠近结合面的边缘;对于承受较大横向载荷的螺栓组连接,应采用销、套筒、键等抗剪零件来承受横向载荷,以减小螺栓的预紧力和结构尺寸,如图11-7所示。

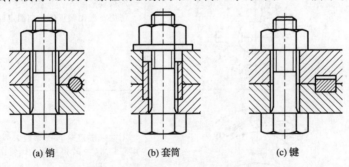

(a)销　　　　　　　(b)套筒　　　　　　　(c)键

图11-7　承受横向载荷的螺栓连接卸荷装置

(3)螺栓的排列应有合理的间距和边距。考虑装拆的需要,在布置螺栓时,螺栓之间及螺栓与箱体侧壁之间应留有足够的扳手活动空间,如图11-8所示。扳手空间的尺寸可查阅有关机械设计手册。

(4)对压力容器等紧密性要求较高的重要连接,螺栓间距 t 不得大于表11-4所推荐的数值。

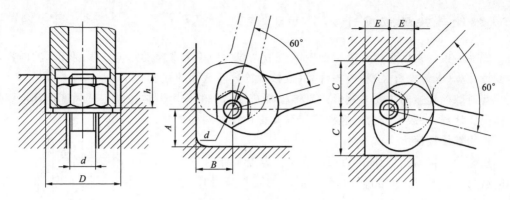

图 11-8　扳手空间尺寸

表 11-4　　　　　　　　　　　　　有紧密性要求的螺栓间距 t

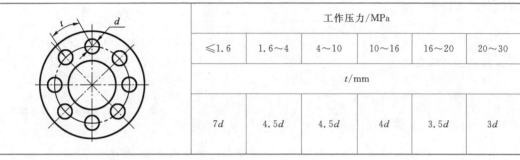

	工作压力/MPa					
	≤1.6	1.6~4	4~10	10~16	16~20	20~30
	t/mm					
	$7d$	$4.5d$	$4.5d$	$4d$	$3.5d$	$3d$

注：表中 d 为螺纹公称直径。

(5)为便于钻孔时在圆周上分度和画线,螺栓应分布在同一圆周内,螺栓数目取易等分的数字,如 4、6、8、12 等偶数,同一螺栓组中螺栓的材料、直径和长度均应相同。

(6)避免螺栓承受偏心载荷。导致螺栓承受偏心载荷的原因如图 11-9(a)所示。除了要在结构上设法保证载荷不偏心外,还应在工艺上保证被连接件上螺母和螺栓头的支承面平整,并与螺栓轴线相垂直。当在铸锻件等粗糙表面上安装螺栓时,应制出凸台或锪平孔;当支承面为倾斜表面时,应采用斜垫圈等,如图 11-9(b)~图 11-9(d)所示。

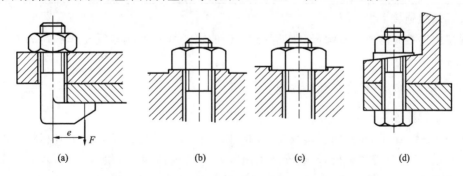

图 11-9　螺栓承受偏心载荷

除以上各点外,为使连接牢固、可靠且结合面受力均匀,在螺栓连接装配过程中,应根据螺栓分布情况按一定顺序逐个拧紧螺栓,此外还应根据工作条件合理选择螺栓的防松装置。

六、螺栓连接的强度计算

螺栓连接的强度是指连接螺栓中承受最大载荷的单个螺栓的强度。强度计算的内容包括设计计算(求螺栓直径)和校核计算(校核螺栓危险截面的强度)。

普通螺栓连接的主要失效形式是螺栓杆在轴向力的作用下被拉断。其强度计算主要是拉伸强度计算,一般可分为松螺栓连接和紧螺栓连接两种情况。

1. 松螺栓连接

松螺栓连接的实例如图 11-10 所示。螺栓工作时只受轴向载荷 F 的作用(忽略自重),装配时不需要将螺母拧紧,没有预紧力,主要的失效形式是螺栓杆螺纹部分发生疲劳断裂或过载断裂,故其设计准则是保证螺栓的抗拉强度。螺栓强度条件为

$$\sigma = \frac{4F}{\pi d_1^2} \leqslant [\sigma] \tag{11-3}$$

螺栓的计算公式为

$$d_1 \geqslant \sqrt{\frac{4F}{\pi [\sigma]}} \tag{11-4}$$

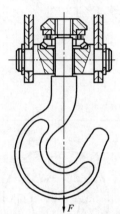

图 11-10 起重吊钩的松螺栓连接

式中 $[\sigma]$——松连接螺栓的许用拉应力,MPa。对钢制螺

栓 $[\sigma] = \dfrac{R_{eL}}{1.2 \sim 1.7}$,其中 R_{eL} 为螺栓材料的屈服极限,其值见表 11-5;

F——轴向工作载荷,N;

d_1——螺栓小径,mm。

表 11-5　　　　　　　　　螺栓连接件常用材料的机械性能　　　　　　　　　　MPa

钢　　号	Q215	Q235	35	45	40Cr
强度极限 R_m	335~410	375~460	530	600	980
屈服极限 R_{eL}(16~100 mm)	185~215	205~235	315	355	785

2. 紧螺栓连接

紧螺栓连接时需要拧紧螺母,螺栓受到足够的预紧力 F'。按承受工作载荷的方向不同可分为两种情况。

(1)受横向工作载荷的紧螺栓连接

①普通螺栓连接

如图 11-11 所示,在横向工作载荷 F_R 的作用下,被连接件在结合面上有相对滑移的趋势。为防止滑移,需拧紧螺栓,使螺栓产生预紧力 F'。由预紧力 F' 所产生的摩擦力应大于或等于横向工作载荷 F_R,即

$$F' f z m \geqslant K_f F_R \tag{11-5}$$

每个螺栓所需的预紧力为

$$F' \geqslant \frac{K_f F_R}{f z m} \tag{11-6}$$

式中　F_R——螺栓组所受的横向载荷，N；

　　　f——结合面间的摩擦因数，见表11-6；

　　　z——螺栓个数；

　　　m——结合面面数；

　　　K_f——考虑摩擦因数不稳定及靠摩擦传力有时

　　　　　不可靠而引入的可靠性系数，一般取 1.1

　　　　　～1.3。

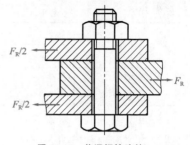

图 11-11　普通螺栓连接

表 11-6　　　　　　　　　　　　　　　结合面间的摩擦因数 f

被连接件	结合面的表面状态	f
钢或铸铁零件	干燥的机加工表面 有油的机加工表面	0.10～0.16 0.06～0.10
钢结构构件	经喷砂处理 涂覆锌漆 轧制、经钢丝刷清理浮锈	0.45～0.55 0.35～0.40 0.30～0.35
由铸铁制成的钢结构零件以及砖、混凝土、木料	干燥表面	0.40～0.45

在拧紧螺母时，螺栓不仅受到预紧力 F' 产生的拉应力 σ（$\sigma=\dfrac{F'}{\dfrac{\pi d_1^2}{4}}$），还受到由摩擦力矩 T

的作用产生的切应力 τ，螺栓受拉伸和扭转的复合作用。对于 M10～M68 钢制普通螺栓，应用第四强度理论求得螺栓的当量应力为拉应力的 1.3 倍，即

$$\sigma_c = \sqrt{\sigma^2 + 3\tau^2} = \sqrt{\sigma^2 + 3(0.5\sigma)^2} \approx 1.3\sigma \tag{11-7}$$

所以螺栓的强度条件为

$$\sigma_c = \frac{4 \times 1.3 F'}{\pi d_1^2} \leqslant [\sigma] \tag{11-8}$$

或

$$d_1 \geqslant \sqrt{\frac{4 \times 1.3 F'}{\pi [\sigma]}} \tag{11-9}$$

式中，$[\sigma]$ 为紧连接螺栓的许用应力，其值由表 11-7 确定。

表 11-7　　　　　　　　　　　普通螺栓连接的许用应力和安全系数

连接情况	受载情况	许用应力$[\sigma]$和安全系数 S
松连接	轴向静载荷	$[\sigma]=\dfrac{R_{eL}}{S}$ $S=1.2～1.7$（未淬火钢取小值）
紧连接	轴向静载荷 横向静载荷	$[\sigma]=\dfrac{R_{eL}}{S}$ 控制预紧力时 $S=1.2～1.5$；不控制预紧力时 S 查表 11-8
铰制孔用螺栓连接	横向静载荷	$[\tau]=R_{eL}/2.5$ 被连接件为钢时，$[\sigma_p]=R_{eL}/1.25$；被连接件为铸铁时，$[\sigma_p]=R_{eL}/(2～2.5)$
	横向变载荷	$[\tau]=R_{eL}/(3.5～5)$ $[\sigma_p]$ 按静载荷的$[\sigma_p]$值降低 20%～30% 计算

表 11-8   紧螺栓连接的安全系数

材料	静载荷			变载荷	
	M6～M16	M16～M30	M30～M60	M6～M16	M16～M30
碳素钢	4～3	3～2	2～1.3	10～6.5	6.5
合金钢	5～4	4～2.5	2.5	7.5～5	5

该强度条件表明紧螺栓连接虽然受拉伸与扭转所产生的复合应力的作用,但在计算时把螺栓的拉应力 σ 增加 30%,也就相当于考虑了扭转切应力。

靠摩擦力传递横向工作载荷的紧螺栓连接,在承受冲击、振动或变载荷时工作不可靠,且需要较大的预紧力,所以螺栓直径较大。但由于结构简单和装拆方便,且近年来使用高强度螺栓,因此这种连接仍经常使用。

②铰制孔用螺栓连接

受横向工作载荷时也常采用铰制孔用螺栓连接,如图11-12所示。在 F_R 作用下,螺栓在结合面处的横截面受剪切,螺栓与孔壁接触表面受挤压。

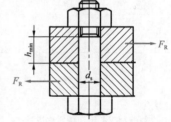

图 11-12   铰制孔用螺栓连接

螺栓杆的剪切强度条件为

$$\tau = \frac{4F_R}{\pi d_s^2 m} \leqslant [\tau] \tag{11-10}$$

螺栓与孔壁的挤压强度条件为

$$\sigma_p = \frac{F_R}{d_s h_{min}} \leqslant [\sigma_p] \tag{11-11}$$

式中 d_s——螺栓抗剪面直径,mm;

m——螺栓抗剪面数目;

h_{min}——螺栓杆与孔壁挤压面的最小高度,m,设计时应使 $h_{min} \geqslant 1.25 d_s$;

$[\tau]$——螺栓的许用剪切应力,其值见表11-7;

$[\sigma_p]$——螺栓或孔壁材料的许用挤压应力,其值见表11-7。

(2)受轴向工作载荷的紧螺栓连接

受轴向工作载荷的紧螺栓连接应用十分广泛,图11-13所示为一实例,其外载荷与螺栓轴线一致。

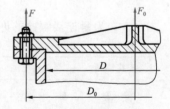

图 11-13   压力容器盖螺栓连接

设压力容器内的流体压力为 P,螺栓数目为 z,则缸体周围每个螺栓承受的轴向工作载荷为

$$F = P\pi D^2 / 4z$$

连接拧紧后,螺栓受预紧力 F_0 而伸长,被连接件受压缩,其压紧力也为 F_0。当压力容器工作时,工作载荷使螺栓伸长量增加,被连接件因螺栓的伸长而有所放松,压紧力减小为 F_0',F_0' 称为残余预紧力。此时,螺栓所受的轴向总载荷 F_Q 为残余预紧力和工作载荷之和,即

$$F_Q = F_0 + F_0' \tag{11-12}$$

为了保证连接的紧密性,防止连接结合面间出现间隙,残余预紧力 F_0' 必须大于零,否则

连接将失效。表 11-9 为残余预紧力 F_0' 的推荐值。

表 11-9   残余预紧力 F_0' 的推荐值

连接性质		残余预紧力 F_0' 的推荐值
一般连接	F 无变化	$(0.2 \sim 0.6)F$
	F 有变化	$(0.6 \sim 1.0)F$
紧密连接		$(1.5 \sim 1.8)F$

螺栓的强度校核公式为

$$\sigma = \frac{4 \times 1.3 F_Q}{\pi d_1^2} \leqslant [\sigma] \tag{11-13}$$

螺栓小径的计算公式为

$$d_1 \geqslant \sqrt{\frac{4 \times 1.3 F_Q}{\pi [\sigma]}} \tag{11-14}$$

确定图 11-13 所示螺栓连接所用螺栓的规格。已知压力容器内流体压力 $P = 3$ MPa(静载荷),压力容器内径 $D = 200$ mm,螺栓数目 $z = 12$,压力容器与压力容器盖凸缘厚度均为 18 mm,拧紧螺母时不控制预紧力。

解:(1)确定单个螺栓的工作载荷 F

$$F = P\pi D^2 / 4z = \frac{3 \times 3.14 \times 200^2}{4 \times 12} = 7\,850 \text{ N}$$

(2)确定螺栓的总拉伸载荷 F_Q

考虑到压力容器的密封性要求,取残余预紧力 $F_0' = 1.6F$,则

$$F_Q = F_0 + F_0' = 2.6F = 2.6 \times 7\,850 = 20\,410 \text{ N}$$

(3)求螺栓直径

选取螺栓力学性能等级为 8.8,则 $R_{eL} = 640$ MPa。查找安全系数 S,确定许用应力 $[\sigma]$。当不控制预紧力时,S 与螺栓直径 d 有关,故需要用试算法。

由表 11-7 暂取 $S = 3$(假定 $d = 16$ mm),则螺栓许用应力为

$$[\sigma] = R_{eL} / S = 640 / 3 = 213.33 \text{ MPa}$$

螺栓小径为

$$d_1 \geqslant \sqrt{\frac{4 \times 1.3 F_Q}{\pi [\sigma]}} = \sqrt{\frac{4 \times 1.3 \times 20\,410}{3.14 \times 213.33}} = 12.59 \text{ mm}$$

查机械设计手册得 $d = 16$ mm 时,$d_1 = 13.835$ mm > 12.59 mm,能满足强度要求,所以取 M16 螺栓。

根据压力容器凸缘厚度及螺母厚度,选取螺栓公称长度 $l = 60$ mm。

标记为:螺栓　GB/T 5782　M16×60

11.2　螺旋传动简介

螺旋机构由螺杆、螺母和机架组成(一般把螺杆或螺母做成机架),其主要功能是将旋转运动变换为直线运动,并同时传递运动和动力,是机械设备和仪器仪表中广泛应用的一种传动机构。螺杆与螺母组成低副,粗略地看似乎有转动和移动两个自由度,但由于转动和移动之间存在必然联系,故仍只能将其视为一个自由度。

按用途和受力情况,螺旋机构可分为以下三种:

(1)传力螺旋机构:以传递轴向力为主,如起重螺旋或加压装置的螺旋。这种螺旋机构一般工作速度不高,通常要求有自锁能力。图 11-14 所示为手动螺旋起重机构。

螺旋传动简介

(2)传导螺旋机构:以传递运动为主,如机床的进给丝杠等。这种螺旋机构通常速度较高,要求有较高的传动精度,如图 11-15 所示。

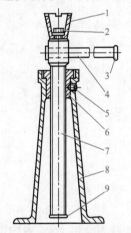

图 11-14　手动螺旋起重机构
1—托杯;2—螺栓;3、9—挡环;4—手柄;
5—紧定螺钉;6—螺母;7—螺杆;8—底座

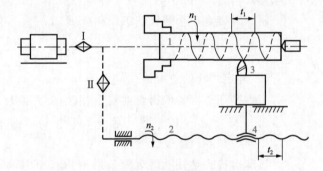

图 11-15　车床进给螺旋机构
1—工件;2—进给丝杠;3—车刀;4—螺母

(3)调整螺旋机构:用于调整零件的相对位置,如机床、仪器中的微调机构等。图 11-16 所示为镗刀微调机构,可调整镗刀的进刀深度;图 11-17 所示为虎钳钳口调节机构,可改变虎钳钳口距离,以夹紧或松开工件。

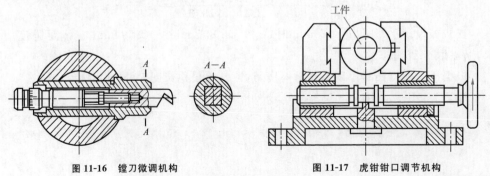

图 11-16　镗刀微调机构

图 11-17　虎钳钳口调节机构

螺旋机构具有结构简单、工作连续平稳、传动比大、承载能力强、传递运动准确、易实现自锁等优点,应用广泛。

螺旋机构的缺点是摩擦损耗大、传动效率低。随着滚珠螺纹的出现,这些缺点已得到很大的改善。

素质培养

学习中国高铁的案例,认识标准的重要性,树立助推高质量发展的意识。

高铁运营时高速行驶的列车会和铁轨不断接触造成非常大的振动,因此螺栓的强度以及螺栓连接的防松非常重要。中国高铁标准对于一个螺栓转多少圈都是有标准的,比如,一个齿轮箱需要很多螺栓来组合固定,怎样保证这些螺栓的咬合程度一致呢?每一个螺栓上都标记有红、黑两条线,这两条线必须要跟螺母上的红、黑两条线绝对对齐,这就是标准。拧螺栓的扭力扳手和电脑是进行无线通信的,可时刻提醒操作员要按照标准执行。比如,齿轮箱的螺栓要扭36圈,如果操作员只扭了35圈,扭力扳手就会发出报警,告诉操作员少扭了一圈。

中国铁路人对铁路标准化的追求从未停止,中国标准动车组"复兴号"的首发意味着"中国标准"正逐渐超越过去的"欧洲标准"和"日本标准","中国高铁标准"已成为"世界标准"。

知识总结

本章主要学习了以下内容:

1.螺纹连接包括螺栓连接、双头螺柱连接、螺钉连接及紧定螺钉连接。

2.螺纹连接的预紧可增加连接的刚度、紧密性及提高防松能力。在冲击、振动和变载荷作用下的螺纹连接必须采取摩擦防松、机械防松、不可拆防松等措施。

3.螺栓组的连接设计,首先要确定螺栓的数目及布置方式,然后确定螺栓连接的结构尺寸。普通螺栓连接的主要失效形式是螺栓杆在轴向力的作用下被拉断,其强度计算主要是拉伸强度计算,一般可分为松螺栓连接和紧螺栓连接两种情况。

4.螺旋机构由螺杆、螺母和机架组成,其主要功能是将旋转运动变换为直线运动,并同时传递运动和动力,是机械设备和仪器仪表中广泛应用的一种传动机构。

专题训练

1.螺纹连接件有哪些?螺纹连接有哪些基本类型?各适用于什么场合?

2.松螺栓连接与紧螺栓连接的区别是什么?它们的强度计算有什么不同?

3.为什么大多数螺纹连接必须预紧?预紧后,螺栓和被连接件各受到什么载荷?

4.螺栓连接为什么会松动?常用的防松方法有哪些?

知识检测

通过本章的学习，同学们要掌握螺纹的分类及应用、螺纹连接的类型及应用、螺纹的预紧和防松，并学会计算螺栓连接的强度。大家掌握的情况如何呢？快来扫码检测一下吧！

第 12 章
联轴器和离合器

12

—— 工程案例导入 ——

由前面所学的图 9-1 所示的高铁牵引设备,我们可以看出,牵引电动机输出轴和齿轮箱的输入轴通过联轴器进行连接,从而将电动机的扭矩传递给齿轮箱。联轴器是高速列车驱动的关键部件,是高速列车的驱动之魂。

如前面所学的图 8-1 所示的双离合变速器,两根输入轴分别连接两个离合器,实现换挡过程动力的持续传递,在不切换动力的情况下转换传动比,从而有效缩短换挡时间,提高换挡品质。

联轴器和离合器都是机械设备的轴系传动中最常用的连接部件,主要用来连接两轴(或轴与回转零件),以传递运动与转矩,也可以作为安全装置或定向装置。用联轴器连接的两轴,只有在机器停车后,经过拆卸才能使两轴接合或分离,如联轴器连接的电动机轴和减速器轴;用离合器连接的两轴则不必拆卸,在机器工作中可随时使两轴接合或分离,如离合器连接的汽车发动机和变速轴箱。联轴器和离合器的类型很多,其中常用的已经标准化。本章仅介绍几种常用类型的结构、特点及应用场合。

知识目标 >>>

1. 区别常用联轴器的类型和特点。
2. 说出联轴器的选择和标记方法。
3. 说出常用离合器的类型和特点。

技能目标 >>>

能够根据轴间连接的情况合理选择联轴器及其类型

素质目标 >>>

树立标准意识,培养正确查阅标准手册的能力和严谨细致的职业素养。

12.1　联 轴 器

用联轴器连接的两轴,由于制造及安装误差、承载后的变形以及温度变化的影响等原因,往往很难保证被连接的两轴严格对中,两轴间会产生一定程度的相对位移或偏斜,如图 12-1 所示。因此联轴器除了能传递所需要的转矩外,本身还具有补偿两轴间偏移的能力,否则就会在联轴器、轴和轴承中产生附加载荷,甚至引起强烈振动,从而破坏机器的正常工作。

联轴器

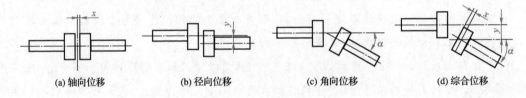

(a) 轴向位移　　　(b) 径向位移　　　(c) 角向位移　　　(d) 综合位移

图 12-1　轴线的相对位移

联轴器的类型很多。根据其是否包含弹性元件,可将其划分为刚性联轴器和弹性联轴器两类。刚性联轴器根据正常工作时是否允许两个半联轴器轴线产生相对位移,又分为固定式刚性联轴器和可移式刚性联轴器。固定式刚性联轴器要求被连接两轴轴线严格对中,因为它不能补偿两轴的相对位移,其常用类型有套筒联轴器、夹壳联轴器和凸缘联轴器等。可移式刚性联轴器可以通过两半联轴器间的相对运动来补偿被连接两轴的相对位移,其常用类型有十字滑块联轴器、齿轮联轴器和万向联轴器等。

弹性联轴器含有弹性元件,不仅具有吸收振动和缓解冲击的能力,而且能够通过弹性元件的变形来补偿两轴的相对位移,其常用类型有弹性套柱销联轴器、弹性柱销联轴器和轮胎式联轴器等。

1. 固定式刚性联轴器

(1)套筒联轴器

套筒联轴器由套筒、键、紧定螺钉或销钉等组成,如图 12-2 所示。套筒将被连接的两轴连成一体;键连接实现套筒与轴的周向固定并传递转矩;紧定螺钉或销钉被用做套筒与轴的轴向固定。该联轴器结构简单,制造容易,径向尺寸小,用于载荷不大、工作较平稳、经常正反转、两轴线能严格对中的场合。它的缺点是装拆不方便,需轴向移动。

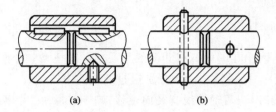

图 12-2　套筒联轴器

(2)夹壳联轴器

　　夹壳联轴器是用沿轴向剖分的两个半联轴器(夹壳)通过拧紧螺栓产生的预紧力使夹壳与两轴连接,并依靠夹壳与轴表面间的摩擦力来传递转矩的,如图 12-3 所示。由于夹壳外形相对复杂,故常用铸铁铸造成型。它的特点是径向尺寸小且装拆方便,克服了套筒联轴器装拆需轴向移动的不足。但由于其转动平衡性较差,故常用于低速、无冲击载荷及立轴的连接。

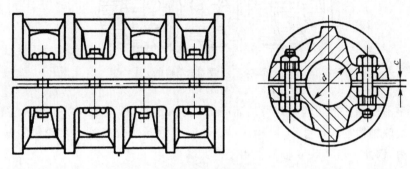

图 12-3　夹壳联轴器

(3)凸缘联轴器

　　凸缘联轴器是把两个带有凸缘的半联轴器用键分别与两轴连接,然后用螺栓把两个半联轴器连成一体,以传递运动和转矩。可以采用普通螺栓(图 12-4(a)),也可以采用铰制孔用螺栓(图 12-4(b))。采用普通螺栓连接时,联轴器用一个半联轴器上的凸肩与另一个半联轴器上的凹槽相配合来对中,转矩靠半联轴器接合面间的摩擦力矩来传递。采用铰制孔用螺栓连接时,靠铰制孔用螺栓来实现两轴对中,靠螺栓杆承受剪切及螺栓杆与孔壁承受挤压来传递转矩。这种联轴器结构简单,成本低,无补偿能力,不能缓冲减振,对两轴安装精度要求较高,常用于振动很小的工况条件,连接中、高速和刚度不大且要求对中性较好的两轴。

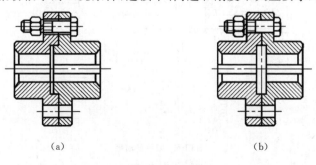

(a)　　　　　　　　　　　　　　　　(b)

图 12-4　凸缘联轴器

2. 可移式刚性联轴器

（1）十字滑块联轴器

十字滑块联轴器由两个在端面开有凹槽的半联轴器 1、3 和一个两面都有凸榫的十字滑块 2 组成，如图 12-5 所示，凹槽的中心线分别通过两轴的中心，两凸榫中线互相垂直并通过十字滑块的中心。运转时，若两轴轴线有径向位移，则十字滑块上的两凸榫可在两半联轴器的凹槽中滑动，以补偿两轴线的径向位移。

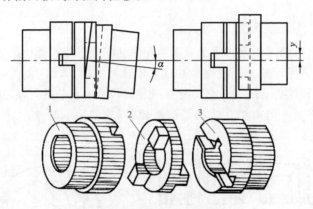

图 12-5　十字滑块联轴器

1、3—半联轴器；2—十字滑块

由于十字滑块和凹槽间的相对滑动而产生摩擦和磨损，因此工作时应采取润滑措施。

十字滑块联轴器径向尺寸小，结构简单。由于当轴转速较高时十字滑块的偏心会产生较大的离心力，因此十字滑块联轴器常用于低速场合。

（2）齿轮联轴器

齿轮联轴器由两个具有外齿的半联轴器和用螺栓连接起来的具有内齿的外壳组成，如图 12-6 所示。两个半联轴器用键分别与主动轴和从动轴相连，两个外壳的内齿套在半联轴器的外齿上，并用螺栓连接在一起。由于外齿轮的齿顶制成球面，而且内、外齿间具有较大的齿侧间隙，因此这种联轴器允许两轴发生较大的综合位移。工作时齿面间产生相对滑动，为减少摩擦和磨损，在外壳内贮有润滑油对齿面进行润滑，用唇形密封圈密封。

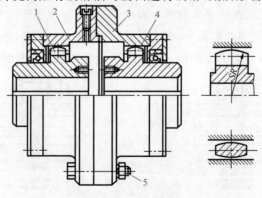

图 12-6　齿轮联轴器

1、4—半联轴器；2、3—外壳；5—螺栓

齿轮联轴器有较多的齿同时工作,因而传递的转矩大。其外形尺寸紧凑,工作可靠,但结构复杂,成本高,常用于低速的重型机械中。

(3)万向联轴器

万向联轴器由两个叉形零件和一个十字形销轴组成,如图12-7所示。由于叉形零件和十字形销轴之间构成可动铰连接,因此允许两轴间有较大的角位移,其角位移最大可达 $35°\sim45°$。当主动轴以等角速度 ω_1 回转时,从动轴的角速度 ω_2 将在一定范围($\omega_1\cos\alpha\leqslant\omega_2\leqslant\omega_1/\cos\alpha$)内做周期性变化,从而引起附加动载荷,使传动不平稳。为消除从动轴的速度波动,通常将万向联轴器成对使用,并使中间轴的两个叉子位于同一平面内,同时还应使主、从动轴的轴线与中间轴的轴线间的偏斜角 α 相等,即 $\alpha_1=\alpha_2$(图12-8),从而使主、从动轴的角速度相等。应指出,中间轴的角速度仍旧是不均匀的,所以转速不宜太高。万向联轴器广泛应用于汽车、机床等机械中。

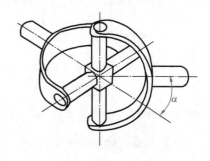

图 12-7 万向联轴器

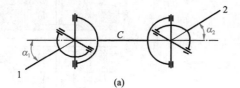
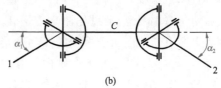

图 12-8 双向万向联轴器

3.弹性联轴器

(1)弹性套柱销联轴器

弹性套柱销联轴器在结构上和刚性凸缘联轴器相似,所不同的是两半联轴器的连接不用螺栓而用带弹性套的柱销,如图12-9所示。该联轴器靠弹性套传递力并靠其弹性变形来补偿径向位移和角位移,靠安装时留的间隙 C 来补偿轴向位移,并能缓和冲击和吸收振动。

弹性套为易损件,因此在设计时应留出一定距离,以便于更换弹性套而免得拆移机器。其数值大小可查阅相关手册。

这种联轴器结构简单,制造容易,装拆方便,成本较低,但弹性套易磨损,寿命较短。它适用于转矩小、转速高、频繁正反转、需要缓和冲击和吸收振动的场合,在高速轴上应用十分广泛。

(2)弹性柱销联轴器

弹性柱销联轴器是用弹性柱销将两半联轴器连接起来的,如图12-10所示。为了防止柱销滑出,在半联轴器两端设有挡圈。这种联轴器靠尼龙柱销传递力并靠其弹性变形来补偿径向位移和角位移,靠安装时留间隙 C 来补偿轴向位移。

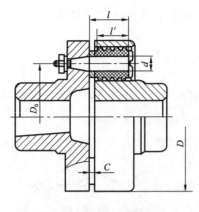

图 12-9　弹性套柱销联轴器

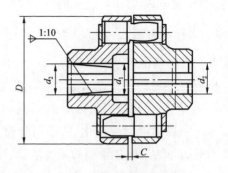

图 12-10　弹性柱销联轴器

弹性柱销联轴器结构简单,制造方便,成本低,但尼龙柱销易吸潮变形,尺寸稳定性较差,导热性差。它适用于转矩小、转速高、正反向变化多、启动频繁的高速轴。

(3)轮胎式联轴器

轮胎式联轴器的结构如图 12-11 所示。两半联轴器分别用键与轴相连,由橡胶制成特型轮胎,用压板及螺钉将轮胎紧压在左、右两半联轴器上,通过轮胎来传递转矩。为了便于安装,在轮胎上开有切口。由于橡胶轮胎易变形,因此允许的相对位移较大,角位移可达 $5°\sim12°$,轴向位移可达 $0.02D$,径向位移可达 $0.01D$,其中 D 为联轴器的外径。

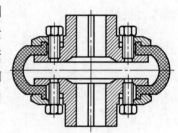

图 12-11　轮胎式联轴器

轮胎式联轴器的结构简单,使用可靠,弹性大,寿命长,缓冲和吸振能力强,不需润滑,但径向尺寸大。这种联轴器可用于潮湿多尘、启动频繁之处。

12.2　离 合 器

离合器是在传递运动和动力的过程中,通过各种操纵方式使连接的两轴随时接合或分离的一种机械装置,还可以作为启动或过载时控制传递转矩大小的安全保护装置。

按离合器内部主、从动部分接合元件的工作原理不同,可将其分为嵌合式离合器和摩擦式离合器两大类。嵌合式离合器利用机械嵌合来传递转矩,摩擦式离合器利用摩擦副的摩擦力来传递转矩。离合器按其离合方式,又可分为操纵离合器和自动离合器两种。操纵离合器必须通过操纵才具有接合或分离的功能;自动离合器工作时,当主动部分或从动部分的某些性能参数发生变化时,能自行接合或分离。

离合器

离合器应满足下列基本要求:便于接合与分离;接合与分离迅速可靠;接合时振动小,调节维修方便;尺寸小,质量轻;耐磨性好,散热好等。

1.操纵离合器

(1)牙嵌离合器

牙嵌离合器的结构形式如图12-12所示,主要由端面带齿的两个半离合器组成,通过齿面接触来传递转矩。半离合器1固定在主动轴上,可动的半离合器2用导向平键(或花键)与从动轴连接,并通过操纵拨环3使其做轴向移动,以实现离合器的接合与分离。在固定的半离合器中装有对中环4,从动轴端可在对中环中自由转动,以保持两轴对中。

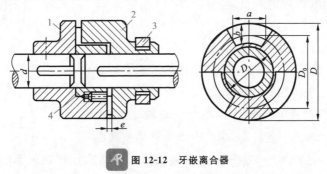

图 12-12　牙嵌离合器

1、2—半离合器;3—拨环;4—对中环

牙嵌离合器是靠牙的相互嵌合来传递转矩的,其牙型有三角形、梯形、锯齿形等,如图12-13所示。三角形齿牙数较多,易于离合,但齿顶尖,强度低,易损坏,主要用于传递小转矩的低速离合器。梯形齿强度高,能传递较大的转矩,且齿面磨损后能自动补偿间隙,从而减小冲击,应用较广。锯齿形齿强度最高,但只能传递单向转矩,因另一牙面有较大倾斜角,工作时会产生较大轴向力而迫使离合器分离,主要用于特定场合。牙数一般取3~60个。要求传递转矩大时,应取较少牙数;要求接合时间短时,应取较多牙数。但牙数越多,载荷分布越不均匀。

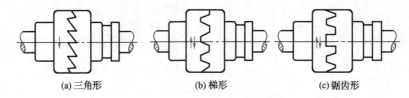

(a)三角形　　　　(b)梯形　　　　(c)锯齿形

图 12-13　牙嵌离合器的牙型

为提高齿面耐磨性,牙嵌离合器的齿面应具有较大的硬度。牙嵌离合器的材料通常用低碳钢(渗碳淬火处理)或中碳钢(表面淬火处理);对不重要的和静止时离合的牙嵌离合器,也可采用铸铁。

牙嵌离合器结构简单,外廓尺寸小,接合后连接的两轴不会发生相对转动,因此应用广泛。但它只宜在两轴不回转或转速差很小时进行离合,否则会因撞击而断齿。

(2)摩擦离合器

摩擦离合器可以在不停车或主、从动轴转速差较大的情况下进行接合与分离,并且较为平稳,冲击、振动小,过载时磨损小,可以发生打滑,以保护其他重要零件不致损坏。但在接合与分离过程中,两摩擦盘间会产生滑动摩擦,引起摩擦片发热。

摩擦离合器的类型很多,有单盘式、多盘式和圆锥式。图 12-14 所示为单盘式摩擦离合器,主要由主动摩擦片 3、从动摩擦片 4 组成,二者分别与主动轴 1、从动轴 2 连接,操纵滑环 5 可使从动摩擦片 4 沿导向平键在从动轴 2 上移动,从而实现两摩擦盘的接合与分离。接合时,轴向压力 F_Q 使两摩擦盘的接合面间产生足够的摩擦力,以传递转矩。

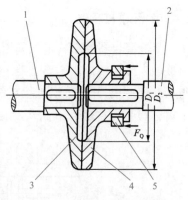

图 12-14　单盘式摩擦离合器

1—主动轴;2—从动轴;3—主动摩擦片;
4—从动摩擦片;5—滑环

图 12-15 所示为多盘式摩擦离合器,它由内、外两组摩擦片组成。外摩擦片 5 与鼓轮 2 上的纵向槽形成类似导向花键的嵌合,可与主动轴 1 一起转动,并可在轴向力作用下沿轴向移动;内摩擦片 6 与套筒 4(位于从动轴 3 上)上的槽嵌合,可随从动轴 3 一起转动,也可沿轴向移动。操纵滑环 7 向左移动时,杠杆 8 绕支点顺时针旋转,将内、外摩擦片相互压紧,使离合器接合;操纵滑环 7 向右移动时,杠杆 8 在弹簧 9 的作用下将内、外摩擦片松开,使离合器分离。螺母 10 可调整摩擦片间的距离,从而调整摩擦片间的压力。

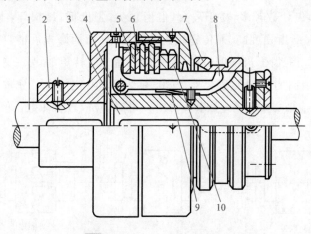

图 12-15　多盘式摩擦离合器

1—主动轴;2—鼓轮;3—从动轴;4—套筒;5—外摩擦片;6—内摩擦片;7—滑环;8—杠杆;9—弹簧;10—螺母

图 12-16 所示为圆锥式摩擦离合器。与单盘式摩擦离合器相比,由于锥形结构的存在,圆锥式摩擦离合器可以在相同外径尺寸和相同轴向压力的情况下产生较大的摩擦力,从而传递较大的转矩。

2. 自动离合器

自动离合器是一种能根据机器运动或动力参数(转矩、转速、转向等)的变化而自动完成接合和分离动作的离合器,常用的有安全离合器、离心离合器和定向离合器。

(1)安全离合器

安全离合器的种类很多,其作用是在过载时自动分离,中断转矩的传递,可防止其他重要零件被破坏,起安全保护作用。

图 12-17 所示为牙嵌式安全离合器,它与牙嵌离合器相似,但牙的倾斜角 α 较大,牙较短,用弹簧压紧装置代替滑环操纵机构。图中齿轮 5 与半离合器 4 固连,另一半离合器 3 用花键与轴 6 连接,并在弹簧 2 的作用下与半离合器 4 接合,保持正常工作。当工作转矩超过规定值时,牙间的轴向分力克服弹簧弹力和牙间摩擦阻力使牙自行分离,在载荷恢复正常后又自动接合。这种安全离合器的结构简单,工作可靠,并能通过螺母 1 调节安全转矩的大小,但在接合时有冲击,宜用于转速较低和过载不频繁的传动系统。

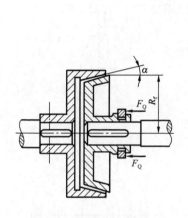

图 12-16 圆锥式摩擦离合器

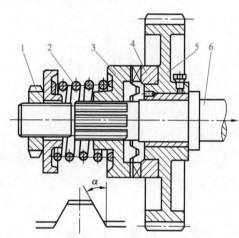

图 12-17 牙嵌式安全离合器

1—螺母;2—弹簧;3、4—半离合器;5—齿轮;6—轴

图 12-18 所示为多片摩擦式安全离合器,摩擦盘由弹簧压紧,弹簧施加的轴向压力的大小可由右侧螺母进行调节。调节完毕并将螺母固定后,弹簧的压力就保持不变。当工作转矩超过要限制的最大转矩时,摩擦盘间即发生打滑而起到安全作用。当转矩降低到某一值时,离合器又自动恢复接合状态。其特点是工作平稳,用于有冲击载荷的传动系统,但动作灵敏度较低。

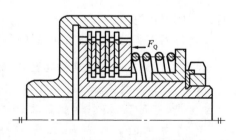

图 12-18 多片摩擦式安全离合器

（2）离心离合器

离心离合器的特点是当主动轴的转速达到某一定值时能自行接合或分离。

如图 12-19(a) 所示，在静止状态下，弹簧力 F_s 使瓦块 m 受拉，从而使离合器分离；或使瓦块 m 受压，从而使离合器接合，如图12-19(b)所示。当主动轴达到一定转速时，离心力 $F_c > F_s$，使离合器相应地接合或分离，通过调整弹簧力 F_s 可控制需要接合或分离的转速。

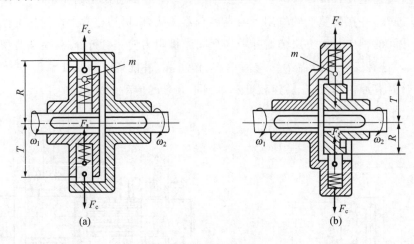

图 12-19　离心离合器

（3）定向离合器

定向离合器又称超越离合器，其特点是只能按一个转向传递转矩，反向时自动分离。图 12-20 所示为一种应用于自行车飞轮的棘轮定向离合器。主动链轮 1 顺时针回转时，通过棘爪 2 带动轮毂 3，使自行车后轮顺时针回转。当主动链轮 1 逆时针回转时，棘爪 2 被压而频频滑过轮齿不起作用，轮毂 3 不转。弹簧丝 4 能使棘爪自动复位。

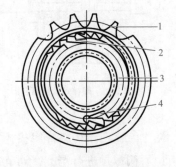

图 12-20　棘轮定向离合器
1—主动链轮；2—棘爪；3—轮毂；4—弹簧丝

素质培养

标准助推创新发展，标准引领时代进步。
——习近平总书记致第 39 届国际标准化组织大会的贺信

从中国古代的"车同轨、书同文"，到现代工业规模化生产，都是标准化的生动实践。高标准是高质量的保证。比如，对设计和生产标准设置较高"门槛"，有助于提高产品质量；企业按照高标准要求组织生产，有利于规范流水线高质量、高效率作业；检验检测机构根据高标准要求对产品原料、零部件、生产环节等进行检测，能确保进入市场的产品符合规定的指标。这一从设计、生产到市场流通的闭环质量管理，任何一环离开了标准，都无法切实保证质量。

知识总结

　　轴间连接主要包括联轴器和离合器。联轴器要根据轴径的大小、轴线的位移情况、传递转矩和转速的大小及工作载荷情况等条件按标准选择。离合器很多情况下可在机器运转过程中进行接合或分离。离合器的选择方法基本与联轴器相同,很多离合器已经标准化,非标准离合器要根据工作情况进行选择。

专题训练

　　1.联轴器和离合器在用途方面的共同点和主要区别是什么?

　　2.刚性联轴器和弹性联轴器有何区别? 举例说明它们各适用于什么场合?

　　3.选联轴器的类型时要考虑哪些因素? 确定联轴器的型号应根据什么原则?

　　4.某电动机与油泵之间用弹性套柱销联轴器连接,功率 $P = 7.5$ kW,转速 $n = 970$ r/min,两轴直径均为 42 mm,试选择联轴器的型号。

知识检测

　　通过本章的学习,同学们要掌握常用联轴器的特点及应用场合、联轴器和离合器的作用和区别,并学会在设计中选用合适的联轴器的方法。大家掌握的情况如何呢? 快来扫码检测一下吧!

参 考 文 献

[1] 刘跃南.机械基础[M].5版.北京:高等教育出版社,2020.

[2] 邓昭铭,张莹.机械设计基础[M].3版.北京:高等教育出版社,2013.

[3] 谭放鸣.机械设计基础[M].北京:化学工业出版社,2013.

[4] 成大先.机械设计手册[M].6版.北京:化学工业出版社,2020.

[5] 陈立德,罗卫平.机械设计基础[M].5版.北京:高等教育出版社,2019.

[6] 张宏,李冰.机械设计基础[M].北京:中国林业出版社,2016.

[7] 奚鹰,李兴华.机械设计基础[M].5版.北京:高等教育出版社,2017.

[8] 张锋,宋宝玉,王黎钦.机械设计[M].2版.北京:高等教育出版社,2017.

[9] 徐钢涛,张建国.机械设计基础[M].2版.北京:高等教育出版社,2017.

[10] 韩玉成.机械设计基础[M].4版.大连:大连理工大学出版社,2017.

[11] 蔡广新.机械设计基础[M].北京:化学工业出版社,2016.

[12] 王少岩,罗玉福.机械设计基础[M].6版.大连:大连理工大学出版社,2018.

[13] 孟玲琴,王志伟.机械设计基础[M].4版.北京:北京理工大学出版社,2017.